U0210541

本书由教育部人文社会科学青年基金项目“后期维特根斯坦数学哲学之比较研究”
（15YJC720006）资助

维特根斯坦
数学哲学思想研究

樊岳红　著

A Study on
Wittgenstein's Philosophy of Mathematics

科 学 出 版 社
北　京

图书在版编目（CIP）数据

维特根斯坦数学哲学思想研究 / 樊岳红著. —北京：科学出版社，2017.10

ISBN 978-7-03-054370-7

Ⅰ. ①维… Ⅱ. ①樊… Ⅲ. ①维特根斯坦（Wittgenstein，Ludwig 1889—1951）-数学哲学-哲学思想-研究 Ⅳ. ①O1-0

中国版本图书馆CIP数据核字（2017）第215853号

责任编辑：邹 聪 孙 婷 / 责任校对：何艳萍

责任印制：李 彤 / 封面设计：有道文化

编辑部电话：010-64035853

E-mail：houjunlin@mail.sciencep.com

科学出版社出版

北京东黄城根北街16号

邮政编码：100717

http://www.sciencep.com

北京虎彩文化传播有限公司 印刷

科学出版社发行 各地新华书店经销

*

2017年10月第 一 版 开本：720×1000 B5

2023年 1 月第三次印刷 印张：15

字数：230 000

定价：78.00 元

（如有印装质量问题，我社负责调换）

前　言

路德维希·维特根斯坦（Ludwig Wittgenstein）是20世纪公认的最伟大的哲学家之一。他生前出版的唯一著作是仅有两万字左右的《逻辑哲学论》。在他逝世之后，他的学生陆续将他的手稿、课堂笔记整理出版。这些文献成为20世纪以来最重要的哲学文献，其中就包括维特根斯坦的数学哲学著作《关于数学基础的评论》（*Remarks on the Foundations of Mathematics*），也有学者译为《论数学的基础》或《数学基础研究》。令人困惑的是，如果我们关注当代数学哲学的研究，就会发现维特根斯坦的数学哲学思想处于学术研究的边缘，主流数学家和数学哲学家并没有真正重视维特根斯坦的批判性工作，似乎他们还消受不了这位可能过于另类的哲学家的思想。

维特根斯坦花了大半生的心血从事哲学研究工作，但他做的事情却是在消解哲学问题，甚至是要终结哲学。他本意是想消解哲学上的混乱，却提出了两种截然不同的理论体系，而且这两种哲学体系对当代哲学的发展都产生了深远的影响。他想终结哲学上的混沌与迷茫，结果却使众人陷入了更加困惑的哲学问题与争论之中。因此，解读维特根斯坦的思想，既存在着巨大的诱惑，又存在着巨大的困难。维特根斯坦的前后期思想都有一本标志性的著作，早期的代表著作是《逻辑哲学论》，而后期的代表著作是《哲学研究》。

追根溯源，维特根斯坦是在学习数学的过程中对哲学研究产生了兴趣，并且一发而不可收，他持之以恒地关注和研究数学哲学问题，尤其是数学哲学的基础问题。然而，维特根斯坦的数学哲学思想，似乎与当时主流数学哲学的风格格格不入。在当时数学哲学鼎盛发展时期，人们更多的是在建构，而维特根斯坦的工作却是在解构传统的数学哲学思想。但他的这种解构并非没有意义，通过深入揭示和阐明维特根斯坦的数学思想，或许可以为研究维特根斯坦哲学提供一个新的视角，或者重新唤起人们对维特根斯坦数学哲学思想的关注。

西方学者对维特根斯坦数学哲学的态度通常分为两极，一些学者认为他的数学哲学没有什么价值，如格奥尔格·克赖泽尔（Georg Kreisel）在评论维特根斯坦的《关于数学基础的评论》一书时就说："在我看来，这是思想火花中毫无意义的产品。"但也有一些学者持相反的意见，如迈克尔·瑞格利（Michael Wrigley）等认为，在当今关于维特根斯坦的前后期研究中，人们误解了他的数学哲学思想。实际上，维特根斯坦后期的数学哲学观对当今数学哲学界的实在论与反实在论之争有着推动作用。

不可否认的是，维特根斯坦的数学哲学在他所有的哲学作品中是影响力最低也最不被看重的。然而，在1929～1944年，维特根斯坦超过半数的著作都是在专门论述数学哲学思想，他本人曾强调其主要贡献是在数学哲学上。

马里恩（M. Marion）在《维特根斯坦、有穷论和数学基础》[①]一书中强调，维特根斯坦的数学哲学思想一直以来就没有受到应有的重视。数学基础问题一直是维特根斯坦关注的核心问题之一，无论是早期的笔记和《逻辑哲学论》，还是后期的《关于数学基础的评论》和《哲学研究》，他都着力探讨了许多重要的数学基础问题，提出了一系列重要的观点。维特根斯坦几乎批判了所有有影响力的传统数学哲学思想，其中包括大名鼎鼎的柏拉图主义、经验主义、直觉主义、形式主义、约定主义及逻辑主义。这些评论从某种意义上来说有其合理之处。不过，应该看到维特根斯坦不是一位专业的数学家，在数学造诣方面不能与弗雷格（F. Frege）、布劳威尔（E. J. Brouwer）、希尔伯特（D. Hilbert）等著名数学家相提并论，他主要是一位对数学哲学怀有浓厚兴趣并对此提出卓越见解的哲学家，他对数

① Marion M. Wittgenstein，Finitism，and the Foundations of Mathematics. Oxford：Clarendon Press，1999.

学的逻辑主义、直觉主义和形式主义三大基础学派都提出了许多评论，但他并不是从数学的角度，而是从数学哲学的角度进行了相当有见识的评论。

事实上，数学的本性问题，特别是数学与逻辑的关系、数学与世界的关系问题，是维特根斯坦一生所关心的核心问题之一。在维特根斯坦所留下的两万多页手稿中，有至少 1/3 的内容均与此问题有关。在《战时笔记》和《逻辑哲学论》等前期著述中，他深入地反思和批评了弗雷格和伯特兰·罗素（Bertrand Russell）的思想，并提出了自己的理解。到了 1932 年，他写下了大量的评论，其中一些收录在《大打字稿》中，在 1937～1938 年，他又集中精力写出了大量有关数学本质的评论，收录在《哲学研究》第二部分中。

本书的基本框架是在对维特根斯坦的数学哲学与逻辑主义、直觉主义、形式主义、数学柏拉图主义等学派的观点进行比较分析的基础上，进一步阐述维特根斯坦的早、中、后期的数学哲学思想。具体的章节安排为：第一章“绪论”，分五个小节进行基础性知识的介绍；第二章“维特根斯坦的批判与继承”，把维特根斯坦的数学哲学思想与逻辑主义、直觉主义、形式主义、柏拉图主义、建构主义及哥德尔定理等理论观点进行了比较研究；第三章“早期维特根斯坦的数学哲学思想”，在早期，他赞同逻辑原子主义，主张数学命题的意义在于证实；第四章“中期维特根斯坦的数学哲学思想”，中期兼具他早期和后期的部分观点，这一时期他提倡数学哲学的有限论原则；第五章“后期维特根斯坦的数学哲学思想”，在后期，他主张数学是基于人们生活形式的一种实践活动；第六章主要阐述了维特根斯坦数学哲学的影响及意义。

樊岳红
2017 年 8 月 5 日

目录

第一章　绪　　论

在人类全部的科学活动中，数学拥有一种独特的地位，被公认为是最具逻辑严密性的科学。事实上，在大多数领域的科学研究中，数学都发挥着重要的作用。德国伟大的数学家高斯（C. F. Gauss）认为，数学是科学的皇后。然而，数学研究的主题与其他科学分支并不相同，数学似乎只是研究数学实体，如数字、集合、函数及它们之间的结构关系。如果有数学实体这样的事物的话，那么数学实体是非常独特的。它们是抽象的，并不处在时空之中，也没有因果能力。同时，数学科学的研究方法显然不同于其他学科，它似乎是通过演绎证明这种先验方法，而不是使用实验和归纳等后验方法。从表面上看，数学是不可以修改的，一旦数学定理被证明，它将永远为真。"数学是科学之王。而数学哲学是哲学的分支，被用来阐释和理解这个科学之王。用哲学来揭示数学是什么。"[①]在具体阐明维特根斯坦数学哲学思想之前，有必要简要回顾一下数学哲学和数学之间的关系。

数学哲学是哲学研究的一个领域，它研究数学的哲学问题，特别是数学基础问题、数学悖论、数学证明问题、数学本体论问题，以及数学真理论

① Colyvan M. An Introduction to the Philosophy of Mathematics. Cambridge：Cambridge University Press，2012：1-2.

问题，等等。早在古希腊时期，柏拉图（Plato）、亚里士多德（Aristotle）等哲学家就已经开始研究数学哲学，柏拉图认为数学哲学研究的对象是一个永恒不变的概念王国。但直到19世纪中叶，数学哲学才作为一门独立的学科被建立起来。其后非欧几何学的建立、各种数学悖论的相继提出、数学逻辑的创立，使得数学科学在形式化和抽象化方面不断开疆辟土，得到了迅速发展。对数学基础问题研究的日益深入，也有力地推动了数学哲学的发展，使之成为哲学研究的一个重要领域。

20世纪上半叶是数学哲学发展的黄金时代，这一黄金时代发端于罗素。罗素证明了数学基本理论中的集合论是不自洽的，导致了数学基础的危机。随后，为了解决这一危机引发了数学哲学界一系列的激烈争论，后续争论中主要有哲学家拉姆齐（Frank P. Ramsey）、维特根斯坦、弗雷格、胡塞尔（Edmund Husserl）、皮尔斯（Charles Sanders Pierce）、罗素及怀特海（Alfred North Whitehead）等。一些主要的数学家也参与了其中的讨论，包括波尔查诺（Bernard Bolzano）、外尔（Hermann Weyl）、庞加莱（Henri Poincaré）、哥德尔（Kurt Gödel）、希尔伯特、布劳威尔和塔斯基（Alfred Tarski）等。毫无疑问，这是数学哲学发展历史上真正的重要时期。

数学哲学在经历了19世纪末到20世纪初大约半个世纪的黄金时代之后，随着三大流派主要目标和主要思想的旁落，数学哲学的基本理论、立场和观点呈现出多样化、多视角、散射性和差异性等特征。美国哲学家罗蒂（R. Rorty）把海德格尔（M. Heidegger）、杜威（J. Dewey）和后期维特根斯坦看作后现代主义哲学的起源。目前，对数学真理的重新认识与定位，将成为新的数学哲学理论体系的认识论基础。以现代性为基调的各种数学真理观都有一个共同特点，那就是对存在绝对的、唯一的、永恒的、不变的、自洽的和封闭的数学真理及其判定的信仰发生了改变。传统观点认为数学是绝对的、永恒的和不变的真理。而今对数学真理的信念是数学中不存在绝对真理，数学有多元化的理论建构，数学真理和证明是开放性的，数学具有实践性①。

① 黄秦安. 数学哲学新论：超越现代性的发展. 北京：商务印书馆，2013：5.

第一节 数与数学哲学

数学作为一种文化系统能陶冶人的美感，提高理性的审美能力，正是这种能力成为人们探索宇宙奥妙和揭示其规律的重要手段。数学基础是一个非常古老的问题，自古希腊以来，数学家们就一直在为数学寻找一个坚实可靠的基础。数学是人类思维的重要表达形式，它以高度的抽象化和严密的逻辑推理著称，标志着人类认识世界的水平。数学是科学的皇后，离开了数学，自然科学就是不结果实的花，信度和效度都将遭遇严重质疑。然而一直以来，作为数学中基础问题的实在论与反实在论之间的争论不绝于耳，历久弥新，直接关系到数学是否具有客观性、确定性和真理性。

传统认为，数学完全是一个纯粹理性的事业。但如果数学只是一个心智的发明物，为什么数学在实践上会有效？如果它被化归为纯粹的逻辑关系，那么从某种意义上来说，数学不过是建立在同义反复的无足轻重的事情之上。近代英国哲学家、经济学家和逻辑学家密尔（John Stuart Mill）指出："所有的科学，包括逻辑和数学在内，都是有关时代的函数——所有科学连同它的理想和成就统统都是如此。很难给数学下一个一劳永逸的定义，因为人们所处的数学发展的历史阶段不同，有着不同的文化背景、知识范式和视角，对于数学的理解也就不尽相同。"[①]

什么是数？罗素认为，"在进行数的定义时，首先须将我们研究的第一步辨析明白。许多哲学尝试作出数的定义，实际上却去定义为许多事物所形成的复合，这是件完成不相干的事"[②]。譬如，一组 3 个人是 3 的实例，3 绝不同于张三、李四和王五组成的 3 个人的组合。"我们可以继续定义一般的数为：由于相似关系而集合在一起的任一类；第二种是彼此相似而集合在一起的任一类。或者更为简单的：所谓的数就是某一个类

① 林世芳. 20 世纪数学三大学派之争与数学思想的进步. 北京：社会科学文献出版社，2015：1.
② 罗素. 数学哲学导论. 晏成书译. 北京：商务印书馆，1982：16.

的数。”[①]

数学是研究事物的量及其具体关系的规则；而数学哲学是研究数学发生、发展的一般规律；哲学则是研究自然、社会和思维的普遍规律。数学哲学作为数学与哲学的交叉学科，它处于数学与哲学的中间位置。数学哲学研究数学的对象、性质和方法的本体论、认识论和方法论问题，从总体上把握数学发生、发展的一般规律。所以，“哲学、数学哲学和数学三者之间的关系是普遍、一般和特殊的关系。因此，数学就是数学哲学研究的基础和根据。从这个意义上来说，没有数学就没有数学哲学，或者说，没有数学的数学哲学是空洞的说教”[②]。

数学哲学作为一门独立的学科，直到 19 世纪中叶才真正建立起来。不少数学哲学的著作花费大量篇幅给数下定义，希望回答“什么是数”这个问题。由于数学始终在发展，再加上各种流派、研究方向的不同，各个时期的数学家所给出的答案都不一样。谈及数学哲学，言必及古希腊数学哲学观。古希腊数学哲学观可以粗略地分为毕达哥拉斯-柏拉图数学哲学观及亚里士多德数学哲学观。在古希腊数学范式的形成过程中，毕达哥拉斯（Pythagoras）学派起着极其重要的作用，因为他们最早提出了数学哲学思想。毕达哥拉斯学派首先把数作为抽象的对象加以研究，毕达哥拉斯本人在寻找万物的本质时提出了数本原说：数不是某种物质形态，数是永远感觉不到的。如果有人伸出 5 个手指头说：这不是 5 吗？拿出 6 支笔说：这不是 6 吗？那么这些数字只是我们抽象出来的符号，是表征 5 的符号，它并不是 5 本身。万事万物都有数量关系，但是要从万事万物的关系中抽象出 1、2、3、4、5…这些数字是需要很长时间的。当人们能从众多的事物中抽象出不同的数的时候，这就是思想的飞跃了。数量是通过抽象思维把握的，各种自然物质都具有数量关系，这个数量关系只能在思维中才能把握。因此，“万物皆数”实际上是一种数学实在论观。毕达哥拉斯学派这种“万物皆数”的观点对后世的数学哲学思想产生了深远的影响。

古希腊的数学哲学观被毕达哥拉斯以一种抽象的语言表达为数学的理

① 罗素. 数学哲学导论. 晏成书译. 北京：商务印书馆，1982：23.
② 林夏水. 数学哲学. 北京：商务印书馆，2003：15.

念。继毕达哥拉斯之后，在古希腊数学哲学观的形成过程中，发挥重要作用的人物是柏拉图。柏拉图进一步把数的抽象性加以深化，把数学作为一种完美的、理想的、绝对的、先验的知识和真理。柏拉图认为，数学研究的对象是抽象的，但却是客观存在的，而且它们不依赖于时间、空间和人的思维而永恒存在。数学家提出的概念不是创造，而是对这种客观存在的描述。

亚里士多德虽然是柏拉图的学生，也从柏拉图那里继承了许多观点，但他对现实世界与数学之间关系的探究却有着不同的看法。亚里士多德认为，真正的知识是从感性的经验中通过直观和抽象而获得的，这种抽象是不能独立于人的思维而存在的。他认为数并非属于理念世界，而是来自现实世界，他在对学科进行分类时，认为数学是理论科学。

唯名论哲学思想产生于中世纪，唯名论中比较极端的观点是认为数只不过是符号，是一种名称，甚至是一种空气的波动。这一观点的主要代表人物是洛色林（Roscelinus）。唯名论者认为客观存在的事物只有具体个别的事物，即这匹马、那棵树、张三、李四等，而抽象出来的共相概念只不过是一个记号或标记而已。

在中世纪，英国实验科学的先驱罗杰·培根（Roger Bacon）对数学的理解是矛盾的。一方面，他认为对数学真理的理解是天赋的；另一方面，他认为数学对象是由感觉的复合产生的，数学的证明总得有与它相对应的经验。

到了近代，伴随着科学革命的步伐，数学的价值得到重新确认。美国数学史家克莱因（M. Kline）指出，在当时“数学是唯一被大家公认的真理体系。数学知识是确定无疑的，它给人们在沼泽地上提供了一个稳当的立足点；人们又把寻求真理的努力引向了数学”[①]。这促使数学研究获得了重大发展，也促使人们开始重新进行数的本性的思考。法国哲学家、数学家笛卡儿（Rene Descartes）认为数学是一门理性演绎科学，是研究顺序和度量的学科；德国哲学家、数学家莱布尼茨（G. W. Leibniz）认为数学知识是先验的和必然的知识[②]。

---

① M. 克莱因. 古今数学思想（第一册）. 张理京，等译. 上海：上海科学技术出版社，1979：251.

② 林世芳. 20 世纪数学三大学派之争与数学思想的进步. 北京：社会科学文献出版社，2015：2.

之后，康德（Immanuel Kant）的数学哲学思想认为，人如何才能掌握数学知识呢？从最根本来说，数学知识都是先天综合判断。首先数是独立于感觉经验的，因此数是先天的；其次数不能由概念分析得来，因此它又是综合的，要认知数学命题，就必须运用感性的两种先天直观形式，即时间和空间。因为数是一个接一个出现的，有先后顺序。而空间概念是关于事物形状的基本经验。因此，康德认为，数是人为经验总结创造出来的，人也要靠自己的先天直观形式才能把握数学知识。

到了19世纪末20世纪初，集合论悖论的出现引发了数学基础的第三次危机，人们又开始了对数的本性的重新思考。1890～1940年的这50年，可以被看成数学哲学发展的黄金时期。在这一时期，弗雷格、罗素、布劳威尔和希尔伯特等围绕数学基础问题进行了系统和深入的研究，并产生了逻辑主义、直觉主义和形式主义等具有广泛和深远影响的数学学派，从而为数学哲学的研究开拓了一个崭新的时代，其影响远远地超出了数学范围。特别是，基础主义的数学哲学曾对维也纳学派的科学哲学研究产生了十分重要的影响，而后者曾在科学哲学的领域长期占据着主导地位[①]。

罗素认为数学是逻辑的延展，因此他把数学定义为我们不知道它说的是什么，也不知道其为真还是为假。直觉主义者认为数学独立于物质世界，它是纯粹心灵直觉的产物。“形式主义者则把数学归结为某种形式符号，一种抽去具体内容的符号系统，数学的真理性就在于符号系统中的无矛盾性。”[②]这三大学派都不同程度地影响了维特根斯坦的数学哲学观。

一般而言，数学哲学研究可分为本体论（ontology）问题和认识论（epistemology）问题。数学的研究对象是什么，一般是指本体论问题。数学对象与科学对象之间的关系或者说我们如何能研究和认识数学，这些是认识论问题。而在弗雷格之后兴起的英美分析哲学产生了所谓的语言哲学转向，把之前的本体论和认识论问题也归之于语言问题来解释，认

① 郑毓信. 科学哲学对于数学哲学现代发展的重要影响——兼论数学哲学中的革命. 南京大学学报（哲学·人文·社会科学），1999，(1)：83-89.

② 林世芳. 20世纪数学三大学派之争与数学思想的进步. 北京：社会科学文献出版社，2015：3.

为以前把语言当成一种工具，而现代哲学问题最终都是用语言或概念来表达的，哲学的混乱也是由语言的不明确所造成的。数学哲学研究数学的本体论、认识论与意义问题，同时也包括一些其他的相关问题，如数学证明的客观性问题、数学知识的真理性问题、数学公理或证明的先天性问题等。

数学哲学主要是指基础主义的数学哲学。所谓数学的经验性，就其原始的意义而言，即是对数学与其他自然科学相似性（similarity）的确认。这一认识事实上构成了新方向上所有工作的共同出发点。关于数学经验性的断言显然正是对传统观念的直接否定，即数学知识不应被看成无可怀疑的绝对真理，数学的发展也并非数学真理在数量上的简单积累。事实上，人们曾从各种不同的角度对数学与自然科学的相似性进行了论证。如果说数学与其他自然科学一样，最终都应被看成人类的一种创造性活动，并构成了整个人类文化的一个有机组成部分，那么，数学的发展无疑就是一个包含有猜想与反驳、错误与尝试的复杂过程，而且数学的内涵与改变最终是由我们的实际利益与其他科学的认识论目标所决定的[①]。

在《维特根斯坦与维也纳学派》中，维特根斯坦也讨论了“什么是数”。他认为，定义是路标，它们指明了通向证实的途径。定义解释了符号在命题中的使用，也解释了命题的意义。定义是一种转换规则，它说明怎样从一个命题转换为其他命题。说明一个数就是去说明多少，而不是说明等量。我们所具有的是一条关于建构一系列记号的法则，而且正是这个法则，使得我们能从对一个数的符号的说明中得出所有其前面数的符号，使我们能重建整个系列。“数是一种形式，数的表达是一幅图画，它出现在命题中。数学的东西在哪里都是相同的，描绘数的方法就是描画法，数在记号中显示自身。去定义一个数可能意味着两种不同的东西。如果认为，去定义 5，粗略地说来就是去说明一个关于多个类的类，那么回答肯定是：在这种意义上，5 是不可定义的。但是，如果根据一个定义，算术的定义，$5=3+2$。同时，$3=2+1$，$2=1+1$，那么 5 当然也是可以被定

① 郑毓信. 科学哲学对于数学哲学现代发展的重要影响——兼论数学哲学中的革命. 南京大学学报（哲学·人文·社会科学），1999,（1）：83-89.

义的。数词是一种与概念完全不同的记号表示法。”[①]

德国著名的数学家柯朗（R. Courant）指出，“数学哲学是作为人类智慧的一种结晶，反映了人们的意念与思考”[②]。拉卡托斯（I. Lakatos）认为，“数学哲学是来自经验的，对数学本性的理解离不开对经验和实践的理解”[③]。

第二节　20世纪的数学实在论与反实在论观

一般而言，数学的本体论问题是研究数学对象是否独立于我们的抽象思维而实际存在，如果它是独立存在的，那么它是否独立于我们的思维和语言而存在呢？对大多数人来说，数学理论或数学定理似乎描述了一个独立于我们思想而存在的客观的数学世界。这个客观的数学世界就如同我们所描述的“力”“磁场”“电子”“原子”等概念一样，是独立于我们思想而存在着的，这种观点被称为“朴素数学实在论”。一般而言，赞同“朴素数学实在论”的人，相信数学理论描述了一个独立于我们物质世界和我们思想领域的数学世界[④]。

那果真存在这么一个独立于物质世界的抽象数学世界吗？如何相信有这样一个数学世界存在呢？如果它真的存在的话，那么人类有限的大脑如何来认识那个抽象的、非物质的数呢？如果这个抽象的数学世界并非真的存在，而只是我们思想的抽象物或只是我们思想的建构物的话，那么所谓的数学公理或定理还是客观的吗？

一般而言，人们普遍认为数学真理是可靠的、客观的，如果这些知识不是客观的话，那么数学又是什么呢？这是传统的数学哲学问题。换言之，数学世界是否独立实存着？我们的数学知识何以可能？这是自毕达哥

① 维特根斯坦. 维特根斯坦与维也纳学派. 徐为民，孙善春译. 北京：商务印书馆，2014：2.
② 柯朗，罗宾斯. 数学是什么. 汪浩，朱煜民译. 长沙：湖南教育出版社，1985：1.
③ 拉卡托斯. 数学、科学和认识论. 林夏水译. 北京：商务印书馆，2010.
④ 叶峰. 二十世纪数学哲学：一个自然主义者的评述. 北京：北京大学出版社，2010：3.

拉斯、柏拉图、康德以来，过去数学哲学家们孜孜以求而试图回答的问题。

对数的本质的研究和对数学对象本质的研究，促进了数学基础和数学哲学的大发展。但对“什么是数”这个问题、对“数学的真理意味着什么”这个问题，依然没有一致的回答。进入 20 世纪中叶以来，逻辑主义、直觉主义、形式主义之间的争论渐渐平息。数学家们发现，无论哪一派的主张，都不可能令人满意地、一劳永逸地解决数学基础的问题。不同观点的数学家沿着自己选定的道路前进，发现大家不约而同地到达了同一个地方：数学研究的对象是一些关系与形式，这些关系与形式可以用有限符号来表达，又能包含着无限丰富的内容。因为“丰富的数学内容无法简单地成为逻辑，也不能仅将其视为人的直觉的创造物，它的正确性更不可能用符号的扮演来最终证明”①。

在各种数学哲学流派试图回答的数学哲学问题之中，本体论问题是最为重要的。围绕着这一问题，我们可以对 20 世纪种种不同的数学哲学观点进行分类。断言抽象数学对象存在而且独立于我们的思想理论属于数学实在论（mathematical realism），又称为数学柏拉图主义（mathematical platonism）。其典型代表包括以弗雷格为代表的逻辑主义实在论者、以哥德尔为代表的柏拉图主义或概念实在论者、以奎因（W. Quine）为代表的实用主义实在论者等。而认为数学对象并非是独立于我们的思想而存在的理论，被称为数学的反实在论（mathematical anti-realism），又称作数学唯名论（mathematical nominalism）。其典型代表包括以希尔伯特为代表的形式主义者等。也有哲学家承认数学对象的存在不能独立于人们的思想而独立存在，这种观点与柏拉图主义和唯名论又有所区别。这种观点的典型代表有布劳威尔的直觉主义。有学者认为数学对象是依我们的语言约定而存在的，如卡尔纳普（P. Carnap）的逻辑实证主义。这种观点既承认数学对象存在，但又回避承认数学对象独立于我们思想（及语言）的客观实在性。总之，“实在论承认数学对象独立于我们的思想而存在，反实在论则认为数学对象不存在或不独立于我们的思想存在，唯名论则断言数学对象

① 张景中，彭翕成. 数学哲学. 北京：北京师范大学出版社，2014：91.

完全不存在，只是一个思想的抽象物”[①]。

数学实在论与反实在论之间的争论，同时也是20世纪数学哲学争论的焦点。从历史根源上来说，数学实在论与反实在论之争与中世纪西方传统哲学中的实在论与唯名论之间的争论既有联系又有区别。首先，抽象的数学对象与西方传统哲学中的所谓共相（generality）或理念（idea）都有所不同。共相、理念都与一类具体事物相联系，可视为一类具体事物的代表或抽象。比如，设想柏拉图意义上的“桌子”抽象概念的真实存在，而现实世界中的那些具体的小方桌、圆桌子、铁桌子等只是分有和模仿了抽象桌子的概念。类似地，那些非常大的数学，也可能不是宇宙中任何真实存在着的具体事物或他们的物理量的代表或抽象。数学中的实在是断言一个完全独立于物质世界，与物质世界没有相似性的抽象数学世界的客观实在性。

根据这种实在论的观点，数学公理和数学定理是客观的真理，而不是任意的假设；但数学对象又不能独立于我们的思想或语言而存在，因此，实在论观点也有其自身的理论困境。比如，布劳威尔的直觉主义数学哲学只适用于解释所谓的直觉主义数学。直觉主义数学只接受潜无穷而否认实无穷，因为他们认为，数学对象是我们思想的创造物，至多只能潜在地不断创造出新的数学对象。但数学直觉主义观点并没有被数学家和科学家们普遍接受。而卡尔纳普的逻辑实证主义认为，我们只有先接受了一种语言以后才能用语言询问什么对象存在；而数学语言是我们科学语言的一部分，接受了这种语言，也就接受了数学对象的存在，如果再去否认数学对象真正存在或者去询问数学对象是否真正存在，那么都是无意义的。在这个意义上，数学对象不应该是依约定而存在的。并且卡尔纳普认为，“不同语言之间的差别，不是对与错的差别，而只是实用性上的差别。也就是说，我们可以相当随意地约定数学对象的存在，只要这种约定是有用的”[②]。从卡尔纳普身上，我们可以看出后期维特根斯坦的影子。维特根斯坦同样强调数学的实践性与语境性。

① 叶峰. 二十世纪数学哲学：一个自然主义者的评述. 北京：北京大学出版社，2010：9.
② 叶峰. 二十世纪数学哲学：一个自然主义者的评述. 北京：北京大学出版社，2010：10-11.

第三节 数学知识的先验性

在讨论数学的先验性之前，我们首先要区分究竟什么是“先天”，什么是“先验”。柏拉图认为知识都是先天的。他的米诺悖论主张：如果我们知道我们探究的是什么事，则探究是没有必要的。因为“探究”的目的就是获得知识，如果我已经知道了被探究的事，则何须再进行探究？如果我们不知道我们探究的是什么事，则探究是不可能的。因此，探究（学习）或者是不必要的，或者是不可能的。然而，基于我们拥有知识这件事实，如果探究（学习）是不必要的，那如何说明我们拥有知识？如果学习是不可能的，那又如何说明我们实际上确实拥有知识？柏拉图的想法是这样的：既然我们确实拥有知识，既然探究和学习无法说明这件事实，那么我们的知识就都是先天的，是与生俱来的。但这怎么可能呢[①]？

此外，柏拉图在《斐多篇》中提出了另一个论证主张：概念是先天的，称为不完美论证。我们所处的这个物理世界是不完美的，我们的知觉运作更不会完美地提供给我们关于外在物理世界的信息，因为我们的概念更不会完美地提供给我们关于外在物理世界的信息，因此，我们的概念绝对不可能来自感官知觉经验。例如，我们有“圆”的概念，我们日常遇到的太多的圆都不是完美的圆。即便使用再精密的仪器画出来的圆，也依然不是完美的圆（所谓完美的圆就是符合几何学定义的圆）。既然我们拥有“圆”概念，但依感官知觉的运作无法使我们从经验世界获得“圆”概念，那我们的“圆”概念必定是天生就有的，同时也是先验的[②]。

那什么是先验的呢？先验知识是相对于后验知识而言的，后验知识就是常说的经验知识。一般来说，使用感官知觉系统获得的知觉知识、通过观察实验等方法建立起来的科学知识，如物理学、天文学、生物学、地质

① 彭孟尧. 知识论. 台北：三民书局，2009：230.
② 彭孟尧. 知识论. 台北：三民书局，2009：233-234.

学等都属于经验知识。数学和逻辑所提供的知识则属于先验知识。形而上学原则（如物理对象和现象之间具有因果关系）认为，还有一种知识也是先验的，如我们知道没有任何东西既圆又方。如果从康德的理论上来理解，所谓一种知识是先验的，是说它是以绝对独立于任何经验的方式而存在的。所谓一种知识是经验的（后验的），是说它的存在直接或间接地来自经验[①]。

“分析-综合”与“先天-后天”这两对概念是我们对知识的两种划分。在一般的情况下，人们会同意数学命题享有高度的确定性。“先天”意指“先天经验”或“独立于经验”，它们不需要从我们的感官获得经验来确证它的真伪，它的真理性是不需要取决于经验的。本书所涉及的先天性概念是相对于后天习得而言的。“先天经验是一个认识论概念。如果一个命题是先天的，那么它就是与经验无关的，不需要经验来获知。而一个命题如果不是先天获知的，那么它就是后天获得的或经验的。”[②]对于分析真理，我们只需分析它的命题结构或意义便能断定其真假，而不需要观察这个世界。关于数学公理或定理的分析性与先天性问题，我们可以称之为分析真理或必然性真理，这种真理假定了命题本身的意义便决定了它一定是真的，如“单身汉都是未婚男性”“所有蓝色物体都是有颜色的”“没有什么事物在同一时间既圆又方”等，这些命题都是分析真理，因为通过分析主词的意义，就能得出谓词的意义。分析真理是所谓的同义词反复，它并没真正断言什么状态或内容。也就是说，分析真理具有普遍必然性，但它没有断言新的内容。

与分析真理相反的是综合真理。综合真理是后天真理，如“小狗躺在草坪上”“电脑放在桌子上”“桃子的味道很甜”等，这些命题都是综合真理，通过分析命题的主谓结构，并不能断定其真理性，因为很可能小狗没有在草坪上，电脑可能在床上。与分析真理相反，综合真理有新的内容或状态，但它不具有普遍必然性。

那么有没有一种既具有普遍性，又具有新内容的真命题呢？这就涉及康德的先天综合判断，这种语句也称为先天综合真理。康德认为，算术真

① 彭孟尧. 知识论. 台北：三民书局，2009：229-244.
② 斯图尔特·夏皮罗. 数学哲学：对数学的思考. 郝兆宽，等译. 上海：复旦大学出版社，2014：21.

理是先天综合真理。首先，“5 + 7 = 12”是综合的，而不是分析的，因为通过分析命题的主谓结构或意义，我们得不出“5、7、+”这些概念与“12”之间必然联系，也就是说“5、7、+”这些概念并未包含“12”这个概念，我们也无法通过分析“5、7、+、12”这些概念就能得出“5 + 7 = 12”，我们还需借助经验的过程。例如，有一堆 5 个苹果，还有一堆 7 个苹果，然后把两堆苹果放在一块儿，来帮助我们认识“5 + 7 = 12”。但同时康德认为，“5、7、+、12”这些概念是先天的，不是来自后天的经验，虽然我们得借助经验来认识它的真理性，但它的存在不依赖于经验的证明①。

康德认为数学是先天综合判断，数学命题不依赖于经验。在维特根斯坦看来，数学不是对柏拉图理念世界的描述，而是对人类生活形式及语言规则的约定，逻辑规则是数学的基础。在《论数学的基础》中维特根斯坦强调，数学命题有规则的地位。说数学就是逻辑这是对的：“它在我们语言的规则之内运动。这些规则赋予了它特别的稳定性、与众不同且不容置疑的地位。”“那么它是如何在这些规则之内迂回转折的？——它总是形成新的规则，它总是在为‘交通’拓建新的道路，扩展旧的公路网络就如同数学规则一样，总是在旧的规则上扩展新的规则。”“由证明而成立的命题用作规则，并因此而成为范型。因为我们按规则行动，但证明只是使我们按规则行动（承认规则），或者它还对我们说明，我们应如何按规则行动？数学命题要向我们说明，说明有什么意义”②。维特根斯坦认为，数学并不是先天的，而是由规则约定的。

维特根斯坦强调语言使用的社会性，因而一些哲学家认为把他的数学思想诠释为数学哲学的社会建构主义比较合适。根据他的思想，数学不是一种自然科学，也不为自然科学提供客观基础，它只不过是历史上构成的各种各样的数学方法。数学的基础是基于知识结构在心理、社会及经验事实上建构而成的。而逻辑规则是数学的基础，他们用逻辑先天的观念来说明演绎的正确性，从而证明数学是合理的。维特根斯坦认为，“数学和逻

① 叶峰. 二十世纪数学哲学：一个自然主义者的评述. 北京：北京大学出版社，2010：34.

② 维特根斯坦. 维特根斯坦全集（第 7 卷）：论数学的基础. 徐友渔，涂纪亮译. 石家庄：河北教育出版社，2003：59（§165，§166），113（§28）.

辑只不过是人类直觉产物中的两类相似的语言游戏。我们能够正确地运行数列 2，4，6，8…，似乎是遵循了一种自明的数学算法。但实际上，这个能力应归功于既有的训练和常规实践，而不是数学认识的必然”[①]。

第四节 数学的性质、对象和任务

对数学的性质、对象和任务，维特根斯坦在其前期著作中做过一些简略的论述。他当时着重从数学与逻辑这个角度来考察这些问题，认为“数学是一种逻辑方法。数学命题是等式，因而是似是而非的命题”。“数学在等式之中显示逻辑命题在同语反复式中所显示的世界逻辑。”数学获得其方程式的方法是置换法。方程式表示两个表达式的可置换性，按照方程式获得一些新的方程式。他说：“数学方法的本质特征在于使用等式。每个数学命题之所以可被理解，就是这种等式的不言自明性。”[②]

在后期，维特根斯坦对这个问题作了更为深入的研究和细致的论述，他承认数学不是一个有严格界定的概念，但仍然力求对数学的性质、对象和方法提出一些明确的看法。简略说来，关于数学的性质，维特根斯坦认为，数学是知识的一个分支，但同时数学仍然是一种活动，这种活动不是发现，而是发明；数学的研究对象不是数字，而是数；数学的任务不是描述，而是一些用以进行这种描述的框架[③]。他还把数学看作各种各样的证明技巧的混合体。他强调证明技巧的多样性和数学系统的多样性，认为人们可以不断地引进新的证明技巧和新的数学系统，以至建立新的数学。例如，通过翻译规则，可以把一种已获得证明的命题翻译为另一种已获得证明的命题。他设想以这种方式使现有的某些数学证明系统，甚至一切数学

① 樊岳红. 数学：一种人类学现象——后期维特根斯坦数学哲学思想探析. 自然辩证法通讯，2012，(5)：53-58.

② 维特根斯坦. 逻辑哲学论. 韩林合译. 北京：商务印书馆，2015：106（§6.2，§6.22），108（§6.2341）.

③ 涂纪亮. 维特根斯坦后期哲学思想研究. 南京：江苏人民出版社，2005：241-242.

证明系统，与某一个数学证明系统（如罗素的证明系统）相一致，以至尽管是以某种曲折的方式，但所有的数学证明都可以在这一个证明系统内运行。此时，可以说只有一个证明系统。但他同时提出："这样也就必定可以用一个系统证明：能够把它分解为多个系统——该系统的一部分将具有三角的性质，另一部分将具有代数的性质，等等。"[①]

在什么是"数学的对象"这个问题上，后期维特根斯坦的观点与古典实在论或数学柏拉图主义者的观点是截然相反的。柏拉图早就提出，几何学是关于永恒性事物的知识。后来数学柏拉图主义者进一步主张，几何学及一般数学的研究对象不同于感觉经验的对象，因为数学的研究对象不是存在于时空之中。例如，在"2 + 3 = 5"这样的数学表达式中，"2""3"或者"5"这些数本身不存在于时空之中。同样，几何学中的三角形和圆本身也不存在于时空之中。这就是说，数学柏拉图主义者强调数学研究对象的观念性、先验性，把数学知识与经验知识截然对立起来，区分开来。维特根斯坦则强调数学命题的任务不是描述事态，而是提供一个用以进行这种描述的框架。也就是说，数学命题不是描述事态的命题，而是作为描述规则并发挥作用的。"2 + 3 = 5"这个数学命题就起着规范的作用，用以判断关于某个事态的描述是否正确。因此，他说"数学形成规范之网"[②]。

对"数学究竟是与数打交道，还是与数字打交道"这个问题，有些人认为，数学不是与数打交道，因为数是看不见、摸不着的东西。数学是与那些看得见、摸得着的数字打交道，与纸上的笔画打交道，数学命题就是关于数字或笔画的命题。维特根斯坦不赞同这样的看法。以"200 + 200 = 400"这个数学命题为例，他认为这是一个关于数的命题，而不是一个关于数字或笔画的命题。他说："不可能把它称为一个关于数字或笔画的陈述或例题。如果我们不得不说它是一个关于数字或笔画的什么东西，那我们可以说它是关于这些数字或笔画的一条规则或一种约定。"[③]在他看来，

---

① 维特根斯坦. 维特根斯坦全集（第 7 卷）：论数学的基础. 徐友渔，涂纪亮译. 石家庄：河北教育出版社，2003：129（§48）.

② 维特根斯坦. 维特根斯坦全集（第 7 卷）：论数学的基础. 徐友渔，涂纪亮译. 石家庄：河北教育出版社，2003：338（§67）.

③ Wittgenstein L. Lectures on the Foundations of Mathematics Ed. by Diamond C. New York：Cornell University Press，1976：112.

数学是一种语义上的约定，这种约定能使人们在社会生活中相互交往，而且人们是通过训练、通过生活实验习得的。哲学家应当以这种约定为出发点去考察数学哲学问题，去理解数学家的研究成果。

关于对数学任务的看法，后期维特根斯坦的观点与古典实在论的观点也是对立的。按照古典实在论的观点，数学对象早已先验地、观念性地存在着，数学家的任务在于发现它们，证明它们的存在。与这种观点对立，维特根斯坦认为数学家的主要任务不是发现早已存在的数学对象（公式、定理、公理等），而是去发明某些数学规则，发明某些计算技巧，甚至发明某种新的数学。他说："人们谈论数学发现。我却一再试图表明，把那种称为数学发现的事情称为数学发明，那会好得多。"[①]"'25 ÷ 5 = 5'这不是一种发现，因为这个结果不过是这些符号用法的一部分而已。这与我的下述说法有关：最好把'数学发现'称为'数学发明'。人们发明了一种技巧，至于这种技巧为什么有趣和有用，这不是数学所要考虑的问题。"[②]维特根斯坦声明，他并没有否认数学家们做过的许多重要发现，也并没有轻视他们的成就，他是想在发现某种事物和发明某种事物之间做出一种重要区分。他反复强调，"数学家是发明者，不是发现者"，"但是数学家不是发现者，而是发明者"。他认为"数学家一直在发明新的描述形式。有的人受实际需要的刺激，而另一些人出自审美需要，还有些人则因其他某种方式或理由"。例如，如果某个人想对序列知道得更多，那么这个人就必须进入另一个维度。"这进一步的维度的数学完全像任何一门数学一样，必须被发明出来。"[③]

维特根斯坦重视数学在经验领域内的应用，认为这种应用对数学而言是至关重要的。他说："对于数学而言至关重要的是，它的符号在被使用时是穿着便装的。正是这种在数学之外的应用，从而也正是符号的意义使得数学成为一种符号游戏。"[④]与此相关，对纯数学和应用数学这两者，他

---

① Wittgenstein L. Lectures on the Foundations of Mathematics. Ed. by Diamond C. New York：Cornell University Press，1976：22.

② Wittgenstein L. Lectures on the Foundations of Mathematics. Ed. by Diamond C. New York：Cornell University Press，1976：82.

③ 维特根斯坦. 维特根斯坦全集（第 7 卷）：论数学的基础. 徐友渔，涂纪亮译. 石家庄：河北教育出版社，2003：60（§168），69（§2），60（§167），200（§11）.

④ 维特根斯坦. 维特根斯坦全集（第 7 卷）：论数学的基础. 徐友渔，涂纪亮译. 石家庄：河北教育出版社，2003：190（§2）.

更加重视应用数学的作用。他说："可以想象，人们有应用数学而没有纯数学。他们可以——举例来说，让我们假定，计算某些运动物体所经历的路径，预言它们在某一时间的位置。人们为此目的使用了坐标系统、曲线方程（一种描述实际运动的形式），以及在十进制系统中的计算技术。纯数学命题的想法对他们来说可能是陌生的。"[①]

在弗雷格和罗素看来，所谓数学命题就是逻辑真理。而康德则认为数学命题是先天综合判断，直觉主义者布劳威尔主张，所谓的数学无非就是直觉所建构的产物。维特根斯坦正是在批判和继承这些理论的基础之上，提出了自己的数学哲学观。

当然，数学哲学的基础问题一直也是维特根斯坦所关注的核心内容之一，无论是其早期的哲学著作《战时笔记》和《逻辑哲学论》，中期的《哲学评论》和《哲学语法》，还是后期的《关于数学基础的评论》和《哲学研究》等，他都尝试着探讨了许多重要的数学基础问题，并提出了一系列重要的见解。维特根斯坦在《战时笔记》和《逻辑哲学论》中，除了用大量篇幅讨论逻辑问题之外，还用了不少段落谈论数学问题。他反思和批评了弗雷格和罗素的相关思想，并提出了自己的独特见解。按照他早期的观点，逻辑和数学是不可分的。而中后期维特根斯坦探索数学哲学的原因就在于他想要了解什么是必然性，如数学命题在什么意义上必然为真。

第五节　维特根斯坦的数学哲学及其来源

维特根斯坦在青少年时期就对数学深感兴趣，由于其父亲对科学技术的高度重视及对他的引导，维特根斯坦于 1903 年进入奥地利林茨念中学时，就对数学和物理学产生了浓厚兴趣。之后，他在德国夏洛滕堡技术学院（Technishce Hochschule in Berlin-Charlottenburg）学习机械工程，然

① 维特根斯坦. 维特根斯坦全集（第 7 卷）：论数学的基础. 徐友渔，涂纪亮译. 石家庄：河北教育出版社，2003：169（§15）.

后又去英国曼彻斯特大学学习航空工程，设计飞机的喷射器和推进器，而这些课程都与数学密切相关。于是他的兴趣转向纯数学，后又转向数学的哲学基础。1912 年，他在弗雷格的劝导下去英国剑桥大学三一学院，在罗素的指导下研究数学逻辑达五个学期之久。在这十年之中，他一直在攻读数学和数学逻辑，这为他后来从事数学哲学的研究打下了坚实基础。

维特根斯坦被公认为当代最具原创性的重要哲学家，他彻底否定数学哲学领域中充斥着的关于数学的基础主义的一切努力，认为全部关于数学基础的争论都是对我们语言的误解。弗雷格和罗素为数学寻找逻辑基础，其实是在建立新的语言游戏。同样，形式主义数学家希尔伯特力图以新的方式为数学提供基础，建立元数学，其实也是在建立一种新的语言游戏。“如果一个人不理解数学的本性，任何证据都无用；如果他理解了数学的本性，任何理论都是多余的。你不能通过等待一种理论对数学获得根本理解，对一种游戏的理解不能依赖于构造另一个游戏。”①

在维特根斯坦研究数学哲学的过程中，起初是罗素的著名悖论和它在数学基础中引起的理论困惑激发了他研究数理逻辑的兴趣。受弗雷格与罗素等人的影响，维特根斯坦在撰写《逻辑哲学论》时也强调数学与逻辑的密切联系，但他并没有提出，至少没有明确提出可以把数学还原为逻辑的基本观点。他认为数学是一种逻辑方法。1928 年，他在维也纳听了数学家布劳威尔关于数学基础的讲演，这次讲演促使他在数学基础问题上逐渐从逻辑主义转向赞同直觉主义的部分观点，同时也促成了他在哲学观点上从早期思想向后期思想的转变。到了后期，维特根斯坦在这个问题上发生了很大的变化，进而对逻辑主义提出了明确的批评。

维特根斯坦以门生弟子的身份先后向弗雷格和罗素学习数学。正是对数学的学习、对当代数学成果的了解，使颇有天赋的维特根斯坦与罗素和弗雷格一样，最终走向了数学哲学。当然，在谈到其思想来源时，后期维特根斯坦曾经提到了如下人物对他均有所影响：布劳威尔、弗雷格、罗素、玻耳兹曼（Ludwïg Boltzmann）、赫兹（Heinirich Hertz）、叔本华（Arthur Schopenhauer）、斯彭格勒（O. A. G. Spengler）、拉姆齐等。

1928 年春，维特根斯坦听了直觉主义数学家布劳威尔的《数学、科学

① 柳延延. 数学哲学：一个充满迷惑的领域. 自然辩证法通讯，2006，(3)：28-33.

和语言》的演讲后受到极大启发。数学的进展尤其是以布劳威尔为代表的直觉主义的崛起，对维特根斯坦早期的哲学思想是一种有力的冲击。弗雷格和罗素的影响在于，维特根斯坦早期哲学在很大程度上是建立在对两者思想的批评与继承的基础之上的；而在后期，维特根斯坦则极力批判了这种数学逻辑观。叔本华和玻耳兹曼的影响主要体现在维特根斯坦早期思想中。

赫兹对早期和后期维特根斯坦都产生过重要的影响。按照赫兹的理解，在当时人们有关经典力学的一些基本概念的理解和解释方面存在着许多混乱和矛盾之处。正因如此，人们总是问如“力的本质是什么”这样的问题。赫兹断言，一旦相关的混乱和矛盾得到了澄清，相关的问题便会得到消解。这种思路显然较大地影响了后期维特根斯坦对哲学的理解。

维特根斯坦曾感谢拉姆齐对他的思想所做的批评，因为在他人生的最后两年内，他们多次讨论数学基础问题。在其他地方，维特根斯坦也曾经提到过斯彭格勒对他的影响。斯彭格勒对维特根斯坦的影响主要体现在其对不同时期文化的多样性及其差异性的强调、对线性世界历史图像的拒斥及对西方文明的强烈的批评态度上。在斯彭格勒看来，线性世界历史图像不过是历史学家们的抽象，是他们的幻象。实际上，在考察一个特定历史文化时期时，我们要使用类比和比较的方法，即将其与其他相似历史文化时期加以比较。显然，这些思想对后期维特根斯坦的思想形成过程的影响是不言而喻的。维特根斯坦也曾谈及斯拉法（Piero Sraffa）对他的影响，主要表现在斯拉法所使用的“人类学的”看待哲学问题的方式。这种看待问题的方式是指：在考察一个问题时，始终应当考虑其所处的特定的语言游戏和生活形式的背景。因此，这种考察方式与上面提到的人类学的考察方式密切相关①。

因此，在维特根斯坦看来，数学不是对柏拉图的理念世界的描述，而是对人类生活所需要的规则的约定。所以数学不是一种自然科学，也不为自然科学提供基础，它是由历史上各种各样的数学方法构成的，数学是证明技术的“五颜六色”的混合。

---

① 韩林合. 维特根斯坦《哲学研究》解读（上）. 北京：商务印书馆，2010：1580-1587.

第二章　维特根斯坦的批判与继承

数学哲学经过了19世纪末至20世纪初卓有成效的发展，取得了长足的进步。在数学发展的历史中，一直就存在两种不同的研究方向：一种是由已有的数学去发展、构造出新的、更为复杂的结论和理论；另一种则是研究已有的数学可以以何种更为一般的概念和原理作为基础而得以建立。显然，公理化方法在数学中普遍采用的是与后一种方向直接相关的方法。但在1900～1930年，以罗素集合悖论、哥德尔不完备性定理等为导火索，数学界陷入了重重危机之中，这次危机冲击了数学的根本之所在，使得数学家们不得不重新更严密地来考察数学的哲学基础。与数学基础问题随之而来的是认识论上的分歧，这些分歧包括：数学稳固的基础是什么？数学中的实在是什么？数学中有无限概念与超限数论吗？数学中使用的逻辑能不能拓展到无限领域？等等。正是数学哲学家们在对这些问题讨论的基础上，产生了不同的观点，使得原本并不显著的理论分歧上升为学派之争，数学哲学史上著名的三大学派应运而生。其中以罗素为代表的逻辑主义强调的是将数学还原为逻辑的重要性，以布劳威尔为代表的直觉主义强调人们的直觉在建构数学时的合理性，以希尔伯特为代表的形式主义则强调数学的形式化和符号化，以及数学形式系统的无矛盾性证明[①]。

第一节　集合论悖论所引发的数学基础危机

在数学发展的历史长河中，出现过一些不可调和的数学矛盾和冲突，导致了数学的危机与发展并存。在数学哲学史上，曾经出现过三次比较重大的数学危机，这三次危机对数学哲学的发展都带来了深刻的改变。第一次危机是毕达哥拉斯学派对无理数的发现，导致人们对整数地位的怀疑，希腊人自此开始建立几何学体系；第二次是由微积分中无穷小悖论引发的数学危机；第三次危机产生于19世纪末20世纪初，由集合论悖论的出现所引发的数学基础的危机。

正当数学家们为数学有了可靠的基础而欢呼时，数学大厦的基础却开始动摇——集合论悖论出现了。悖论是指逻辑上自相矛盾的命题，即如果肯定某个命题的真，就可以推出它的否定；反之，如果否定它的真，就可以推出它的肯定。简单地说，对于一个命题，如果说它是真的，就可以推出它是假的；反之，如果说它是假的，就可以推出它是真的[②]。

集合论创立之初，人们并不把它当作重要的理论。但到了19世纪末，这个理论已在数学领域得到了广泛的应用。在20世纪，数学家们开始反思如何理解数学的本质及其基础，实际上仍然还是在反思“数学是什么”的问题。在微积分的严密化过程中，人们将数学分析建立在实数理论的基础上，并在进一步的发展中建立在了自然数算术的基础上。数学家弗雷格和戴德金（J. Dedekind）又进一步把自然数归结为逻辑和集合论。这样一来，集合论和逻辑就成了整个数学的基础[③]。

---

① 林世芳. 20世纪数学三大学派之争与数学思想的进步. 北京：社会科学文献出版社，2015：14.

② 林夏水. 数学哲学. 北京：商务印书馆，2003：125.

③ 林世芳. 20世纪数学三大学派之争与数学思想的进步. 北京：社会科学文献出版社，2015：19.

1902 年，罗素发现了一个悖论，引发了数学家和逻辑学家们的担忧。罗素把集合分成两种，一种是以自身作为元素的集合，另一种则是不以自身作为元素的集合。一个不包含自身的元素组成的集合是否包含其自身？如果它包含自身，那么它是这个集合的元素，而按照这个集合的性质它又不应该包含自身于其中。如果它不包含自身的话，那么它又不是这个集合的元素，从而推出了矛盾。用形式表述为“$S=\{x|x\notin S\}$”：设一个集合 S 是由所有不属于自身的集合元素构成的。但是，如若 S 包含于 S，该等式是否成立？如果 S 包含于 S，则不符合 $x\notin S$，进而推出了 S 不包含于 S；相反，若 S 不包含于 S，则符合 $x\notin S$，S 包含于 S。这样，这种集合就陷入了自相矛盾之中。

1918 年，罗素提出了一个比较通俗的悖论事例——理发师悖论。该悖论简述如下：在某个地方有一位理发师张三，他的理发技艺十分高超，前来理发的人络绎不绝。但张三理发有一个奇怪的规矩，他说：“我将只为该地所有不给自己理发的人理发。”可是，某一天，张三从镜子里看见自己的头发很长了，而且极大地影响了他的剪发工作，他本能地抓起了剪刀想给自己剪发，但又突然想起自己所立下的理发规矩：“只给所有不给自己理发的人理发。”在这样的情况下，张三能不能给他自己理发呢？如果他不给自己理发，他就属于“不给自己理发的人”，那么他就应该给自己理发；反之，如果他给自己理发，他就又属于“给自己理发的人”，那么他就不该给自己理发。于是，张三到底应该不应该给自己理发，这就使他陷入了两难的困境。

罗素悖论的提出不仅涉及集合的概念，而且涉及逻辑的概念。罗素悖论的整个推论过程是没有问题的，但最后却得出了悖论，而逻辑和数学历来被看作确定性和严密性的典范。希尔伯特认为，罗素悖论的出现对“整个数学界都是灾难性的结果”[①]。如果在以严谨闻名的数学和逻辑中也会导致悖论和谬论的话，那么知识的真理性和可靠性又靠什么来保证呢？因此，一部分数学哲学家开始思考：数学可靠的基础是什么？数学中有无限的本质吗？数学真理的客观性及可靠性如何保证？针对这些问题，不同的

---

① 大卫·希尔伯特. 论无限//保罗·贝纳塞拉夫，希拉里·普特南. 数学哲学. 朱水林译. 北京：商务印书馆，2003：218.

数学哲学家提出了不同的观点，据此也形成了不同的数学哲学学派。

因此，19 世纪末，相继出现了逻辑主义、直觉主义和形式主义等不同形式的理论，这些理论从不同角度想为数学找到一个可靠的基础。数学三大学派所产生的深远影响，以及它们对数学基础问题的讨论，深刻地影响了之后数学的发展。任何关于数学哲学或数学史的研究都绕不开对这三大学派基本问题的分析与讨论。20 世纪数学三大学派的主要代表人物及其代表著作有：①逻辑主义。罗素和怀特海的《数学原理》、罗素的《数学哲学导论》及卡纳普的《数学的逻辑主义基础》等。②直觉主义。彭加勒的《科学与假设》《科学与方法》、阿伦特·海廷（Arendt Heyting）的《数学的直觉主义基础》等、布劳威尔的《直觉主义与形式主义》、迈克尔·达米特（Michael Dummet）的《直觉主义逻辑的哲学基础》。③形式主义。希尔伯特的《论无限》、冯·诺伊曼（John von Neumann）的《数学的形式主义基础》、克雷塞尔（George Kresel）的《希尔伯特的纲领》等[①]。

直觉主义者布劳威尔认为，逻辑也并非是发现真理绝对可靠的工具，也不存在先验的真理。布劳威尔主张，用内省构造的方法来推演数学，叫作直觉主义数学。直觉主义的主要特点是：赞同潜无穷而反对实无穷；否认基于无穷集上排中律的证明，强调构造性的证明。直觉主义的思想给经典数学提出了挑战，希尔伯特为了应对直觉主义的挑战，提出了希尔伯特纲领：将古典数学表述为形式系统，并证明该形式系统的无矛盾性。在自然数系统方面，他的目标是使用一阶算术来保证自然数系统，并证明一阶算术的无矛盾性，以此来说服直觉主义者。然而哥德尔不完备性定理表明，如果一阶算术是一致的，那么一阶算术是不完备的，并且一阶算术的一致性在一阶算术内部是不可证明的。弗雷格和罗素认为数学命题是逻辑真理，康德则认为数学命题是先天综合判断。

在对数学基础的讨论中，维特根斯坦的《逻辑哲学论》正是承袭了罗素、弗雷格意义上的逻辑主义。在《逻辑哲学论》的序言中，维特根斯坦写道："我受惠于弗雷格的巨著和我的朋友罗素先生的著作，他们在极大

---

① 林世芳. 20 世纪数学三大学派之争与数学思想的进步. 北京：社会科学文献出版社，2015：10.

程度上激发了我的思想。”[①]但维特根斯坦认为，弗雷格和罗素的错误在于个体命题的偶然特征，他们忽视了命题的一般形式，而他自己所要做的就是要给出命题的最普遍形式。维特根斯坦后期的哲学正是在深受哥德尔不完备性定理、直觉主义、形式主义等影响下发展而成的。

维特根斯坦正是在继承和批判这些理论的基础上，提出了自己的理论。他在《维特根斯坦 1939 年在剑桥关于数学基础的讲座》(简称《维特根斯坦剑桥讲演录》)、《哲学语法》、《关于数学基础的评论》及《哲学研究》中对“数学客观性”进行了批判。在比较中，维特根斯坦认为，数学证明问题并不在于是一种理解活动，而在于是一种决定行动。维特根斯坦坚持数学证明的发明创造性，认为数学证明是一种遵循规则的实践活动。所以通常意义上的数学证明，从本质上来讲其实就是一种社会活动，它不可能是私人的语言，它必须依赖参与者的认可和接受。下面将分别讨论维特根斯坦对数学哲学一些主要流派观点的批判与继承。

第二节　维特根斯坦对数学逻辑主义的批判与继承

一、数学逻辑主义的观点

20 世纪，逻辑和数学在人类的知识探索活动中占据着基础和核心地位，发挥着独特而重要的作用。数学是我们知识获求中最核心的部分，几乎在所有科学探索领域中它都扮演着重要角色，几乎所有的自然科学和社会科学都实质性地预设了数学知识。从这种意义上说，“逻辑作为整个科学事业的基础也是毋庸置疑的。从逻辑与数学的关系看，数学是一门典型的演绎科学，因而属于逻辑的范围；而逻辑是数学基础的一部分，逻辑反映了数学的演绎实践，逻辑被数学所塑造，因而逻辑又属于一门数学学

① 维特根斯坦. 逻辑哲学论. 贺绍甲译. 北京：商务印书馆，1996：序言.

科。我们如何看待数学与如何看待逻辑这两个问题是相互交织在一起的”[①]。以纯逻辑的概念和原理定义数学的基本概念和基本原理，这种有关数学和逻辑的关系的观点，被称为逻辑主义。

数学哲学的逻辑主义是弗雷格、罗素和怀特海等人所提倡的观点。德国哲学家弗雷格是数理逻辑和分析哲学的奠基人，同时也是现代西方哲学“语言学转向”中的关键人物，他是对数学本体实在论进行语义辩护的第一人。他认为，每一个个别的数，既不是物质世界的对象，也不是人们心理世界的表象；它们既不在时间中存在，也不在空间中存在；这些数是确定的、永恒的；它们是客观的抽象对象。逻辑主义者认为应当把逻辑当作数学的基础，把全部数学还原为逻辑。在他们看来，数学只研究概念间的纯逻辑关系，数学是逻辑的延伸，可以从逻辑学中引出全部数学，也可以把全部数学还原为逻辑。

与其他科学分支不同，数学是关于对诸如数、集合和函数等数学实体及它们的结构关系进行研究的科学。逻辑是关于命题和真的理论。数学和逻辑的对象都是抽象的，尤其是数学对象，它们不占据时空位置，不具有因果作用。更进一步地说，数学和逻辑似乎是通过演绎证明的先验方式运作的，其他科学似乎是通过实验和归纳的后验方式运作的。与科学其他分支的知识是可错的相比，数学和逻辑的知识几乎是不可错的。一旦一个逻辑-数学定理被证明了，它似乎就永远被证明了。它们没有经验事实，也不像物理学家那样进行实验和制定假说。数学家创造语言，而物理学家使用数学语言描述他们的假设，以及以数学为工具探讨假设的逻辑后承。但是最终的物理理论必须假定被经验事实所支持[①]。

在《数学哲学导论》中，罗素写道：“在历史上，数学和逻辑是两门完全不同的学科：数学与科学有关，逻辑与希腊文有关。但是在近代，二者有了很大的发展，逻辑更数学化，数学也更逻辑化，结果在二者之间完全不能划出一条界线；事实上二者也确实是一门学科。它们的不同就像儿童与成人的不同：逻辑是数学的少年时代，数学是逻辑的成人时代。”[②]罗素认为，数学与逻辑的密切关系是显而易见的，因为没有一条明确的界线

---

① 朱建平. 20 世纪的逻辑哲学与数学哲学. 广州社会科学，2015，(2)：44-53.
② 罗素. 数学哲学导论. 晏成书译. 北京：商务印书馆，1982：182.

能使逻辑和数学左右分开。

逻辑主义者强调逻辑与纯数学是同一的。因为它们都不研究任何特殊事物的性质，而只研究它们的形式。他们发展了莱布尼茨关于数学真理就是逻辑真理的这个论点，力求实现数学的逻辑化。也就是说，从少量的逻辑概念出发，对所有的或者至少大部分数学概念下定义，同时从少量的逻辑法则出发，把所有的或者主要的理论演绎出来。他们认为只要实现对数学进行逻辑化这个目标，就能把数学建立在一个坚实可靠的基础上。反过来，数又是对概念的表达，经过一系列的技术性语言和方法，包括逻辑分析和语言分析方法，概念可以实现客观化的人工语言。在哲学中，分析哲学的基本预设即是对概念进行客观化分析。

弗雷格首先在这个方面做了许多开拓性的工作，他认为能够从一些基本的逻辑规律把全部数学推演出来，集合论具有逻辑的性质，可以把集合论作为基础。他发明了一套逻辑符号，把集合论的某些内容翻译和改造为逻辑理论，进而对自然数下定义，推演出整个算术理论。可是，随着罗素悖论的提出，原来的朴素集合论遭到了严重挑战，基础发生了严重的动摇。尽管逻辑主义者碰到了这个理论困难，但他们的研究并未中断。罗素继承了弗雷格的基本观点，先后提出了类型理论、禁止恶性循环原则及可化归性公理等，力求克服由朴素集合论危机引起的数学基础危机。在他与怀特海合著的《数学原理》中，他们把数学化归为一个形式系统，以求实现从逻辑概念推出数学概念，从逻辑公理推出数学定理，从而推导出全部数学的计划。

罗素在《数理哲学导论》一书中对把数学归约为逻辑的原因进行了说明。他认为皮亚诺（G. Peano）关于自然数的公理系统不够彻底，并没有达到数学的本质，因此，还需要进一步地还原。“在皮亚诺算术中的三个基本概念是：0，数，后继（successor）。后继的意思是说，0 的后继是 1，1 的后继是 2，如此类推。皮亚诺所肯定的五个基本命题是：（1）0 是一个数；（2）任何数的后继是一个数；（3）没有两个数有相同的后继；（4）0 不是任何数的后继；（5）任何性质，如果 0 有此性质，其后继数也必然有此性质；如果任一数有此性质，它的后继数也必定有此性质；那么所有的数都有此性质；五个基本命题中的最后一个是数学归纳法原则。”[①]

罗素认为，一些逻辑的概念已经是现有数学可以达到的最简单的不定义的概念。如何在不定义的逻辑概念和基本逻辑命题的基础上推出全部的数学呢？数学还原为逻辑的计划是以集合论为基础的，因此，消除集合论的悖论就是这个计划成功的关键因素。为此，罗素提出了恶性循环原则。罗素认为，一切的悖论都有一个公共特征，即自己征引自己，或自反性。要消除悖论就要求任何牵涉着一个集合的所有元素，都不能成为这个集合的元素。但是以弗雷格和罗素等为代表的逻辑主义者，他们在研究中也会面对许多严重的理论难题，这遭到了维特根斯坦强烈的质疑与批评。

二、维特根斯坦与数学逻辑主义

早期的维特根斯坦在撰写《逻辑哲学论》时受弗雷格、罗素等人的影响，也强调数学与逻辑的密切联系。他承认数学是一种逻辑的方法，但他并没有提出可以把数学还原为逻辑这种基础的逻辑主义观点。维特根斯坦在《逻辑哲学论》中承认，“数学是一种逻辑方法”，或者说，“数学是逻辑的一种方法”。他认为“数学方法的本质特征在于使用方程式。每个数学命题之所以就其本身即可被理解，就是由于这种方法”。在他看来，数学便是方程式，因而是一些似是而非的命题。数学命题不表达任何思想。“数学以方程式来表示由逻辑命题显示于重言式中的世界的逻辑。”[②]他认为我们在生活中所需要的绝不是数学命题，只是为了从一些不属于数学的命题中推出一些同样不属于数学的命题，我们才利用了数学命题。

到了后期，维特根斯坦在这个问题上有了一个转向，他对逻辑主义提出了明确的批评。维特根斯坦一再重申，他不认可罗素关于逻辑是数学的基本观点。他说：“有人认为，有一门被称为逻辑的科学，数学就立足于这门科学之上。但我要说明的是，数学绝不是立足于逻辑之上的，逻辑公式与数学形式相一致，但这个事实绝没有表明数学立足于逻辑之上。”[③]

---

① 罗素. 数学哲学导论. 晏成书译. 北京：商务印书馆，1982：10-11.

② 维特根斯坦. 维特根斯坦全集（第 1 卷）：逻辑哲学论以及其他. 陈启伟译. 石家庄：河北教育出版社，2003：254（§6.2），255（§6.234），256（§6.2341），254（§6.22）.

③ Wittgenstein L. The Blue and Brown Books. Oxford：Oxford University Press，1969：45.

“罗素所犯的错误是，他相信他能描述逻辑形式，并且他能用一种完全不同的方式来描述它。当描述一种逻辑形式时，所有的东西都必须被描述。”①

在《维特根斯坦剑桥讲演录》中，维特根斯坦对弗雷格和罗素的观点还作了一定程度的肯定。一方面，按照弗雷格和罗素的观点，算术所起的作用在很大程度上类似于逻辑所起的作用。我们在把一个实质命题转换成另一个实质命题时，既可利用算术，也可利用逻辑。可以说，在相同的意义上，既可以说算术命题是思维规律，也可以说逻辑命题是思维规律。维特根斯坦认为，就这个范围而言，弗雷格和罗素的观点是成立的。另一方面，按照弗雷格和罗素的观点，逻辑规律在某种意义上比算术规律更加基本，这部分是由于逻辑规律直接与语句打交道，部分是由于逻辑演算仅仅包含了那些在日常语言中使用的语词。就数学而言，情况也是如此。因此，他们认为数学应当来自逻辑，尽管他们还不了解数学是怎样来自逻辑的。他承认从某种完全正确的意义上说，逻辑就是算术，而算术也是逻辑。可是，他坚决主张，算术不是立足于逻辑之上。算术立足于各种各样的原理之上，但不是立足于[$p \supset q$]等之上。我们可以把这些原理称为思维规律。

魏斯曼（A. Weismann）曾经描述过弗雷格和早期维特根斯坦观点之间的差异：“对于弗雷格而言，符号是有意义的，即它能指称某个对象，逻辑符号代表了逻辑对象，算术符号则代表算术对象；或者符号只是一个字符，用墨水写在纸上的字符而已。维特根斯坦同意这一观点。”但是弗雷格进一步主张，等号是规则，它容许一个符号来代替另一个符号，在算术中，它却是一个构造。维特根斯坦评论道：“如果从等式 $4=2+2$、$2=1+1$ 开始，我继续进行到等式 $4=(1+1)+(1+1)$，那我们是从前两个等式，或者依据第二个等式，从第一个等式得出第三个等式吗？……替换规则也不能被等式 $2=1+1$ 表达，如果问我怎么从等式 $4=2+2$ 得到等式 $4=(1+1)+(1+1)$，我可以说，我依据的是某一条规则，这条规则允许我用 $1+1$ 代替 2。因而，这条规则用字符表达了出来，而等式 $2=1+1$ 与它相互

① 维特根斯坦. 维特根斯坦与维也纳学派. 徐为民，孙善春译. 北京：商务印书馆，2014：46.

对应，但它们不是同一个东西。”①

到了20世纪40年代，维特根斯坦坚决反对逻辑主义的立场，在这一点上，他与布劳威尔的观点相似。布劳威尔也主张，逻辑主义者只是把有限领域的相关经验事实，或以经验为依据而形成的逻辑规律毫无根据地应用到一切领域，从而导致了第三次数学危机的出现，这是有问题的。有人认为，发明出计算并不是为了实用，而是为了“替算术奠定基础”。布劳威尔追问：“但是，谁说算术是逻辑；或者人们必须用逻辑来做的事情是要使它在某种意义上成为算术的基础？如果我们出于美学的考虑被引导到想要这么做，谁说这会成功？”如果有人想要说明数学不是逻辑，那他想要说明什么？维特根斯坦认为，这个不是想要说明对每一个数学证明而言，情况不可能是这样的：可以构造出那种罗素式的证明，无论如何都会与这个数学证明相一致。这个人想说明的却是：承认这种一致并不依靠逻辑。至于数理逻辑在哲学中的作用，有人认为，既然每个命题都可以在数学符号系统中加以表示，那么人们觉得必须学习数学符号系统。维特根斯坦却认为：“由于把我们交往语言的形式肤浅地解释为对事实结构作出分析，‘数理逻辑’完全曲解了数学家和哲学家的思想。”②

后期维特根斯坦继续批判逻辑主义，批判其关于数学需要逻辑作为其基础的思想。维特根斯坦认为逻辑不仅不能成为数学的基础，而且对于数学活动来说，逻辑技术是有害无益的。他在《关于数学基础的评论》中说道：“逻辑对数学的‘灾难性入侵’。……逻辑技术的害处是，它使我们忘记特别的数学技术，因此逻辑技术只是数学中的辅助性技术。”“逻辑记号吞没了结构。”“‘数理逻辑’完全曲解了数学家和哲学家的思想。”③

逻辑实证主义认为，数学理论的公理是必然的，数学家的任务是发现我们所使用的这些命题的遥远结果。一种陈述是必然，是它总是被表达为不可置疑的，它不能依靠我们所使用的某些传统。这种解释被应用于深层定理和基本计算中。例如，当我们发现一个房间中有5个男孩和7个女孩

---

① 维特根斯坦. 维特根斯坦与维也纳学派. 徐为民，孙善春译. 北京：商务印书馆，2014：148-149.

② 维特根斯坦. 维特根斯坦全集（第7卷）：论数学的基础. 徐友渔，涂纪亮译. 石家庄：河北教育出版社，2003：158（§85），125（§46），224（§48）.

③ Wittgenstein L. Remarks on the Foundations of Mathematics. Ed. by von Wright G H，Rhees R，Anscombe G E M，Trans. by Anscombe G E M. Oxford：Basil Blackwell Publisher，1978：281-300.

或者我们干脆说房间中有 12 个孩子。事实上，我们这样做并不是因为它隐含在了计算的过程之中。相反，我们选择了采用一种新的标准说房间中有 12 个孩子，而不同于以前的标准把所有的孩子集中地数一遍。如果对这一陈述我们有不同的标准，这些标准之间可能会产生冲突。但"5 + 7 = 12"的必然性只包含在这一点中，我们并不解释任何事物都有矛盾。如果我们数到总共有 11 个孩子时，我们只能说：我们肯定算错了。

逻辑主义者认为，应当把逻辑作为数学的基础，把全部数学问题还原为逻辑问题。他们强调用逻辑和数学来研究事物的形式，而不关注任何事物的性质。早期维特根斯坦受弗雷格、罗素等的影响，也强调数学与逻辑的密切联系，他承认数学是一种逻辑的方法。但他并没有提出，可以把数学还原于逻辑这个基础的逻辑主义观点。他举了一些事例来论证他的这一观点。例如，我们可以用不同的方式进行计算，从而可以从罗素的逻辑中得出一种大不相同的算术。可能出现这样的情况：我们通常的演算得出一种结果，而按照罗素的观点，逻辑的东西就是我们的算术。罗素所做的事情就是在"如果""和""不"等表达式出现于数学中时，对它们作出某种演算。在这个范围内，这个论点是能够成立的。他说："如果罗素的演算仅仅是一种与'如果……那么'等相关的辅助演算，那是对的。然而这不是'算术立足于逻辑之上'这个命题的含义。"①

维特根斯坦于 1932～1935 年在剑桥所做的讲演中，也表达了一种与此类似的观点："当弗雷格试图从逻辑中推出数学时，他就以为逻辑演算就是这种演算，所以由此产生的就是正确的数学。与此相关的另一个观念是认为，一切数学都派生于基数算术。数学和逻辑是一座大厦，而逻辑是大厦的基础。我否认这一点；罗素的演算体系也只是所有演算体系中的一种。它只有一点数学。"②

甚至对数学是否需要有这样一个基础，维特根斯坦也持怀疑态度。他明确表示："数学为什么需要一个基础呢？我相信，数学不需要这样的基础，正如那些涉及物理对象的命题或者那些涉及感觉印象的命题不需要分

① Wittgenstein L. Lectures on the Foundations of Mathematics. Ed. by Diamond C. New York：Cornell University Press，1976：261.

② 维特根斯坦. 维特根斯坦全集（第 5 卷）：维特根斯坦讲演集. 周晓亮，江怡译. 石家庄：河北教育出版社，2003：142（§11）.

析一样。”又说：“关于所谓基础的数学问题在我们看来不是数学的基础，正如画出的岩石不是画出的城堡的基础一样。”[①]有人对此反驳说：难道弗雷格的逻辑不正是由于含有不可克服的矛盾而不适用于作为算术的基础吗？维特根斯坦承认情况的确如此。因此，维特根斯坦认为，为什么弗雷格的逻辑必须适合于作为算术的基础这个目的呢？我们可以设想把弗雷格的逻辑作为一种工具交给一个野蛮人，以便用它引出算术命题。这个野蛮人从中引出了矛盾而没有注意到它是一种矛盾，却从其中引出了一些或真或假的命题。对于究竟什么是真正的“数学基础”的研究，维特根斯坦提出了一种颇为独特的看法：“对于数学而言，可能有一种与我们的心理学研究完全类似的研究。它不是数学研究，正如它也不是心理学研究，它没有包括计算，它可能有资格被称为对‘数学基础’的研究。”[②]

维特根斯坦在批驳弗雷格、罗素等关于数学家应以逻辑为基础这个基本观点时，也批驳了他们对集合论的一些看法。前面谈到，弗雷格认为集合论具有逻辑的性质，可以把集合论作为基础，把集合论的某种内容翻译和改造为逻辑理论，进而对自然数下定义，推演出整个算术理论。自康托尔（G. F. P. Cantor）在19世纪建立朴素集合论以来，弗雷格、罗素等对集合论作了大量的研究，使之成为数理逻辑的一个重要分支。他们从集合论的直观概念出发，研究集合中的运算和顺序，特别是各种超常数的性质，并用集合去定义各种数学对象，使得全部数学都可以在集合论的范围内展开。对于集合论，维特根斯坦在《哲学评论》中作过这样的评论：“集合论力求以一种更加一般的方式把无限表述为规则理论。它认为，对真正无限的东西只能描述，而不能表示。”[③]对于这种描述，他举了这样一个事例加以说明：描述就像一个人拿着一大堆东西却无法用双手拿，只能用盒子包装起来拿，于是这些东西就看不见了，但是我们知道我们正拿着它们。这就是说，集合论把无限随心所欲的内容装在了这个盒子里。在《哲学语

① 维特根斯坦. 维特根斯坦全集（第5卷）：维特根斯坦讲演集. 周晓亮，江怡译. 石家庄：河北教育出版社，2003：142（§16）.

② 维特根斯坦. 维特根斯坦全集（第8卷）：哲学研究. 涂纪亮译. 石家庄：河北教育出版社，2003：324.

③ 维特根斯坦. 维特根斯坦全集（第3卷）：哲学评论. 丁冬红，郑伊倩，何建华译. 石家庄：河北教育出版社，2003：196（§170）.

法》中，他以稍微不同的方式表达了他的这个观点："集合论试图在更普遍的水平上理解无限，而不是去研究数学的规则。他说，你根本不可能借助于数学象征去理解实际的无限，无限只能被描述，而不能被表现。也许通过描述这样的方式来把握无限，就像你不能用手拿一些东西而是把它们装在一个盒子里那样。这时它们是不明显的，但是我们仍然知道我们正拿着它们。"①

对于集合论在数学中的作用，维特根斯坦也作了一种与弗雷格等人看法大不相同的评价："集合论似乎是以并不存在的符号体系为前提，而不是以存在着的符号体系为前提，因而它是错的。它是建立在假设的符号体系即谬论之上的。"他还抱怨说："数学完全沾染了集合论表达方式的恶习。其中一个例子就是直线由点组成的说法。"②他认为直线是一条规则，不是由任何东西组成的。作为视觉空间中的有色线条的直线可以由较短的有色线条组成，但肯定不是由点组成的。"维特根斯坦反对数学的逻辑主义，在这一点上，他与布劳威尔的观点相似，他们都认为逻辑主义者把仅仅在有限领域以经验为依据而形成的逻辑规则，毫无根据地扩大应用于无限领域，从而导致了集合论和集合悖论的产生。"③

后期维特根斯坦批判了逻辑主义对逻辑至高无上地位的信奉，他认为，逻辑只是我们认识世界的一种方法，并不是全部。如果逻辑主义者将逻辑的方法推广到数学的一切领域，这在维特根斯坦看来是绝对不可能的，也是毫无意义的。数学命题是一种规范性的命题，这种命题在我们的生活中具有坚不可摧的地位，具有最高的确定性。但这种确定性归根结底来自给定我们的东西——生活形式。维特根斯坦认为，不能脱离具体的数学活动去谈及数学概念的意义，而应注意观察数学词语在日常生活中的用法，也即应注意具体的数学证明和计算④。

① 维特根斯坦. 维特根斯坦全集（第 4 卷）：哲学语法. 程志民，涂纪亮译. 石家庄：河北教育出版社，2003：202（§174）.
② 维特根斯坦. 维特根斯坦全集（第 3 卷）：哲学评论. 丁冬红，郑伊倩，何建华译. 石家庄：河北教育出版社，2003：196（§170）.
③ 涂纪亮. 维特根斯坦后期哲学思想研究. 南京：江苏人民出版社，2005：258-263.
④ 郑毓信. 维特根斯坦《关于数学基础的意见》述评. 自然辩证法通讯，1987,（6）：19-27.

第三节　维特根斯坦对数学直觉主义的批判与继承

一、数学直觉主义的观点

直觉主义的主要代表人物有布劳威尔、外尔（H. Weyl）、克罗内克（Kronecker）、彭加勒等。直觉主义与逻辑主义的观点不同，他们坚决反对逻辑主义的观点，认为逻辑是语言的规则，数学却是超语言的活动，数学活动是独立于语言的，因而逻辑不可能成为数学的基础。逻辑主义对经典数学采取了肯定的态度，他们认为应该对数学进行准确的描述、说明与解释。但是直觉主义对经典数学采取了批判的态度，他们认为已有数学理论并非都是可靠的，要使用更为可靠的理论和方法对其进行全面的考察。

在直觉主义者看来，决定概念正确与否的是直觉，而不是逻辑。数学是一种心灵的构造。判断一个数学对象的存在，在于找到心灵构造它的过程。布劳威尔对数学直觉主义的阐释如下："并不存在非经验的真理，逻辑也并非是发现真理的绝对可靠的工具。这个观点被数学所接受远比被实际生活和被科学所接受来得晚。严格依照这个观点来进行探讨，并且专用内省构造的方法来推演定理的数学叫作直觉主义数学。这种数学在许多方面偏离了经典数学。"①

达米特认为，在数学中抛弃经典推理而采用直觉主义的推理只有两条论证路线。第一条论证路线是，数学陈述的意义决定了它的使用。陈述的意义不可能不在使用中显露出来，而只存在于理解该意义的个体头脑中；如果两个人对陈述的使用意见完全相同，则他们对它的意义的理解也相同。因为陈述的意义完全在于它作为个人之间进行交流的工具来使用，正如象棋中棋子的威力全在于它在棋局中按规则进行的作用一样。人们无法

---

① 保罗·贝纳塞拉夫，希拉里·普特南. 数学哲学. 朱水林译. 北京：商务印书馆，2003：104.

交流不能观察到的东西，如果张三把某个数学符号或公式与某种藏在他内心的含义相关联，而这种关联又与他对这个符号或公式的使用无关，那么他就无法凭借这个符号或公式来表达那种含义。因为其他人不可能会意识到这种关联，并且没有手段来核查它。另一条论证路线则从学习数学的思路出发。当我们学习数学记号或数学表达式，或者学习数学理论的语言时，我们所学的是如何使用这种语言陈述，我们学习它们何时可以通过计算而被证实，如何进行有关的计算，学习它们可以从何处推出，以及从它们可以推出什么结论，也就是它们在数学证明中起什么作用及如何将它们用于数学之外的场合。这些就是我们在学习这种数学理论表达式的意义时学到的一切，因为这些就是我们能够学到的一切。那就等于假定教某人数学理论的语言时，他学习了直接传授给他的全部内容，从而他的种种行为都表现得好像他是理解这种语言的人，但他并不真正理解它或者只是不正确地理解它。不过作这样的假定就等于使用的意义无法表达，也就是说原则上无法进行交流。对意义的理解如此因人而异的这种情况与实际进行的数学是完全不相干的。实际进行的数学是一整套理论，许多人共同从事于它，它也是一种探索，在它的范围内每个人都可以将他的成果与他人交流[①]。

此外，达米特还认为，“意义完全由使用决定”的观点似乎容不得任何形式的修正。如果使用构成了意义，则使用似乎是无可批驳的。没有理由抛弃诸如某些论证形式或证明模式的用法等已确立的数学实践，因为这种实践连同被普遍接受的其他所有实践一起，都完全是我们数学陈述的意义的一部分，而我们当然有权使我们的陈述表示我们选定要它们表示的任何意义。这种看法是“使用完全决定意义”这一论点的一种可能的发挥，但是它最终只能接受由整体论语言观为依托。按照这种观点，“探究任何单个陈述的含义，甚或任何单一理论比如数学理论或物理理论的含义都是不合法的，每个陈述或每组演绎地系统化了的陈述的意义，都被它们与被视为整体语言的其他领域中其他陈述之间的多方面（直接的和间接的）联系所修正。因此要理解这些陈述，除了通晓整个语言之外，没有其他适当的

① 保罗·贝纳塞拉夫，希拉里·普特南. 数学哲学. 朱水林译. 北京：商务印书馆，2003：114-115.

方法。然后这种意义由于与其他陈述或其他理论建立联系而得到修正，而且它的意义就在于它在构成我们整个语言实践的复杂网络中所处的位置"①。

布劳威尔认为，我们总是习惯于用对待空间的方式来对待时间，但这是具有高度欺骗性的。在布劳威尔看来，"时间是最原始的直观，是我们的内在应验，是一切生命意识的基础，不能用我们处理空间的科学方式来把握。这种直观是对创造性自我的感觉，它只在自己的私有时间中展开。数学总是一个积极的决定，总是在创造性主体中开展工作，远离任何言说和推理。也就是说，数学是意志的活动，是创造的活动。而语言顶多是一种传达意志的有缺陷的工具"②。布劳威尔认为，直觉主义数学应该彻底地从数学语言中分离出来，并因此也从理论逻辑的语言中分离出来。同时要认识到，直觉主义数学是一种本质上无语言的心灵活动，它起源于对时间流动的直觉。

布劳威尔的直觉主义数学观所传达的意义有三方面：①真理是内在经验的；②逻辑不是数学发现的可靠工具；③直觉主义的主要思想与方法是内省构造。直觉主义者关于数学的直觉主义观念来源于康德，康德认为数学是先天综合判断。直觉主义者强调数学的内省建构性，他们不要求绝对意义上的确定性，只主张数学理论或概念足够清楚，就可以建立起数学。"海丁认为，数学对象依赖于人类思想而存在，它们的存在只有在它们能被思想所决定的范围内才能得以保证，它们所具有的性质也只有在这些性质能够被思想从它们中间加以识别的范围内才能说得上。因此，在直觉主义看来，数学概念在主观直觉上的可建构性是数学理论可靠性的唯一标准。"③

布劳威尔认为，直觉主义一方面使逻辑趋于精细，另一方面抨击了作为真理来源的逻辑。他出于对直觉构造思想的坚持，支持直觉主义者反对排中律在无限集合上的拓展应用。布劳威尔认为人们对排中律教条地信任来自两方面的原因：一方面，当把排中律应用于单个论题时是没有矛盾的；另一方面，人们日常的现象领域是有限的，因此在有限领域中经典逻

---

① 保罗·贝纳塞拉夫，希拉里·普特南. 数学哲学. 朱水林译. 北京：商务印书馆，2003：116.

② 弗拉第米尔·塔西奇. 后现代思想的数学根源. 蔡仲，戴建平译. 上海：复旦大学出版社，2005：vii.

③ 林世芳. 20世纪数学三大学派之争与数学思想的进步. 北京：社会科学文献出版社，2015：32.

辑的有效性可以得到保证，并且长久以来，人们已经习惯于经典逻辑的有效性，在使用时也从不加以审视，把它当成了先验真理。布劳威尔认为，这就可以理解为什么人们在处理无限性的数学问题时，也是不加反思地使用排中律，而不考虑有效性问题。直觉主义者认为知识的存在只能靠求知的活动本身才能向我们显示出来，所谓人们可以达到的求知活动是人们的直觉产物，凡是超越直觉而构造的知识必须予以拒斥。因此，数学中要努力排除或避免形而上学，而排中律就是形而上学的产物。

直觉主义者质疑排中律的普遍有效性，因为排中律在一般的陈述中无法被证明。任何一个给定的命题，人们总是能够证明其本身或其否定面。而传统逻辑中的排中律规定命题或者是真或者是假，事物或者存在或者不存在，本质上是一种形而上学的假设。通过排中律，即使是最后判断某一命题为假，某一事物是不存在的，但心灵在思想过程中实际上已经对命题的值和事物的存在做出了形而上学的预设。正因为此，基于对数学构造的要求，直觉主义拒绝直接接受排中律为形式逻辑的三个基本规则之一[①]。

直觉主义者主张把某种先验的初始直觉看作数学的可靠性基础，认为数学思想不能够完全化归为逻辑或形式。因此，他们认为数学是一种纯粹的心智活动，数学思想的特性在于它并不传达关于外部世界的真理，而仅仅涉及心智的构造，数学的可靠基础不是处于心智之外的客观世界，而是心智活动本身。换句话说，人们对数学的认识不依赖于逻辑和经验，而依赖于一种心智构造。其唯一的来源是人们固有的那种带有构造性的直觉。与此相关，直觉主义者还否认逻辑法则具有普遍有效性，认为不可能将所有数学命题都归结为可证明或可否证这两类，并且特别对排中律这条基本逻辑法则的普遍有效性进行了抨击。当涉及无限数学领域时，他们否认实无限概念，只承认潜无限概念，这样就会产生悖论等理论难题[②]。

二、维特根斯坦与数学直觉主义

布劳威尔等认为，逻辑并不是发现真理的绝对可靠的方法，也并不存

① 高剑平，黄祖宾. 数学哲学中的直觉主义. 自然辩证法研究，2013，(12)：9-15.
② 涂纪亮. 维特根斯坦后期哲学思想研究. 南京：江苏人民出版社，2005：271.

在非经验性的真理。直觉主义者认为，逻辑是语言的一种规则，数学却是一种超语言的活动，因此，逻辑不可能成为数学的基础。在直觉主义者看来，我们只需要在每一次的计算中都运用直觉方法，在每一个点上就都能提出一条新规则。

对直觉主义的这种观点，维特根斯坦既没有一概排斥，也没有完全接受。他一方面承认数学中需要直觉，另一方面也反对直觉主义者无限夸大直觉在数学中的作用。布劳威尔还试图建立一种独特的直觉主义数学，特别是一种直觉主义的连续统理论。与逻辑主义者不同，他在建立这种直觉主义数学时，不是以集合论为基础，而是以自然数理论为基础。直觉主义数学是一种构造性的数学，它强调数学对象必须是可构造的，数学的存在等同于可构造性。在《关于数学基础的讲演》中，维特根斯坦认为："也可以说，我们所需要的不是在每一步上都要有一种直觉，而是在每一步上都要做出决断。直觉主义是一派胡言，完全是胡说八道。除非它意指一种启示。"[①]维特根斯坦认为，直觉主义过分夸大了直觉在数学中的作用，直接违背了数学的精确性和严谨性。此外，直觉主义过分强调了内在的思维作用，没有看出数学思想公共的、主体间表达的重要性。"不过也可以说推理准则强制着我们。这句话的意思等同于其他的准则在人类社会中的作用……如果你另行推理的话，就会受罚；如果你得出了不同的结论，却与社会发生了冲突，那么必然也会与其他实际后果发生冲突。"[②]

值得注意的是，布劳威尔的直觉主义观点对后期维特根斯坦的数学哲学观影响甚大。布劳威尔以其创新性的数学直觉主义观点动摇了早期维特根斯坦的哲学观，从而使维特根斯坦从《逻辑哲学论》中的"逻辑原子论"转向了后期《哲学研究》一书所表述"语言游戏"的使用哲学观。例如，对于直觉的作用，维特根斯坦一方面承认数学也需要直觉，直觉能在数学中起一定作用；另一方面他又反对直觉主义者那样无限夸大直觉在数学中的作用。又如，维特根斯坦一方面反对直觉主义者对排中律的有效性抨击，另一方面又对排中律的有效范围作了适当的限制。维特根斯坦承认

① Wittgenstein L. Remarks on the Foundations of Mathematics. Ed. by von Wright G H，Rhees R，Anscombe G E M. Trans. by Anscombe G E M. Oxford：Basil Blackwell Publisher，1978：257.

② Wittgenstein L. Remarks on the Foundations of Mathematics. Ed. by von Wright G H，Rhees R，Anscombe G E M. Trans. by Anscombe G E M. Oxford：Basil Blackwell Publisher，1978：81.

数学中目前尚存在着许多无法彻底解决的疑难问题，但他不赞同布劳威尔认为这些问题是绝对无法解决的观点。

维特根斯坦承认直觉在数学中起一定的作用，他通过对下述两个过程进行比较来说明这一观点。试想张三按照规则一个数接一个数地写出了一个数列，当我们向张三展示某些符号时，他突然想起了另外一个数字，如果他瞧着这个数字符号，又想到了其他一些数字，如此顺延下去。他认为在后面这个过程中，“我们的确有一种直觉。人们说直觉是按照规则行动的基础”。在 +1 这个序列中，“如果对继续 +1 这个序列来说直觉是必需的，那么对继续 +0 这个序列来说，直觉也是必需的”[①]。

但是，维特根斯坦强调，直觉在数学中的作用是有限的，不能像直觉主义者那样无限夸大。直觉主义者认为，人们所采取的每一步，如在推进每一个过程时都需要新的直觉。他们认为人们通过直觉而决定采取这一步，仿佛人们没有任何理由，只有一种启示而已。维特根斯坦不赞同直觉主义者的这种看法，他说：“这种看法是错误的。说存在一种直觉过程时，这似乎是在解释人们竟然会如此聪明，知道在 50 之后写出 51。如果涉及精神过程，这就是一种决定，而不是一种直觉。事实上，我们做出的是完全相同的决定，但我们不必假定我们都有相同的‘基本直觉’。”他认为我们在计算中，如在 24 之后说 25 出现，并没有表达什么直觉，我们是通过计算来表达自己的看法。他说：“如果你继续做 1÷3 的除法，你必定会一直得出 3，这一点是不能靠直觉认识到的，就像 25 × 25 的乘法在每次重复里都会产生相同的结果而不能由直观认识到一样。”[②]

维特根斯坦提出，人们有时认为“直觉”一词与“发现”一词有相同的用法。他说：“回忆一下关于继续一个数列，例如，基数数列的情况。在这里，‘直觉’是一个与‘发现’相对应的词。有人说，我通过直觉知道 13 在 12 之后出现。”在通常情况下，人们使用“直觉”指的是某个人立即能够知道某件事情，而其他人只有通过长时间的思考或者计算才能知道这件事情。例如，张三如果不需要通过计算就能知道 123 456 × 5555 等

---

① 维特根斯坦. 维特根斯坦全集（第 7 卷）：论数学的基础. 徐友渔，涂纪亮译. 石家庄：河北教育出版社，2003：265（§44），2-3（§3）.

② 维特根斯坦. 维特根斯坦全集（第 7 卷）：论数学的基础. 徐友渔，涂纪亮译. 石家庄：河北教育出版社，2003：181（§42）.

于多少，我们就会说他是通过直觉知道的，他具有一种数学直觉。维特根斯坦对此提出了另一种设想：如果李四不学习就能通过数学考试，而我们只有经过学习才能通过这种考试，是否我们可以说李四是通过直觉而了解了数学。如果李四考试失败，那么我们是否们应当说，这是他的直觉搞错了，或者可能说他的确有一种直觉，但那是一种错误的直觉。维特根斯坦认为："真正的问题是他本人是否知道这一点，这只不过是他是否像我们教他的那样做这件事情，这根本不是关于直觉的问题。"[①]

按照直觉主义者的观点，我们可以在每一点上提出一条新规则，只需要我们在每一步计算中，在对规则的每次应用中都有一种直觉。我们是借助于一种作为基础的直觉而得知基数系列的。而维特根斯坦认为，其实，这既没有直觉，也没有决断。你并没有做出决断，你只不过是做了某件事情。

维特根斯坦认为，直觉主义者过分夸大了直觉在数学中的作用，这种做法违背数学的本质。因为，数学的本质在于它的精确性，过分夸大直觉在数学中的作用，就会忽视数学的精确性，否定数学是一门精确、严密的学科。他说："我们总是听说，数学家总靠直觉工作……但是，我们并没有体会到，这是应该和数学的本质有关的事情。如果这种心理现象的确在数学中起了一种作用，那么我们有必要知道，我们可以在什么范围内谈论数学的精确性，以及我们可以在什么范围内说到直觉时，谈论我们必须使用的不确定性。"[②]

需要指出的是，维特根斯坦在批驳布劳威尔等直觉主义者对排中律普遍有效性的攻击时，并没有对排中律的普遍有效性做出绝对的或者全面的肯定，因为他认为对无穷序列而言，排中律是否适用就有问题。他说："当有人要使我们牢牢记住排中律的命题是逃避不了的时候，显而易见，他的问题中有某种不合适的东西。"[③]在他看来，当一个人提出排中律的命

① Wittgenstein L. Lectures on the Foundations of Mathematics. Ed. by Diamond C. New York: Cornell University Press，1976：82.

② 维特根斯坦. 维特根斯坦全集（第 4 卷）：哲学语法. 程志民，涂纪亮译. 石家庄：河北教育出版社，2003：275.

③ 维特根斯坦. 维特根斯坦全集（第 7 卷）：论数学的基础. 徐友渔，涂纪亮译. 石家庄：河北教育出版社，2003：198（§10）.

题时，这个人好像给我们提出了两幅图像供我们选择，并且说其中一幅图像必定符合事实。可是，如果这两幅图像在这里是否适用成为问题时，那该怎么办呢？维特根斯坦说："对于一个无穷序列，说它不包含某个特定图式，那只是在十分特殊的情况下才是有意义的。"①

在"排中律是否普遍有效"这个问题上，维特根斯坦的观点比较接近逻辑主义，而不同于直觉主义。按照弗雷格的观点，要确定逻辑符号的意义只有一种方法，即真值条件法，就是通过具体说明那些借助逻辑符号构造出来的命题真值，如何取决于更加简单的命题真值而加以确定。例如，如果 A 假则非 A 真，并且如果 A 真则非 A 假。要确定合取符号"$\wedge$"的意义，就要通过规定"$A \wedge B$"只有在 A 和 B 都真的情况下才是真；而确定析取符号"$\vee$"的意义，则要通过规定"$A \vee B$"只有在 A 和 B 都假的情况下才是假。如果我们采取这种方法引进逻辑符号，那么每个具有"A 或 $\neg A$"这种形式的句子都一定为真。"A 或 $\neg A$"这种形式的句子表达了一个在逻辑上为真的命题形式。这就是排中律这条逻辑法则的基本含义，正如其他逻辑法则普遍有效那样，弗雷格等逻辑主义者都强调这条逻辑法则具有普遍的有效性。

布劳威尔等直觉主义者否认逻辑主义者用以确定逻辑符号意义的这种方法所依据的那个假定，否认所有的命题都有真值确定性，否认排中律及其他逻辑法则具有普遍的有效性。他们并非否认真值概念，而是不接受那种认为一个命题只有在非真非假的情况下才有意义的假定。对"排中律并非普遍有效"这个论点，布劳威尔以 π 的小数展开式为例进行论证。如果根据 π 的小数展开式中是否有连续排列的 10 个数字"888…8"出现来定义一个数 P，那就可能出现两种情况：一是这个展开式中会出现这个数列；二是这个展开式中不会出现这个数列。按照那种承认"排中律普遍有效"的古典数学，这样的 P 不仅存在着，而且我们还可以进而讨论它与其他数的关系。如果在这样的展开式中有上述数列出现，就有 $P<8/9$，反之，如果没有上述数列的出现，则 $P=8/9$。因此按照排中律，就有 $P \leqslant 8/9$。然而，按照布劳威尔的观点，即使我们可以通过 π 的实际展开来

① 维特根斯坦. 维特根斯坦全集（第 7 卷）：论数学的基础. 徐友渔，涂纪亮译. 石家庄：河北教育出版社，2003：199（§11）.

构造 P，从而可以承认 P 的存在，但是我们不能进而判定 P 与 8/9 的关系。除非我们能有效地解决关于在 π 的小数展开式中是否有上述数列出现的问题，而这一点是目前无法做到的。在布劳威尔看来，这个事例就证明“排中律并非普遍有效”。

同时，维特根斯坦认为，就经验命题而言，布劳威尔对数学中排中律的攻击是有用的。例如，假设桌上有两本书，张三拿走了一本，现在只剩下了一本。那能不能通过其中一种而排除另一种可能性呢？新的可能性有许多种，无法通过排中律来解决。维特根斯坦强调：“凡是在排中律不适用的地方，任何其他的逻辑命题也不可能适用。因为在那里我们不可能与数学命题打交道。”[①]在他看来，布劳威尔否认排中律应用的普遍有效性，这无异于他在命题的可证明性和可反驳性之外，把第三个值即不确定性引入了逻辑之中。他反对布劳威尔关于有一些数学问题是无法解决的观点，认为这种观点只不过是无限延展论的副产品。例如，如果从无限延展论的观点去理解 π，那么“888…8”这一组数字不会出现。他说：“假如数学真是一门用以体验我们永远不能完全认识的无限延展的科学，那么一个在原则上无法判定的问题也是完全可以想象的。”[②]维特根斯坦不赞同布劳威尔以无限延展论为依据，去论证无法判定上述那组数字是否会在 π 的小数延展形式中出现的做法。

按照维特根斯坦的观点，数学命题的意义不可能建立在一种关于判定程度的知识之上，也不可能建立在一种关于证明的知识之上，而是建立在一种一般知识之上。这种一般知识对任何一个证明都是应该具有的，只要这种证明具有与所考察的陈述相同的逻辑结构。如果在批驳延展的同时没有接受某个普遍的证明概念，那就只有实际构造出来的证明才能为这个命题提供某种意义，除非这个命题属于那样一个完整的命题系统，其中每个命题都是通过应用一种普遍的计算方法加以规定的。根据这种思想，维特根斯坦认为布劳威尔关于存在着一些无法判定的问题的观点是站不住脚的。因为，为了了解某个特定的数学问题，我们事实上应当具有某种关于

① 维特根斯坦. 维特根斯坦全集（第 3 卷）：哲学评论. 丁冬红，郑伊倩，何建华译. 石家庄：河北教育出版社，2003：166.

② 维特根斯坦. 维特根斯坦全集（第 3 卷）：哲学评论. 丁冬红，郑伊倩，何建华译. 石家庄：河北教育出版社，2003：203.

这个问题解决方案的知识。如果这个问题是无法解决的，我们就不会具有这种知识。可是，如果有一种解决方案就能对某种语言做出判定——通过这种语言判定使某些数学联系最终被认可为构成这个问题的解决方案——或者起到任何规范的作用，那么，只有当这些内部联系被直接观察到时，这个解决方案才具有明确的意义。总之，在维特根斯坦看来，原则上，没有任何一种内部联系是不能被我们所认识的。因此，承认有这种联系就无异于假定我们的符号具有一种我们目前还不能认识的意义。

维特根斯坦还用下述比喻来批驳布劳威尔关于不可判断的情况的观点，如果我们不知道某些方程式之间的联系，我们就不能理解这些方程式。不可判定性的前提是方程式之间存在一种隐藏的联系，这种联系可能不存在于符号之间。但维特根斯坦强调，如果不是这样的话，那么这种方程式是无意义的，因为方程式就意味着能够在符号之间架起一座桥梁。他接着指出，如果有人说符号之间的确存在着某种联系，但又不能通过符号过渡来表示这种联系，那么这种说法是难以令人想象的。因为，既然存在着这种联系，它就肯定能被认识，即使现在还不能被认识，但有朝一日总能被认识到。

维特根斯坦强调，数学问题必须像数学命题那样精确，数学问题同“真”问题的相同之处在于问题的可回答性。维特根斯坦不否认数学中的确存在着许多疑难问题。所谓疑难问题，他指的是那些目前尚缺乏成熟求解体系的问题，他强调数学家为了解决这些问题而进行探索工作的重要性。那些正在进行这种探索的数学家，如果在他们的头脑中已经有了一个以某些心理符号组成的体系，并且力图把它们写出来，如果做到了这一点，其他事情就好办了。但是，如果无论在书面的还是非书面的符号中，数学家都还没有形成一个体系，那他就不能找出一个解法[①]。

受布劳威尔的逻辑规则没有任何终极之物的观念的影响，后期维特根斯坦开始逐步背离他从弗雷格和罗素那里得到的逻辑观念。在维特根斯坦看来，逻辑和数学都是语言的产物，不能用于揭示语言本质。逻辑主义者把一个形式系统中的数学证明定义为一个被很好地组织的规则和公式的有限序列。然而维特根斯坦对逻辑主义关于数学证明的上述标准逻辑图景提

① 涂纪亮. 维特根斯坦后期哲学思想研究. 南京：江苏人民出版社，2005：264-270.

出了质疑，认为上述图景让我们忘记了在数学美丽的五彩图的构造中所需求的其他特殊的、不可缺少的技术。“在这里，数学的灾难来自于全部数学被错误地确定到一个辅助性的位置。维特根斯坦秉承了布劳威尔对形式主义的批判态度，也吸收了形式主义观点中合理的一面，并逐渐发展起了自己关于数学的语言游戏理论。”①

第四节　维特根斯坦对数学形式主义的批判与继承

一、数学形式主义的观点

数学形式主义（formalism）是继数学直觉主义之后出现的另一个关于数学基础问题的重要派别，由希尔伯特提出，后由哈斯凯尔·布鲁克·克里（Haskell Brooks Curry）、鲁宾孙（A. Robinson）等加以发展。数学形式主义主张，数学的中心概念是形式系统的概念。数学是一门研究形式系统的科学，数学命题是某一形式系统或系统集的基本命题或无理论命题。希尔伯特认为，我们仅需从形式上来研究数学，而无须关注数学研究的具体内容。他认为数学本质上是一种由公理系统所规定的形式演绎体系，数学研究的对象只是符号本身。后来，克里在希尔伯特观点的基础上进一步发展了这种形式主义的观点。克里认为，数学是一种纯粹的符号游戏，数学的研究对象是不存在的，特别是无穷集和无穷整体更是不存在的，它们只是一些有用的虚构，而没有实质性的意义。对这种符号游戏的唯一要求是推理过程中的无矛盾性，也就是说，数学理论的真实性就在于数学真理的无矛盾性和可推埋性。

克里在《数学的定义和本性述评》一文中提出，历史上至少有两种可

① 黄秦安. 布劳威尔数学哲学思想中的后现代萌芽及其对维特根斯坦的影响. 自然辩证法研究，2008，24（4）：33-38.

以被公认的形式主义：词项形式主义和游戏形式主义。词项形式主义把数学符号及其运算看成数学的核心任务。游戏形式主义则认为，数学就像是在下国际象棋。象棋每一步并不代表任何事物，它们只是无意义的木头或金属，通常是由规则来定义象棋如何下。数学符号只不过是游戏中的一分子，它是可以根据规则来操作的。游戏形式主义可以分为温和版本与激进版本，激进版本的游戏形式主义更强调游戏规则的可任意约定性，认为数学只是无意义的符号运算。对形式主义来说，例如，在等式"$\mathrm{d}(ax^2+bx+c)/\mathrm{d}x=2ax+b$"中，这意味着等式的右边可由等式左边合理地移动来达成"。但形式主义所面临的困境是说，"$\mathrm{d}(ax^2+bx+c)/\mathrm{d}x$"和"$2ax+b$"是类型（type）同一还是个例（token）同一呢？比如，在"2+2=4"这一等式中两个"2"和"4"是同一个类型的数字，但它们是不同的个例，即它们是类型同一，但个例不等同。同时，形式主义还无法解释数学在应用中的有效性问题[①]。

原则上讲，一旦把数学理论组织成形式系统，就可以用各种理论和方法来研究这个系统的各类性质。我们把这个形式系统称作对象系统，把用来研究这个形式系统的数学理论称为元数学。在希尔伯特看来，这个元数学系统要遵循严格的有限论立场，否则就会犯循环论证的错误，即不能用一个可靠性还有待证明的系统来研究另一个系统的性质。利用元数学对数学形式系统进行的研究应该是全面的研究，这种研究不仅包括无矛盾性，还包括对完备性、独立性、范畴性等的研究，这就是希尔伯特规划的主要内容：一是证明古典数学的每一个分支都可以公理化，进而形式化；二是证明系统的无矛盾性，也就是证明系统中相互矛盾的命题不能同时成立；三是证明系统的完备性，系统内所有与真命题对应的公式都能得到证明；四是证明系统中公理的独立性，也就是在给定的公理集中，没有一条公理能由其他一条或所有公理推导出来；五是证明系统的范畴性，也就是满足形式系统公理的各个模型都是同构的。因此，希尔伯特把用有限的方法证明形式化算术系统的无矛盾性作为自己的第一个也是基本的目标[②]。

① Colyvan M. An Introduction to the Philosophy of Mathematics. Cambridge：Cambridge University Press，2012：1-2.

② 林世芳. 20世纪数学三大学派之争与数学思想的进步. 北京：社会科学文献出版社，2015：42-43.

希尔伯特的目标是建立一种元数学，即关于证明的理论，其任务是证明理想数学的形式系统内所有演绎都不会导致矛盾，它将成为所有数学的裁判者。这样一种元数学将保证："①抽象（思想）数学推理的形式结构系统是连贯的，是与真实推理相容的、无矛盾的扩展；②至少一部分数学交流是可能的，因为对于数学共同体来说，现实数学处理的有限对象是所有成员都可以同等地、普遍地达到。这一点与布劳威尔针锋相对；③上述两点得到保证的话，那么就可以大大减少有关数学符号之意义的哲学纠纷。"①

形式主义者把数学划分为两类——"真实数学"和"理想数学"。凡是命题中涉及有限概念和有限集合的数学称为"真实数学"，而涉及无限概念和超穷方法的数学系统被称为"理想数学"。形式主义者认为，如果能够在有穷论的立场上证明形式系统没有矛盾，那么数学家在数学理论中运用涉及无限概念及各种逻辑推理规则的合理性也就得到了辩护，数学也就获得了最终的确定性。但形式主义者的这个推论未能实现，哥德尔的不完备性定理表明，形式主义系统对有些内容的数学理论的翻译是不忠实的，在有穷论立场上不可能证明形式系统是没有矛盾的②。

二、维特根斯坦与数学形式主义

形式主义主张，数学的本质是对字符的操作，或者把数学实践比喻成一个玩弄语言字符的游戏。在形式主义者看来，数学在根本上只是一种关于字符的游戏，没有实质性的意义。维特根斯坦对此提出异议，认为形式主义过分强调数学是一种关于字符和表达式的机械程序，没有看到数学的最终意义在于人类对这些数学符号的应用，人类对数学符号的应用才是数学推理的基础。数学符号的意义在数学系统之外，也即在我们的具体生活实践之中③。"我要说：对于数学，至关重要的是它的符号是着便服加以使用的，这是在数学之外的使用。符号的意义也是如此，这种意义使得数学

① 弗拉第米尔·塔西奇. 后现代思想的数学根源. 蔡仲，戴建平译. 上海：复旦大学出版社，2005：ix.
② 涂纪亮. 维特根斯坦后期哲学思想研究. 南京：江苏人民出版社，2005：271.
③ 徐弢. 论维特根斯坦对传统数学哲学思想的批判. 自然辩证法研究，2014，(2)：22-27.

做起了关于符号的游戏。”[1]维特根斯坦认为这种形式主义的观点是错误的，但事实上，后期维特根斯坦也把数学看成一些语言游戏，但数学不是关于符号的无意义游戏，而是一种有着非常重要作用的语言游戏。数学的推理也好，证明也好，都必须经过数学家共同体的数学实践加以检验，否则就不是真正的推理和证明。

当然，维特根斯坦对这种形式主义的观点作了一定的肯定。他在《维特根斯坦与维也纳学派》中写道：“形式主义部分是正确的，部分是错误的。形式主义的正确之处在于，每一种句法都能被设想为一个游戏规则系统，这是形式主义正确的方面。”[2]但他不赞同希尔伯特过分夸大矛盾性。形式主义者认为矛盾无处不在，最初可能是隐藏在公理之中，只是人们没有看出来而已。而维特根斯坦认为这种看法是一种出于迷信的恐惧。因为即便两种规则都有矛盾，我们也可以制定新的规则。“我能按照某种规则下棋。但我也可以发明一种游戏，在这一游戏中，我玩规则本身：这时下棋的规则是我游戏中的一枚棋子，而逻辑规律则是这一游戏的规则。如果是这样，那么我已经拥有了另外一种游戏，而不是一种元游戏。”“如果把公理看作是游戏所依据的规则，那么情形就会完全不同。规则——在某种程度上——是陈述。他们说：‘你可以做这事但不可以做那事。’两条规则可以相互矛盾。假设在下棋的过程中，一条规则在起作用：‘在某某情况下，想着的那个棋子必须被拿掉’；但另外一条规则却告诉我们，‘马必须永远不被拿掉’。现在如果这颗相关的棋子就是‘马’，那么两条规则相互矛盾，我不知道该怎么走了。如果是这样，我该怎么办呢？很简单——我们采用一条新的规则，这样这种冲突就被解决了。”[3]

形式主义者把数学公理理解为如象棋规则那样的事件。维特根斯坦赞同这种看法，并进一步认为不只是数学公理，而且一切句法都是随意的。如果有人问：根据什么把语言的句法和象棋游戏的规则区别开来？维特根斯坦的回答是：根据句法的运用，并且只能根据这种运用。句法并不能由语言来证明其正确，而要根据它的运用。如果只从句法本身来看，那么句

---

① Wittgenstein L. Remarks on the Foundations of Mathematics. Ed. by von Wright G H, Rhees R, Anscombe G E M. Trans. by Anscombe G E M. Oxford: Basil Blackwell Publisher, 1978: 257.

② 维特根斯坦. 维特根斯坦与维也纳学派. 徐为民，孙善春译. 北京：商务印书馆，2014：89.

③ 维特根斯坦. 维特根斯坦与维也纳学派. 徐为民，孙善春译. 北京：商务印书馆，2014：110.

法就像是棋赛游戏。

但维特根斯坦认为形式主义的这种观点是极其错误的，形式主义主张数学的本质是对符号的操作，或者把数学实践比喻成一个玩弄语言字符的游戏。数学的推理也好证明也好，都必须经过数学家共同体的实践加以检验，否则就不是真正的推理和证明。维特根斯坦提出，“在此，我必须提一点重要的看法。一个矛盾只有当它在那儿时才是一个矛盾。人们有一种看法，认为一个没有见过的矛盾可能从一开始就隐藏在公理的背后，像结核病一样。关于它，你不可能有一点儿认识，而在某一个时刻或别的时候你却会死去。同样，人们认为在某个时刻或别的什么时候，那隐藏的矛盾也许会暴露出来，而那时灾祸会降临到我们头上。我认为，只要没有给出一个寻找矛盾的程序，那么，怀疑我们的推理最终是否可能导致矛盾是没有意义的。只要我能玩这个游戏，我就可以玩它，而且一切都是正常的。问题的真相在于——我们的演算作为演算是可行的，谈论矛盾是没有意义的”①。

在对符号的理解上，维特根斯坦认为形式主义者的观点也有合理之处。他把弗雷格和形式主义者对这个问题的看法进行了比较。形式主义者认为算术的数学就是记号。这个观点遭到弗雷格的批评，弗雷格认为，记号“0”并没有能把记号“1”加到“1”之上的那种特性。维特根斯坦赞同弗雷格的这种批评，但他认为弗雷格没有看到形式主义者其他的一些正确观点，比如，符号并不就是记号，数学符号甚至可能没有意指。按照弗雷格的观点，一个符号或许具有一种意义，也就是说代表一个对象。例如，逻辑符号代表逻辑对象，数学符号代表数学对象；或许符号只不过是用墨水在纸上画的一个图形。维特根斯坦不赞同弗雷格的这种观点，认为弗雷格所做的这种二选一的抉择并不恰当，因为还存在着第三种情况。例如，在象棋游戏中，棋盘上的卒子一方面具有一种意义，即它代表某物，是某物的符号；另一方面，它只不过是由木块雕成的，在棋盘上来回移动的棋子。至于这个卒子究竟是什么，则只有根据象棋游戏的规则才能确定。他说：“这个例子表明，我们不能说一个符号要么是关于某物的符号，要么只是可以感知的对象。所以，形式主义的某些看法是有根据的，

---

① 维特根斯坦. 维特根斯坦与维也纳学派. 徐为民，孙善春译. 北京：商务印书馆，2014：111.

弗雷格没有看到这一合理的内核。”[①]维特根斯坦强调，一个卒子的“意义”就等同所有那些适用于它的规则。同样地，人们也可以说一个数学符号的“意义”就是所有那些适用于它的规则。换句话说，象棋游戏的意义就是象棋所共有的一切东西。即使我们在几何学里构造了一幅图画，我们也不是与纸上的线条打交道。铅笔画出的线条、算术中的记号及象棋游戏的意义就是象棋所共有的一切东西。

希尔伯特公理认为：“两个不同的点 A 和 B 永远决定一条直线 a。同一条直线上的任意两个相互不同的点决定那条直线。”[②]希尔伯特认为这一公理包含有矛盾，维特根斯坦却认为这一公理不可能产生矛盾的结果。因为通过引进一条规则，我们可以确定其逻辑结果不成其为一个矛盾。也就是说，这种矛盾的情况恰恰与“这朵花是红的”和“这朵花是黄的”这两个句子的矛盾一样。只有当我们引进一个进一步的句法规则，禁止把这两个句子都看成真的，这两个句子才相互矛盾。在他看来，任何一种矛盾都必定是相互矛盾的，但不一定就是互相反对的。例如，在几何学中，如果在一种证明中得出一个三角形内角之和等于 180°，而在另一个证明中得出其内角之和大于 180°，那么这根本不是矛盾，它们是可以共存的。他说：“但有一点，我不太清楚说那些公理构成矛盾是什么意思，关键在于除非我通过规则规定它们的逻辑值是矛盾的，否则它们所处的情形就不可能产生矛盾。矛盾的这种情形与命题‘这块斑点是绿色的’和‘这块斑点是红色的’之间的矛盾情形是相同的。按照它们所处的情形，它们彼此根本不会相互矛盾。只有当我们引进另一条句法规则，禁止我们认为两者为同真时，它们才会相互矛盾，只有在这种情况下，矛盾才会产生。于是，我认为任何矛盾必须是逻辑矛盾，而不是对立的情形……只有通过句法规则规定其结果相矛盾时，我才遭遇了矛盾。”[②]

对于希尔伯特把“0≠0”这一形式称为矛盾，维特根斯坦做了进一步的分析，他坚决不赞同希尔伯特关于无矛盾性的论题。因为把公理理解为游戏规则，从某种意义上说，规则就是陈述，它们说你可以这样做，而不

① 维特根斯坦. 维特根斯坦全集（第 2 卷）：维特根斯坦与维也纳小组. 黄裕生，郭大为译. 石家庄：河北教育出版社，2003：110.

② 维特根斯坦. 维特根斯坦与维也纳学派. 徐为民，孙善春译. 北京：商务印书馆，2014：147.

允许那样做，两种规则可能相互对立，发生冲突。解决的办法就是我们制定新的规则。

在维特根斯坦看来，“矛盾”这个词首先是从我们对它的所有使用中也就是从真值函项中得出的，其意义为 $P \cdot \neg P$。因此，只有在涉及这一陈述时才涉及矛盾，演算法的公式不是陈述，所以在演算法中不可能存在矛盾。当然，人们也可以采用一种规定，按照这种规定人们把某种特定的演算法形式——如“$0 \neq 0$”——称为矛盾。不过，这就会产生一种危险，即人们在此时想到的是逻辑矛盾，从而把“矛盾”这个词等同于逻辑矛盾。对于这个符号，我们所想到的不外乎是一种已经被我们所明确规定的东西。他说：“顺便提一下，因为希尔伯特的矛盾观与我们的‘$P \cdot \neg P$’没有任何的不同，当他把‘$0 \neq 0$’这一形态称作矛盾时他会说：一方面我们具有的是 $0 = 0$，而另一方面我们具有的是 $0 \neq 0$，并且这两个公式是相互矛盾的。这正如我们在象棋游戏中说‘象’走直线和‘象’不走直线一样。”①

维特根斯坦还以罗素悖论为例来批驳形式主义者关于隐藏矛盾的论点。形式主义者认为，在罗素的著名悖论提出之前，就有一种矛盾隐藏在弗雷格的《基本法则》系统之中而未被发现。这种矛盾一旦被发现，就会推翻之前在数学研究中已取得的成果。维特根斯坦不赞同这样的看法，认为需要对这种隐藏的矛盾做出正确的理解，不要以为这种矛盾一旦被发现就会影响已取得的成果。他说：“所有这些关于一种潜藏矛盾的说法都是没有意义的，一个隐含的矛盾究竟是什么呢？例如，我可以说，我想只要我没有应用某种标准——除法规则，那么 357 567 除以 7 的可除性就是隐含着的。为了使隐含的可除性显现，我只需要应用标准，这与矛盾相同吗？显然不同。所以我说，所有关于隐含矛盾的谈论都是没有意义的。而数学家谈论的危险——好像矛盾能像疾病潜伏那样被隐藏在当今的数学中——这种危险只是一种幻想而已。”②

按照维特根斯坦的观点，当罗素尚未在弗雷格的数学体系中发现那种矛盾之前，可以说那种矛盾并不存在，因为一种矛盾只有在它出现时才成为一种矛盾。“我们的推理是否最终会导致矛盾”，这样一种猜想是没有意

① 维特根斯坦. 维特根斯坦与维也纳学派. 徐为民，孙善春译. 北京：商务印书馆，2014：183.
② 维特根斯坦. 维特根斯坦与维也纳学派. 徐为民，孙善春译. 北京：商务印书馆，2014：180.

义的。换句话说，只要我们还没有掌握一种用以发现矛盾的方法，就可以说这里没有矛盾。如果我们已掌握那样的方法，那么“在某个系统中存在着矛盾”这种说法就具有确定的意义，即便是否存在矛盾还没有得到最终的证明。在维特根斯坦看来，一个隐藏的矛盾并没有违反“规则目录”的语法。只有通过完全不按规则来运用规则目录这种方式，一个矛盾才是隐藏的。现在我们必须使这种方式和方法合乎规则，这样就不会出现矛盾。但是，只有当矛盾出现时，矛盾的方式和方法才得以避免[①]。他说：“在矛盾出现之前，在我还没有一种可能导致矛盾的方法之前，不但不必去避免矛盾，而且根本就没有什么我必须去避免的东西存在，在这里我也不可能得到任何避免矛盾的措施。根本没有理由担心害怕矛盾。”[②]

形式主义者坚持数学定理内容的简单化要求，却不拒绝经典逻辑的形式。因为在任何特定的系统中，如果数学公理成立的话，那么命题可以用真或假来表述。但关于数论，我们既没有证据证明它，也没有证据反驳它。因此，形式主义的观点是没有任何优势可言的，它只是从一种数学形式转换到另一种形式的证明。据此，达米特认为维特根斯坦的思想偏向了一种全面的约定主义（建构论）。对维特根斯坦来说，任何陈述的逻辑必然性总是直接表达了语言的约定，数学表达式的本质在于它可以作为证明的结论。

第五节　维特根斯坦对数学柏拉图主义的批判与继承

数学柏拉图主义这一称谓源自保罗·伯奈斯（Paul Bernays）对数学哲学实在论的称呼。数学柏拉图主义者认为，数学是关于数学对象的知识体

---

① 涂纪亮. 维特根斯坦后期哲学思想研究. 南京：江苏人民出版社，2005：275.

② 维特根斯坦. 维特根斯坦全集（第2卷）：维特根斯坦与维也纳小组. 黄裕生，郭大为译. 石家庄：河北教育出版社，2003：156.

系，数学命题的作用就是描述数学对象的事实。数学所研究的对象都是独立自存的实体，并且各个对象之间有着客观的关系，而我们所需要做的就是去发现这些对象及其彼此之间的关系。数学命题对数学对象所构成的实体做出了实际的论断，并且我们可以用语词来指称这些数学实体。数学命题的意义在于它可以根据真理条件来加以解释。数学命题根据数学对象是否精确地反映了数学世界中的事态而可判定为真或为假，即可对数学实体做出为真或为假的判定。

数学柏拉图主义者主张，数学概念是一种特殊的独立于现实世界的"共相"，它是客观实在的。数学的对象就是数、量、函数等概念，而数学概念不依赖于时间、空间和人的思维而独自存在。数学家不是发明家而是发现者。数学研究的对象应该是理念世界中永恒不变的关系，而不是感觉到的变化无常的物质世界。数学柏拉图主义者认为，数学对象完全是真实地独立于我们而存在的，数学对象与日常生活中的计算机（俗称电脑）、书、水果、电子之类的事物并无差别，我们不能通过任何方式来创造它们，只能发现它们。数学只是描述性的，数学不是经验知识而是先验知识。对数学柏拉图主义者来说，一项数学的成果即是发现一个已经存在的、特殊领域的客体，这种客体先于人类知识。数学柏拉图主义者认为，算术命题是真实的，因为它与我们日常称之为"数字"的实体相一致；而几何告诉我们理想条件下的实体，即"点""线"之间是如何相互关联的。

哲学传统上将命题分类为先验知识及后验知识，后验知识就是常说的经验知识。一般来说，全部的知识体系包括使用感官知觉系统获得的知觉知识和透过观察实验等方法建立起来的科学知识，如物理学、天文学、生物学、地质学……都属于经验知识。数学和逻辑所提供的则属于先验知识。柏拉图主义者认为所有知识都是先天和先验的。具体来说，数学柏拉图主义者主要有以下七种观点[①]：①数学客体完全是真实并独立于人类的；②数学客体是外在于空间与时间的；③数学实体在某种意义上是抽象的；④我们能直觉到数学客体和理解数学真理；⑤数学知识是先天的，而不是经验的；⑥尽管数学知识是先天的，但并不需要必然性；⑦柏拉图主

① 樊岳红，魏屹东．数学：一种人类学现象——后期维特根斯坦数学哲学思想探析．自然辩证法通讯，2012，(5)：53-58.

义对不断变化的研究技术持开放态度。

20 世纪中后叶，怀特海、希尔伯特、哥德尔和布尔巴基学派等一般都倾向于接受数学哲学的柏拉图主义。数学柏拉图主义认为数学命题的作用就是陈述作为数学对象的事实，数学是一种关于数学对象的知识体系。数学命题对数学对象所构成的实体做出了实际论断，我们可以用语言中的语词来指称这种数学的实体，这种数学命题根据它们是否精确地反映了数学世界中的事态而为真或为假。

当然，后期的维特根斯坦猛烈地抨击了这种数学柏拉图主义，他拒斥任何这种数学实体或数学对象先验存在的观点。早在 1915 年的《战时笔记》中他就写道："如果有数学对象——逻辑常项——的话，那么命题'我吃了李子'就会是一个数学命题了，但是它甚至不是一个应用数学的命题。"[①]在《关于数学基础的评论》中，维特根斯坦则进一步说道："数学命题被用来陈述数学对象，并且数学也是探究这些对象的，这难道不是数学中的炼金术吗？"[②]

维特根斯坦认为，柏拉图主义的数学哲学思想实际上是以自然科学的模型来思考数学，根本是行不通的。因为数学命题的作用并非是陈述事实，即并非陈述关于数学本质领域或物理领域的事实，而是为我们提供一种推论的形式。在做数学时，我们仅将数学中的一个表达式转换为另外一个表达式，表达式与数学对象之间的一致与否并不能决定这种置换的正确与否，而是由人们如何实际地使用这些表达式及他们将什么称为"正确"所决定的。他是如何来解释人们"正确地"使用数学表达式的？他认为人们做数学时如何具体地使用表达式始终是理解数学的标准，数学表达式具有不止一种使用的功能或意义。[③]

传统上，哲学家习惯于认为数学知识是先天的、必然的或分析的。我们熟悉的许多简单的数学命题，无论是在它们的先验性上还是必然性上都是独立于经验的。此外，数学知识是不可能出错的，出错的可能性是在我

---

① 维特根斯坦. 维特根斯坦全集（第 1 卷）：逻辑哲学论以及其他. 陈启伟译. 石家庄：河北教育出版社，2003：104.

② Wittgenstein L. Remarks on the Foundations of Mathematics. Ed. by von Wright G H，Rhees R，Anscombe G E M. Trans. by Anscombe G E M. Oxford：Basil Blackwell Publisher，1978：97.

③ 徐弢. 论维特根斯坦对传统数学哲学思想的批判. 自然辩证法研究，2014，(2)：22-27.

们自己失误或是不适用的情况下，因为数学知识是先天的、分析的。强形式的柏拉图实在论立场与逻辑实证主义之间是相关的。数学柏拉图主义被认为缺乏透明性，而逻辑实证主义又不能令人信服地表明数学确实就是分析，尤其是像“概念”和“分析”意味着两种极端的立场。逻辑主义的主要代表人物罗素和弗雷格都是柏拉图主义的支持者，他们认为自然数是客观存在的。“人们要认识这种存在并不需要引进特别的假定，也不需要康德所主张的某种关于数的先天直觉，而只要从一般的逻辑出发就可以了。他们的想法是，既然仅从逻辑出发便能建立数学，那么这就表明数学对象是客观存在的了。”[①]

维特根斯坦认为，首先，数学命题是不可修正的，这是数学命题不同于经验命题的最主要特点；其次，他认为数学命题的特点是可被证明性。早期维特根斯坦在《逻辑哲学论》中强调了数学命题的可证明性：“数学命题可被证明，这不过是说无须将其表达的东西与有关正确的事实相比较，就可以认识到它们是正确的。”[②]数学命题可以被证明这一事实说明数学命题不受经验修正的影响。数学命题的真理性不是来自经验，而是由于数学命题的本性所使然。

维特根斯坦认为，数学柏拉图主义的不足之处在于它鼓励我们去相信这种神秘性，并在数学概念之间徘徊，而没有意识到这些指称只是我们的误解。维特根斯坦经常举的一个乘法例子是：“人们真的不能谈论数学中的直觉吗？虽然被直觉把握得不是数学真理，而是物理学或心理学真理。这样，我极其肯定地知道，如果我把 25 和 25 相乘 10 次，我每次都会得到 625。这就是说我知道这样的心理学事实：计算在我看来会一直都是正确的。正如我所知，如果我把从 1 到 10 这串数字写 10 次，在核对之后可以表明我写下的数字是相同的。——那么，难道这不是经验事实？人们会把这样的事实叫作直观认识的经验事实。”[③]尽管这似乎具有强制性，但其本身却是错误的。例如，在 +2 的序列中，规则的要求是每次都只加 2——2、4、6、

---

① 张景中，彭翕成. 数学哲学. 北京：北京师范大学出版社，2014：87.

② 维特根斯坦. 维特根斯坦全集（第 1 卷）：逻辑哲学论以及其他. 陈启伟译. 石家庄：河北教育出版社，2003：255.

③ 维特根斯坦. 维特根斯坦全集（第 7 卷）：论数学的基础. 徐友渔，涂纪亮译. 石家庄：河北教育出版社，2003：§44.

8…，这对柏拉图主义者来说毫无疑问总是能够做对，因为这是规则的具体体现及指称的应用。但维特根斯坦反驳说："如果我事先知道这一点，这种知识对我以后有什么用处呢？意思是说在确实要采取步骤时，我如何知道我怎么用到那先前的知识呢？——但你是否想说，表达式 +2 使你对于（譬如说）在 2004 之后该有什么会产生疑问？——不，我毫不犹豫地回答是 2006。但正因为如此，认为这是先前已经确定了的就是多余的。当这个问题向我提出来时我没有怀疑，这并不能说明它预先就有了回答。"[①]

数学柏拉图主义的麻烦不在于本体论，而在于认识论的循环论证。柏拉图主义的论证就如学生之间的抄袭，知道谁会有正确答案，然后去抄袭正确答案。根据柏拉图主义的观点，数学客体是存在的，而且其彼此之间相互关联，并独立于我们而存在。我们所要做的就是去发现这些数学客体及它们彼此之间的关系。对维特根斯坦来说，把数学陈述的本质看作一种证明的观点显然是荒谬的。维特根斯坦用有限论来反驳数学柏拉图主义。数字系列并不是在我们使用时就提前存在，它也不是先天知识。数字系列的现实扩展只不过是我们日常生活的实际使用，它看起来提前存在的原因是由于我们对规则的应用已经成为一个机械式的例行程序[②]。"如果我抽空了那些可作为辩护的理由，我就到达了一个底层，我的铁锹就挖不动了。""只有当我把从一条规则中得出的结果看作理所当然之时，这条规则对我而言似乎才能预先产生出它的所有结果。"[③]

第六节　维特根斯坦对数学建构论的影响

数学哲学的建构论是由英国数学家欧内斯特（P. Ernest）提出的。他

① 维特根斯坦. 维特根斯坦全集（第 7 卷）：论数学的基础. 徐友渔，涂纪亮译. 石家庄：河北教育出版社，2003：§3.

② 樊岳红，魏屹东. 数学：一种人类学现象——后期维特根斯坦数学哲学思想探析. 自然辩证法通讯，2012,（5）：53-58.

③ 维特根斯坦. 维特根斯坦全集（第 8 卷）：哲学研究. 涂纪亮译. 石家庄：河北教育出版社，200：§217，§238.

在《作为数学哲学的社会建构主义》和《数学教育哲学》等著作中，把逻辑主义等三大流派的数学哲学概括为绝对主义的数学观。按照欧内斯特的界定，“数学知识的绝对主义观念认为，数学知识是由确实可靠的绝对真理构成，并且表现了独一无二的确实可靠的知识领域，这些知识在所有可能的情况和语境中都是必然真实的”[①]。据此欧内斯特认为：“逻辑主义、形式主义和直觉主义三大思想流派均试图为数学真理提供一个坚实基础，企图在有限制但却可靠的真理领域内通过数学证明而获得全部数学真理。上述每一种做法都需要有自认为是绝对真理的可靠基础。对于逻辑主义、形式主义和直觉主义，他们自认为可靠的基础分别是逻辑公理、某些直觉的元数学原理及原始直觉的自明公理。这些公理或原理体系都是在未获得证实的情况下采用的。……而后，每个流派都在自己假设的基础上用演绎逻辑去证明数学定理的真理性。然而结果却是三大思想流派在试图建立数学真理的绝对必然性上均以失败而告终。”[②]

由于受到科学社会学和科学知识社会学的影响，许多社会建构论者转向了对数学的社会学分析。这种思想的历史根源要追溯到维特根斯坦的数学哲学，他首次提出数学证明的修辞观和重视数学家的实践活动[③]。“数学构成了一组以生活形式为基础的语言游戏，数学的规则深深地浸透到人类的社会活动和生活形式的核心中，数学符号的意义由它在游戏中的用法所决定。一个数学证明是通过劝说而不是靠数学的内在必然性来证明数学知识的。当然，一个证明的逻辑结构和推理规则，以及已认可语言游戏的准则是证明劝说力的主要部分。证明的主要功能是使人信服，逻辑结构仅仅是达到这个目的的一个手段，这样数学知识就是建立在人类劝说和认可的基础之上的。”[④]

数学知识的建构论者把客观性知识理解为社会的、文化的、公众的和团体的知识，与个人的、私自的或个体的信仰形成对比。他们认为，在学术论证中，新提出的知识是公众详尽审查的对象，新知识可能被成功接

---

① Ernest P. Social Constructivism as a Philosophy of Mathematics. New York：State University of New York Press，1998：14.

② 欧内斯特. 数学教育哲学. 齐建华，张松枝译. 上海：上海教育出版社，1998：16.

③ 康仕慧，吕立超. 走向数学哲学的语境走向. 科学技术哲学研究，2016，(6)：17-22.

④ Ernest P. Social Constructivism as a Philosophy of Mathematics. New York：State University of New York Press，1998：83.

受，或者被重新改进之后再被接受，这些最新被认可的知识内容被纳入到数学知识资源的储备之中。这个过程发生在数学学术领域之中，在这个领域中还有文本档案，包括图书馆和数学家书架上的书籍、杂志中的文章、再三重版的及尚未出版的论文集、出现在会议论文中但尚未公开发表的文章等。因此，个体数学知识的获得和使用不可避免地交织在一起。因为只有通过个人的言语和行为，个体知识才能成为公众的，并且要面对公众的选择、扩展、修正和认可[①]。

欧内斯特从社会建构论的立场来解构数学知识及数学证明的实在性。他将数学视作社会建构的人类知识，规则和约定对数学真理的确定和判定起着关键作用，数学知识在猜想与反驳中得到发展。例如，欧内斯特因循维特根斯坦的数学是被放置在不同生活形式中的语言游戏的观点，从而表达了数学的社会建构论观。“数学知识的基础是对话的，数学证明是一种特殊的叙事。证明可以被看作从一种至今仍然保持着同样功能的特殊类型的对话发展而来的。证明是用来说服数学共同体中其他成员接受一个陈述或一组陈述为数学知识的一个文本。”[②]这样一来，数学就被赋予了一种辩证的对话和修辞性质[③]。

据此，欧内斯特认为数学哲学社会建构论理论的基础有：①社会建构论建立在维特根斯坦的两个重要概念“语言游戏”和“生活形式”的基础上。必须在社会环境的语言实践、规则、惯例的基础上，或者说在语言知识和符号的基础上理解数学知识。②数学学术机构和数学社会共同体中的数学家对数学知识、概念和证明的承认与协商提供了基础，数学知识首先表现为个体主观的数学知识，在出版或发表之后，才被接纳为客观的数学知识。③数学知识的客观性是不可否认的，客观性被重新解释为相互交融的主观性[④]。

此外，欧内斯特表达了数学建构论的思想来源和知识基础，他认为社会建构论将数学视作社会的建构，它吸取了约定主义的思想，承认人类知

① 王幼军. 从拉卡托斯到欧内斯特：数学哲学的重建. 自然辩证法研究，2008，(11)：22-28.
② Ernest P. Social Constructivism as a Philosophy of Mathematics. New York：State University of New York Press，1998：90.
③ 黄秦安. 后现代主义的数学观及其认识. 自然辩证法研究，2006，(4)：27-32.
④ Ernest P. The Philosophy of Mathematics Education. London：Falmer Press，1991.

识、规则和约定对数学真理的确定和判定起着关键作用，数学知识在猜想与反驳中得到发展。社会建构论相对于规定性哲学来说是一种描述性的数学哲学。基于后期维特根斯坦关于语言的思想，欧内斯特认为维特根斯坦的数学哲学预示着所有的知识都不可还原地根植于社会知识。欧内斯特数学哲学的社会建构在对曾经占据数学哲学统治地位的绝对数学知识观进行打击的基础上，采纳了一个更为广泛的认识视角。

因此有学者认为，维特根斯坦的数学哲学观与社会建构论的数学观是一致的，因为维特根斯坦认为数学是一种描述性质。例如，他在《论数学的基础》的开篇写道："我们可能说的是，人们由于教育、训练而这样运用公式 $y=x^2$……或者，我们可以说'这些人被训练成这样做'……"显而易见，维特根斯坦赞同对数学著作进行人类学研究。因此一些哲学家认为，把维特根斯坦的数学思想诠释成数学哲学的社会建构论更为合适。例如，达米特认为维特根斯坦的观点正是这样一种激进的建构论观，即任何陈述的必然性都是由语言约定的，数学规则不过是人的约定[①]。约定论认为，数学的公理、符号、对象、结论的正确性等无非是人们之间的一种约定。按约定的规则承认什么是存在的什么是不存在的，什么是正确的什么是不正确的。为什么 $2+2=4$ 呢？这是约定。我们按约定的规则认为或推出在等式两端这么写是对的。约定论者认为，约定线段由无穷多个点组成是可以的，作相反的约定也是可以的，还可以约定另外的一些性质与推理规则。如果按约定的性质与推理规则推出线段上有无穷多个点，那么，按照约定就应当承认线段上有无穷多个点。这么一来，在约定论者看来，数学可以是没有实际内容的，甚至是空的。约定论无法说明为什么数学家普遍使用基本一致的推理规则，也无法解释为什么由约定而产生的结论和现实世界符合得这样好，为什么数学有如此广泛的应用。

根据维特根斯坦的思想，这种约定主义被认为遵循他的修正论题，即证明显著地改变命题的意义。此外，达米特认为，维特根斯坦的数学哲学太极端太不合理，根源在于维特根斯坦认为应该强制排除数学证明中的逻辑，并且维特根斯坦否认数学真理的客观性，主要原因在于他拒绝数学证明的客观性。维特根斯坦认为，数学证明没有强制的接受性，数学中的

① 张景中，彭翕成. 数学哲学. 北京：北京师范大学出版社，2014：86.

“符合”概念只是我们构建的。事实上，维特根斯坦能接受数学证明的客观性，但却不相信数学真理的客观性[①]。

维特根斯坦认为，数学证明之所以应当是确凿无疑的，是因为我们把数学证明看作语法规则。换句话说，正是由于数学证明被表现为语法规则，因此凡是已经得到证明的东西都应当是确凿无疑的。他说：“我要说，承认一个命题为确凿无疑的，即意味着把它用作语法规则，这就去除了它的不确定性。”[②]他还认为，证明使我们确信某些东西，但引起我们兴趣的不是确信这种精神状态，而是与这种确信相关联的应用。当我说“证明使我确信某些东西”时，表达这种确信的命题不必在此证明中构造出来。维特根斯坦认为：“在数学中，我们确信语法命题，因此这种确信的表达，即其结果就是我们接受一种规则。”[③]证明的确定性就在于接受了规则，消除了不确定性，使得结果上显现出确定性。

但达米特认为，维特根斯坦的观点不是一种正确的解释，而且难以想象数学采用一种人类学立场。例如，在数学中，每个数字之后都有相邻的数意味着皮亚诺公理是可接受的。但同时也导致了每个数都是可接受的结论。如果我得到一个数字，我可以得到它的相邻数，我还可以得到相邻数的相邻数。也就是说，如果一个数字是可被接受的，那么它的相邻数也是可以被接受的。模糊谓词的模糊性是不可磨灭的，如“山”是一个模糊的谓语，那么在山丘和山脉之间并没有明确的路线。如果我们不能消除这种模糊性而引入新谓词，如“隆起”适用于那些东西既不能肯定是山丘，也不能肯定是山脉的事物，既不肯定是山丘也不肯定是山脉的“隆起”的事物是无穷的。

然而，对数学证明及数学知识实在性的解构，不同的数学建构论者有着不同的观点。有学者认为，就某个意义来说，关于数学规则和逻辑规则确实是约定的，但这并不表示它们是任意的，也不表示数学真理和逻辑真理是主观的，或者是社会文化的产物。这是由于我们可以发展出不同的数

---

① Dummett M. Wittgesntein’s philosophy of mathematics. The Philosophical Review，1959，68（3）：324-348.

② 维特根斯坦. 维特根斯坦全集（第 7 卷）：论数学的基础. 徐友渔，涂纪亮译. 石家庄：河北教育出版社，2003：118.

③ 维特根斯坦. 维特根斯坦全集（第 7 卷）：论数学的基础. 徐友渔，涂纪亮译. 石家庄：河北教育出版社，2003：26.

学系统。以集合论来说，就有弗雷格系统、ZF 系统、奎因早期的 NF 系统、奎因后来的 ML 系统等。在逻辑中更是明显如此，即使是模态命题逻辑也有着很多不同的系统。之所以会有这么多不同的数学系统或逻辑系统，是因为人们想更精准地掌握某些数学或逻辑上的直觉，而不同的哲学家（逻辑学家）想掌握的直觉不同，以致造成了各种不同系统的出现。从这个角度来看，这跟语言具有社会性是截然不同的。尽管所有的数学、逻辑、科学都是人类社会文化的产物，但这并不表示出现在这些领域的事物都具有社会性，也不表示真理具有社会性。数学符号或者具有社会性，但被符号所表达的东西却不一定具有社会性。

在维特根斯坦看来，语言总是与某种生活方式相联系的。维特根斯坦写道："为了描述某种语言现象，无论何种类型，一个人都必须描述一种实践，而不是偶然发生的一次事情。"[①]因此，在关于知识本质的看法上，后期维特根斯坦的思想中已经带有了浓厚的建构色彩。正如欧内斯特指出的那样："在维特根斯坦成熟的哲学思想中，规则并不简单地被当作某种被数学家同意或拒绝的东西。数学中的规则深深地渗透到了人类社会活动和生活方式的心脏里……规则不是随意的……它们的形式和可接受性随着语境的语言和社会实践而进化。"[②]而从个人建构论到数学建构论的变化也折射出了 20 世纪后半叶数学哲学整体认识的深化和转向[③]。

后期维特根斯坦认为数学是一种实践活动，其数学哲学思想无疑对后现代主义思潮有着重要的影响。一方面，后期维特根斯坦的数学哲学思想与彭加勒的约定主义十分接近，他反对数学实在论立场，认为数学是一种人类学现象，数学规则只有在人类实践中才有意义；另一方面，后期维特根斯坦的数学哲学思想批判地继承了形式主义的观点，他把数学看成关于问题和求解的语言游戏。根据欧内斯特的主张，后期维特根斯坦数学哲学之所以意义深远，就在于维特根斯坦提出了一种对数学哲学具有革命意义

---

① Ernest P. Social Constructivism as a Philosophy of Mathematics. New York：State University of New York Press，1998：70.

② Ernest P. Social Constructivism as a Philosophy of Mathematics. New York：State University of New York Press，1998：77-78.

③ 黄秦安. 布劳威尔数学哲学思想中的后现代萌芽及其对维特根斯坦的影响. 自然辩证法研究，2008，24（4）：33-38.

的建构论方法[①]。

第七节 维特根斯坦对哥德尔不完备性定理的评论

哥德尔不完备性定理是20世纪最重要的数学定理之一，在众多领域都有着广泛而重要的影响，如逻辑学、计算机科学、数学和哲学等，包括递归函数和图灵机的不可计算性理论都与哥德尔定理有着密切的关系。哥德尔于1931年在《关于数学原理和有关系统的形式不可判定性命题》一文中证明了哥德尔不完备性定理：如果有任何包括自然数算术的形式系统是无矛盾的，那它一定是不完备的，即该系统内存在不可判定的命题。某一命题 A 与它的否定命题 $\neg A$ 在该系统中都不可证。随后他又得出，如果一个包含自然数算术的公理系统是无矛盾的，那么这种无矛盾性在该系统内是不可证明的[②]。“简略地说，令 T 为算术的一个公理化，不完备性定理蕴涵着：如果 T 足够丰富，那么存在 T 所在语言中的句子 ϕ，使得 ϕ 及其否定都不能在 T 中推导出来。换句话说，T 不能判定 ϕ。”[③]哥德尔不完备性定理在数学三大学派的争论中起到了重要的作用，并宣告了希尔伯特纲领的失败，即想要通过有限论的元数学方法证明算术系统的不相容性是不能做到的，不完备性定理也同样宣告了逻辑主义与直觉主义数学还原计划的失败，并且进一步促进了三大学派的发展与融合。

哥德尔认为数学存在于客观永恒的理念世界中，是自在与自为的存在，而不是精神的自由构造。数学公理和数学定理及所论及的实体都是确确实实的存在，它们的存在是它们被思考的前提，而不是结果。可以说，

---

① Ernest P. Social Constructivism as a Philosophy of Mathematics. New York：State University of New York Press，1998：90.

② 林世芳. 20世纪数学三大学派之争与数学思想的进步. 北京：社会科学文献出版社，2015：133.

③ 斯图尔特·夏皮罗. 数学哲学：对数学的思考. 郝兆宽，杨睿之译. 上海：复旦大学出版社，2014：41.

哥德尔的哲学思辨使他避免陷入希尔伯特有穷证明论的思维模式中，其思维中的辩证性是他做出数学发现的先导。数学中的有限与无限是对立统一的。无限与有限的统一性表现在：无限寓于有限之中，通过有限可以来认识无限。但是对无限的把握又是有条件的，不可能通过有限来绝对地认识和把握无限，哥德尔的不完备性定理正好说明了这一点。哥德尔证明了如果任何包含自然数算术的形式系统是无矛盾的，那它一定存在不可判定的命题，不可判定命题的存在就在于存在非递归的可数集。算术逻辑是某种递归逻辑，递归逻辑是一种潜无限的概念。而非递归可数集的存在说明存在某个完成了的实无限过程。因此，以潜无限进程概念为基础的算术逻辑不能完全判定非递归可数集中的全部元素。或者可以说，总是存在某种真无限过程所界定的无穷集合，其全部内容永久不能由其所相应的任何潜无限进程所列举或判定[①]。

维特根斯坦与哥德尔之间的分歧在于语言对于数学和形而上学的关系。维特根斯坦认为在考虑数学与形而上学的本质时，语言是必不可少的。而哥德尔否认这种情况，他认为语言是有用的，甚至是必要的，但纯粹只是一个实用的事物[②]。一般而言，哥德尔认为数学是发现的，维特根斯坦认为数学是发明的。为了在当前的语境下确定这个术语，将秉承哥德尔的传统来使用“创造”和“发现”：创造（发明或建构）是无中生有的一个过程，而发现则不是从一些给定的材料制造出来的。哥德尔并不反对这一立场，即我们许多的数学是发明的。但他坚持认为，数学取决于一些不是由我们创造的东西所构成；数学的扩展过程，在相当程度上依赖于确定性和明确性。由此看来，哥德尔与维特根斯坦之间的分歧并不像看起来那么死板。

这种概念的客观化在哲学上基于分析哲学的基本预设，即虽然世界在人的意识之外，但是却在人的语言之中。人的语言包含着世界本身和人本身，概念同样是在语言之中。既然人的语言是客观化的，即不以人的意志为转移的，那么作为概念表达的数也同样就具有了客观化的性质。作为一

---

① 林世芳. 20 世纪数学三大学派之争与数学思想的进步. 北京：社会科学文献出版社，2015：1337.

② Hao W. To and from Philosophy—Discussions with Gödel and Wittgenstein. Synthese，1991，88（2）：229-277.

个坚定的数学柏拉图主义者，向来以严谨著称的数学家和逻辑学家哥德尔坚决主张数学实在论。他以不完备性定理和连续统假设的相对协调性证明为依据，不仅在本体论上，而且在认识论上为数学实在论辩护。就本体论方面而言，他的具体观点是数学陈述中所假定的各种数学实体是存在的，数学陈述有确定的真值，数学实体的存在和数学陈述的真值独立于我们对它们的认识。由此可见，哥德尔对数学对象的客观存在、真理性和确定性毫不怀疑。他所认为的数学实体的存在和数学陈述真值的独立性不是相对的，而是具有绝对的意义。

但无论是布劳威尔还是维特根斯坦，他们都承认数学中的“大跳跃”现象，即他们都承认数学中有潜在的无限性，而不接受数学中实际的无限性。同时，布劳威尔和维特根斯坦之间的观点也存在着明显的差异性。例如，根据布劳威尔的观点，排中律并不适用于这一命题，因为它不是一个可做出判断的命题。维特根斯坦似乎也同意这一观点，但却反对布劳威尔否认排中律有效性的观点。

根据维特根斯坦的观点，数学是完全由计算组成的。即使它看起来不像，但在数学中一切都是算法，因为我们似乎可以用文字来谈论数学中的对象，甚至这些词可以被用来构建算法[①]。对发现和发明（或创造）的区分阐明了两者之间的分歧，即阐明了哥德尔立场及布劳威尔立场之间的分歧。维特根斯坦无疑会否认他的后期哲学是去科学化的，因为他强调哲学和科学是完全不同的学科。然而，维特根斯坦也认为数学从根本上完全不同于自然科学。而哥德尔认为，数学概念（如数字）可以比维特根斯坦所认为的更加精确。哥德尔的评论表明，对待形而上学（哲学）就应该像牛顿处理物理学那样，有确切的精确性。哥德尔认为应该把牛顿的物理学看成自明的理论，并强调物理学与数学相类似。

从这很容易看出为什么维特根斯坦对数学的经验主义感到很困惑。他不想接受经验主义的解释，但这种解释却具有很强的说服力。那么，计算和经验之间有什么区别呢？即使我们说我们数数有可能会出错，那我们也只能说数数的结果是错误的，但标准本身是不会出错的。也就是说，在解释中的这种差异性让我们随时都能找出错误，或者说如果我们再数一遍，

① Wittgenstein L. Philosophical Remarks. Oxford：Basil Blackwell Publisher，1975：418.

我们也能得到一致的结果。因此，对维特根斯坦来说，数学法则背后有一种经验的规律性，但数学法则并没有肯定所获得的规则性，因为我们不能把数学法则当作一种经验事实，而只能作为一种必要的陈述来看待。（关于维特根斯坦对哥德尔不完备性的详细评论详见本书第五章第二节“后期维特根斯坦论哥德尔定理”。）

第八节　结　　语

无论是否接受维特根斯坦的解释，人们都不能用标准的观点来反思其内容。早期维特根斯坦主张“图像论”，认为语言的界限便是世界的界限，事物的图像与客观存在物是相对应的。在这一时期，他的观点仍然没有摆脱柏拉图主义的影响。后期维特根斯坦则主张“语言游戏说”，把数学和日常语言都看作一些语言游戏，语言是人类所发明的一种心智游戏。从“图像论”到“游戏说”的转变，其契机与直觉主义的观点不无相关。

维特根斯坦的数学哲学思想也在直觉主义和形式主义之间摇摆。一方面，维特根斯坦证明个体意志是语言不能理解的，这表明他部分地接受了布劳威尔的观点，即不存在私人语言这样的东西。证明既不是句法的客体，也不是独立于思想的抽象客体，证明仅仅是通过数学家的一系列活动来实现的一种精神建构。与布劳威尔不同的是，维特根斯坦认为任何行为的辩白标准总是社会的，这表明他承认每一种理解的活动都包含着普遍性和个体性的混合，个体的作用使得理解的行为不能辩白为公共知识。另一方面，维特根斯坦又认为，意义最终在于辩护。既然自我的某一部分无法用语言来掌握，那么就从他的语言游戏中分离出去。因为它不是一个对象，没有什么辩护可以求助于它[①]。维特根斯坦的数学观与布劳威尔的数

① 弗拉第米尔·塔西奇. 后现代思想的数学根源. 蔡仲，戴建平译. 上海：复旦大学出版社，2005：xv.

学直觉主义有许多相似之处，但两者在许多方面却渐行渐远。布劳威尔的精神建构表达的是一种私人的、唯我论的观点，而维特根斯坦主张数学计算本质上是公共性质的，是基于社会实践的。

在维特根斯坦看来，数学的实践是人类思维的产物且具有暂时性。首先，他的这一表述与彭加勒的约定主义十分接近，后期维特根斯坦也是一位忠实的反对数学实在论者。例如，维特根斯坦认为："数学毕竟是一种人类学的现象。"其次，他的观点与形式主义的主张十分相近。形式主义者认为，证明就是一种归纳定义的句法客体，数学对象是一些毫无意义的符号，它并不是被创造性地发明的，它是通过数学家而被发现的。数学家所从事的是按照明确给定的法则对这些符号或符号游戏进行机械的组合或变形。维特根斯坦则把数学整个地看作问题求解的一种语言游戏。最后，根据欧内斯特的观点，后期维特根斯坦提出了一种对数学哲学具有革命性意义的建构论方法，对数学哲学的贡献意义更为深远。欧内斯特提出的作为数学哲学的建构论，其基本的见解无疑受到了约定主义、经验主义和后期维特根斯坦哲学的深刻影响[①]。

在数学基础研究中存在着关于"无限性"的争论，直觉主义者反对实无穷。布劳威尔主张，全体自然数的存在是无法证明的，正是潜无穷与实无穷的概念造成了数学悖论的产生。布劳威尔等的主张也极大地影响了维特根斯坦。在后期维特根斯坦的哲学中，他主张放弃寻求理想的人工语言，转而分析日常语言[②]。他之所以在其论著中对数学哲学采用日常语言的分析，也正是出于直觉主义的影响。

综上所述，维特根斯坦的数学哲学是在对数学哲学的柏拉图主义、逻辑主义、直觉主义、形式主义及哥德尔不完备性定理等批评、继承的基础上，发展了自己的数学哲学观。例如，后期维特根斯坦认为数学是一种实践活动，本质上是一种人类学现象。他反对数学柏拉图主义，认为数学仅仅是基于生活形式上的约定，是公共性质的。数学计算只不过是语言游戏活动，而语言游戏之所以能进行下去，是因为它基于生活形式的一致性，这显然脱离不了各种社会因素的影响。

---

① 黄秦安. 数学哲学新论：超越现代性的发展. 北京：商务印书馆，2013：29.
② Wittgenstein L. The Blue and Brown Books. London：Basil Blackwell Publisher，1969：28.

第三章　早期维特根斯坦的数学哲学思想

学界一般认为，维特根斯坦的数学哲学观有前期、中期和后期之分。维特根斯坦早期的数学哲学与逻辑经验主义相关，例如，潘瓦妮（C. Panjvani）认为，数学的强证实观点是维特根斯坦的早期思想，而后期维特根斯坦又放弃了这一观点。所谓的强证实观点是指，一个数学命题的意义是由证实的方法所确定的。如果一个数学命题不能被证实，或尚未被确定的话，那么它是没有意义的，严格来说它甚至不能算作一个命题。因此，数学命题的强证实主义隐含着“数学没有猜想”的思想，无猜想的论题是强证实的结果[①]。在早期之后，维特根斯坦有很长一段时间中断了哲学研究，这成为他早期与中期哲学思想研究的分水岭。1929～1933 年是维特根斯坦中期思想的形成时期，1934～1944 年基本上是其后期思想的形成时期[②]。麦克道尔（J. McDowell）认为，早期维特根斯坦认为数学命题必须要有确定的意义；而后期维特根斯坦则认为应该为数学命题提供一个证明，但又不能确定遵循数学规则的正确方法[③]。不管他如何构思自己的哲学思想，维特根斯坦始终遵循着要发展一种整体论的数学哲学。

---

① Wrigley M. The Origins of Wittgenstein's verificationism. Synthese，1989，78（3）：265-318.

② Panjvani C. Wittgenstein and strong mathematical verificationism. The Philosophical Quarterly，2006，56（224）：406-425.

③ McDowell J. Wittgenstein on following a rule. Synthese，1984，58（3）：325-363.

维特根斯坦早期的哲学思想主要体现在其著作《逻辑哲学论》中。在这部著作中，维特根斯坦的数学哲学以一种基本方式开始，最后发展为中期的有限论和建构论观点［见《哲学评论》（1929～1930 年）和《哲学语法》（1931～1933 年）］。并且，维特根斯坦在《关于数学基础的评论》（1937～1944 年）中进一步发展了新的方向。维特根斯坦论述数学实质性的时间是 1918～1944 年，这一时期其著作的文风也发生了巨大转变，从早期《逻辑哲学论》警句式的风格发展到中期一种清晰的、争论式的风格，再到后期《关于数学基础的评论》和《哲学研究》中的辩证式、对话式的风格。

《逻辑哲学论》是 20 世纪最为重要的哲学著作之一（接下来除非有特别说明，引文均出自《逻辑哲学论》），它是以若干手稿和打字稿为基础整理而成的。当然，由于该书的观点和行文的独特性，其出版工作可谓一波三折，最终于 1922 年 8 月以德英对照版形式出版。《逻辑哲学论》是一部篇幅比较小的著作，总字数不到三万，但其论题甚为广泛。全书共分为七章，每一章有一个主题，然后给出了相应的论证。本章的讨论将紧紧围绕《逻辑哲学论》的基本思想，集中讨论维特根斯坦早期数学哲学思想的具体内容。

第一节　《逻辑哲学论》：命题的意义在于证实

在《逻辑哲学论》中，维特根斯坦认为数学的全部意义在于说明命题的本质。维特根斯坦主要探讨了数学命题的地位问题。例如，数学命题是必然真理吗？数学命题能否完全通过逻辑得到说明？如果不能，又能对它们进行何种论述？同这个问题结合在一起的还有对语言与意义、心理学概念及知识概念的长期探索[①]。维特根斯坦数学概念的核心是在《逻辑哲学

① Grayling A C. 维特根斯坦与哲学（英汉对照）. 张金言译. 南京：译林出版社，2008：73.

论》中提出的，他的主要目标是通过确定所需要的语言或语言使用情况，找出语言关于世界的实在性联结。在某种程度上，他主张唯一真正的命题是我们可以使用它来做出判断，即使是偶然的（经验的）命题，如果这些偶然命题与实在一致，那它就是真的，否则就是假的。《逻辑哲学论》在§4.022、§4.25、§4.062、§2.222 中都分别提到了这一点，“它之为真或为假，这点取决于它的意义与实际是一致的还是不一致的”，“一个命题显示了它的意义。一个命题显示当其为真时情况是什么样的。而且说这点：情况是这样的”。从这一点来看，其他明显的命题都是各种伪命题，“真的”和“真理”的所有其他用法明显偏离了真理符合论，即偏离了偶然命题与实在的关系。因此，从《逻辑哲学论》发表到 1944 年期间，维特根斯坦始终认为“数学命题”并不是真正的命题，并且“数学真理”在本质上是非推论的，是纯粹句法的。从维特根斯坦的观点来看，我们发明了数学演算，通过计算和证明扩展了数学。尽管我们可以从证明来获得数学，数学定理以特定的方式通过某种规则从公理中产生，但这并非是说在我们建构证据之前，它就提前存在了。

在《逻辑哲学论》中，维特根斯坦主张，一个真命题依据的是传统，我们使用真命题断言事物的状态（即初步的或原子事实）或事实（即多个事物状态），来获得唯一的真实世界。维特根斯坦的数学命题概念和术语是非推论式的、形式主义的。对可能的事实来说，它被用来表征一个基本命题：它必须包含尽可能多的名字，这些名字用于事物可能状态中的对象。一个基本命题是真的，当且仅当它获得了其可能的状态。在《逻辑哲学论》中，逻辑分析与实指定义是非常明晰的。维特根斯坦认为在语言和实在之间存在着某种联系。他详细地分析图像理论及划分可说与不可说的界限，明确了数学和逻辑在其早期思想中的地位。

早期维特根斯坦认为，命题的意义就在于证实它的方法。证实方法不是要确立命题的真值，而是说它恰好就是命题的意义。为了理解一个命题，人们必须首先知道证实它的方法，从而说明命题的意义。“一个词、一种表述、一个记号只有在命题的关联中才具有意谓。为了得到一个词的意谓的清晰概念，有必要关注这个词在其中出现的那个命题的意义，关注它们被证实的方法。”[①]早期维特根斯坦在《逻辑哲学论》中强调了数学命题的可证明性：“一个命题的真来自于其他命题的真，我们从这些命题的结构中就能看出这点。”[②]数学命题可以被证明这一事实说明数学命题不受经验修正的影响。数学命题的真理性不是来自经验，而是数学命题的本性使然。

维特根斯坦认为：“但是，在数学中寻找某物意味着什么呢？空间是有空位的，找遍了某个房间后我可以进入隔壁房间。与此相反，在数学中不存在空位，数学系统是完全密合的，我们只能在给定的系统之内寻找某物，但不能寻找整个系统。123 × 234 的结果是多少？这是一个系统之内的问题，类似的问题和答案存在着无数。我们能够找到某种确定的答案，仅仅是因为存在着一种寻找到它的方法。”[①]

如果桌子上有一本书，那么我们应该怎样去证实书的存在呢？或者去看看书是否在桌子上，或者从不同侧面观察书是否在桌子上，或者把它拿在手上摸摸它、翻翻它，等等，这样就能实现充分地证实它了吗？关于这一问题，维特根斯坦认为存在两种观点：“一种观点认为，无论我怎样做都不能完全证实这一命题，可以说命题总是存在着其他的可能性，无论我们做什么都不可能保证我们不会出差错。另一种观点是我们所主张的，即如果我们永远也不能完全证实一个命题的意义的话，那么我们也不能够通过它来意指任何东西。因此，这一命题也就不可能意指任何东西。为了确定命题的意义，我们必须了解某个特定的步骤，从而确定命题何时被证实。”[③]“π = 3.1415926…，这个数字的展开只是一种归纳。可能不会出现这样的问题：数字 0、1、2、3…9 会在 π 中出现吗？我能问的只是：它们是否在某一个特定的点上出现，或者它们是否在前 10 000 个数字中出现。不管它延展多远，没有什么展开能反驳‘它们确实出现’这一陈述。——因此，这一陈述也不可能被证实。能被证实的只是一种完全不同的断言，即这一序列在这一点或那一点上出现。因此，你不能肯定或否定这一陈述，或者说你不能把排中律运用于它。”[④]

---

① 维特根斯坦．维特根斯坦与维也纳学派．徐为民，孙善春译．北京：商务印书馆，2014：5.
② 维特根斯坦．逻辑哲学论．韩林合译．北京：商务印书馆，2015：62（§5.13）.
③ 维特根斯坦．维特根斯坦与维也纳学派．徐为民，孙善春译．北京：商务印书馆，2014：19.
④ 维特根斯坦．维特根斯坦与维也纳学派．徐为民，孙善春译．北京：商务印书馆，2014：48.

维特根斯坦认为，如果我们知道一个命题为真和为假的情形时，那么我们也就知道了这个命题的意义。我们怎么才能证实“花是红色的”这一命题呢？维特根斯坦认为，我们必须清楚地认知它是红色的，颜色必须与它的实在相联系。

第二节 《逻辑哲学论》：数学等式

在《逻辑哲学论》中，维特根斯坦陈述了所谓的真理符合论：“如果一个基本命题是真的，那么它所描述的基本事实态度就存在；如果一个基本命题是假的，那它所描述的基本事实态度就不存在。”[①]但是命题及其语言组件本身是凝滞的，只有我们人类赋予命题以意义时，命题才有了意义。此外，命题符号可以用于任何事物；为了维护所获得的事物状态，一个人必须“投射”命题的意义，通过思考一个人说的、写的意义来思考命题的意义。维特根斯坦把用法、意义、感觉和真理联结在一块，如果一个命题是真的，那么我们可以用某些事情以一种特定的方式来代替它。

《逻辑哲学论》中真正的（偶然）命题概念及真理的（原初）核心概念是用来建构逻辑理论和数学命题的。直白地说，重言式、矛盾式和数学命题（即数学等式）本身既不是真实的也不是虚假的，而是我们说它们为真还是为假。但是在这一过程中，我们是以截然不同的意义在使用“真”和“假”，相对于一目了然的为真或为假的命题来说，不像真正的命题。例如，重言式和矛盾式是没有主题的事物，它们对世界“言说了什么”“缺乏意义”，而且类似地，数学等式是伪命题。同语义反复和矛盾式不是实际的图像，它们没有表现任何可能的事态。因为前者允许了每一个可能的事态，后者没有允准任何事实。在同语义反复式中，与世界一致的诸条件——诸表征关系——相互抵消。因此，它们与实际事实没有任何表征关

① 维特根斯坦. 逻辑哲学论. 韩林合译. 北京：商务印书馆，2015：50（§4.25）.

系[①]。这样，重言式和矛盾式不替代任何与实在的表征关系，也不描述实在或可能事态及可能事实。换句话说，重言式和矛盾式没有意义，这意味着我们不能使用它们来进行判断；相反，这也意味着它们不可能要么是真的，要么是假的。

类似地，数学等式是伪命题，这表明或显示两种表达式在一定的意义上是等价的，因此它们是可以相互替代的。“数学方法的本质是使用等式。因为以下论点是以这样的方法为基础的：每一个数学命题都必须是不言自明的。”“为了获得其等式，数学使用的方法是替换法。因为等式表达了两个表达式的可替换性。我们经由如下方式从一些等式推导到新的等式：按照这些等式，将一些表达式替换为另一些表达式。”[②]因此，我们证明数学命题的真是通过看出两个表达式有着相同的含义，这两个表达式本身必须是自我显现的，两个表达式彼此之间可以相互替换。人们仅从符号就可以认识到逻辑命题的真，因为“逻辑命题的独特标志便是人们仅从记号就能认识到它们是真的，这个事实内在地包含在整个逻辑哲学之中”[③]，要通过一种技术才能够掌握数学命题的规则性，而这种技术是在证明之外的。

在《逻辑哲学论》中，维特根斯坦明确地给世界划出了界限。他认为逻辑充满世界，世界的界限也就是逻辑的界限。之后，他又提出了图像说和真值函项的理论。命题是对应于事实的图像，因而在结构上与事实有着相同的对应关系。事实既然有原子事实（状态）和由原子事实构成的更为复杂的事实之分，那么命题也就有原子命题和由原子命题组成的更为复杂的命题之分。原子事实应该是最基本的和最小的事实（在某种物理原则下），原子命题也应该是最基本的和最小的命题。维特根斯坦把命题的这种最小单位称为“基本命题”。它们具有 Fx、Gx 的形式。维特根斯坦用数学公式表达了这种命题的函项关系，也就是原子事实存在和不存在的各种可能性。如果 n 个原子事实组成一个事实，那么，这个事实的存在和不存在的可能性的总和就等于 2^n。也就是说，由 n 个原子事实可以组成 2^n 个肯

① 维特根斯坦. 逻辑哲学论. 韩林合译. 北京：商务印书馆，2015：56（§4.462）.
② 维特根斯坦. 逻辑哲学论. 韩林合译. 北京：商务印书馆，2015：108（§6.2341、§6.24）.
③ 维特根斯坦. 逻辑哲学论. 韩林合译. 北京：商务印书馆，2015：98（§6.113）.

定命题和否定命题。

维特根斯坦的真理观可以通过如下方式来表述，当谓词逻辑公式涉及的个体域为有穷时，可消去量词将谓词逻辑公式转换成命题逻辑公式，如个体域为$\{1, 2, 3\cdots n\}$，那么$\forall xF(x) = F(1)\wedge F(2)\wedge F(3)\wedge\cdots F(n)$，$\exists xF(x) = F(1)\vee F(2)\vee F(3)\vee\cdots F(n)$。全称式就化归为所有个体的合取，存在式化归为所有个体的析取。当个体无穷时，两个逻辑量词可以理解为：$\forall xF(x) = F(1)\wedge F(2)\wedge F(3)\wedge\cdots F(n)\cdots$，$\exists xF(x) = F(1)\vee F(2)\vee F(3)\vee\cdots F(n)\cdots$。全称式转化成了一个无穷的合取，存在式转化成了一个无穷的析取。

偶然命题之间的划界，可以用正确或错误的方式来表征部分数学命题，而数学命题又可由一个纯粹的形式或句法的方法来决定，这种观点是维特根斯坦一贯所坚持的。考虑语言和符号的约定，偶然命题的真值完全是一种函数，因此数学命题的“真值”完全是由符号和部分形式系统组成的函数。偶然命题之间划界的第二种方式是，数学命题是由纯粹形式方法（如计算）来决定的，因此偶然命题只能由外部世界来决定。例如，“为了认出一幅图像是真的还是假的，我们必须将其与实际命题加以比较”。[①]

具体地说，《逻辑哲学论》中的数学形式理论是一种操作的形式理论。在过去10年里，关于维特根斯坦的运算理论已获得了相当多学者的考查，如弗拉斯科拉（Frascolla，1994，1997）、马里恩（Marion，1998）及弗洛伊德（Floyd，2002）等，他们把《逻辑哲学论》中的算术等式理论与丘奇（Alonzo Church）λ-演算和古德斯坦（R. L. Goodstein）等式演算联结起来。简单地说，维特根斯坦想说明[②]：

（1）将一个形式系统 a，$O'a$，$O'O'a$，…的通用术语符号写作为$[\alpha, x, O'x]$。

（2）操作符号$\Omega'(\bar{\eta})$的通用形式是$[\bar{\xi}, N(\bar{\xi})]'(\bar{\eta})(=[\bar{\eta}, \bar{\xi}, N(\bar{\xi})])$。

（3）命题（“真值函数”）的一般形式是如$[\bar{\rho}, \bar{\xi}, N(\bar{\xi})]$。

（4）整数（自然数）的一般形式是如$[0, \xi, \xi+1]$。

他在命题§6.022中又补充道：“数的概念只不过是所有数的共同之

① 维特根斯坦. 逻辑哲学论. 韩林合译. 北京：商务印书馆，2015：15（§2.223），37（§4.05）.

② Wittgenstein L. Tractatus Logico-Philosophicus. London：Routledge，1922：§5.2522，§6.01，§6，§6.03.

处，是数的一般形式。数学相同的概念是所有特殊数的相同之处的一般形式。”[1]正如马里恩所指出的，“命题的一般形式是一般运算形式的特例”[2]，“并且运算、命题和自然数的一般形式是基于变量来建模的。”[3]维特根斯坦指出，“定义一种运算即是表达运算结果的结构与运算基础的关系”；“函数不能是其自身的变元……一种运算可以把运算的结果作为自身的基础”[4]。

维特根斯坦对于‘$[a, x, O'x]$’的解释是，“中括号中表达式的首项 a 是一系列形式的起点；第二项是术语 x 的形式，x 是从这一系列中任意选择的；第三项 $O'x$ 是遵循 x 术语形式的一个系列”。考虑“连续应用一种运算概念，这相当于‘诸如此类’的概念”[5]。人们可以看出，从自然数一般形式的反复迭代中如何生成新的自然数，即“$[0, \xi, \xi+1]$”。正如罗素在《逻辑哲学论》的序言中所说，从一个命题$[\overline{p}, \overline{\xi}, N(\overline{\xi})]$的一般形式，通过“选取任意原子命题，其中 p 代表了所有原子命题”。弗拉斯科拉解释到，“数字等同‘$t=s$’是一个算术定理，当且仅当相应的等式“$\Omega^{t}{}'x=\Omega^{s}{}'x$”是在逻辑运算的一般理论中形成了语言框架。通过证明 $\Omega^{2\times 2}{}'x=\Omega^{4}{}'x$ 的等式，意味着把“$2\times 2=4$”的算术式等同于运算语言。维特根斯坦从而概述了“数值运算转化为运算的一般理论”[6]。

事实上，维特根斯坦显然不打算把数学还原为逻辑，既不还原为罗素的方式也不还原为弗雷格的方式，同时也不还原为重言式。尽管维特根斯坦批评罗素的逻辑主义和弗雷格的逻辑主义，但相当多的评论者把维特根斯坦《逻辑哲学论》中的数学理论解释为某种逻辑主义的变体。之所以会产生这样的解释，至少有四方面的原因[7]。

（1）维特根斯坦说：“数学是一种逻辑方法。”

（2）维特根斯坦说：“逻辑的世界，是通过逻辑命题的重言式和数学

---

① 维特根斯坦. 逻辑哲学论. 韩林合译. 北京：商务印书馆，2015：97（§6.022）.

② Marion M. Wittgenstein，Finitism and the Foundations of Mathematics. Oxford：Clarendon Press，1998：21.

③ Marion M. Wittgenstein，Finitism and the Foundations of Mathematics. Oxford：Clarendon Press，1998：22.

④ Wittgenstein L. Tractatus Logico-Philosophicus，London：Routledge，1922：§5.22，§5.251.

⑤ Wittgenstein L. Tractatus Logico-Philosophicus，London：Routledge，1922：§5.22，§5.2522，§5.2523.

⑥ Frascolla P. Wittgenstein's philosophy of mathematics. London：Routledge，1994：128-131.

⑦ Wittgenstein L. Tractatus Logico-Philosophicus. London：Routledge，1922：§6.234，§6.22.

等式来解释的。”

（3）根据维特根斯坦的观点，我们是通过符号来确定数学和逻辑命题的真理性（即通过纯粹的形式运算），而无须观察世界中任何外部的、非符号的事务或事实状态。

（4）维特根斯坦的迭代（归纳），“把数字解释为一种运算亦即指数”是“把算术还原为运算理论”。其中“运算”被解释为“逻辑运算”，这表明“非类逻辑主义的标签”符合了《逻辑哲学论》中的算法[①]。

但上述几种对《逻辑哲学论》的解读方式并没有什么说服力，通过（1）～（4）的解读并不能说明早期维特根斯坦是一位逻辑主义者，如（1）“数学是一种逻辑方法”。维特根斯坦只是意指数学推论是根据或使用了逻辑推理，并且把数学推理作为一种逻辑推理，因此，数学是一种逻辑方法。

同样地，（2）说“逻辑的世界”是由重言式和真正的数学等式来解释的话，那么维特根斯坦可能会说，虽然逻辑在自然语言中是固有的，它的发现满足了我们交流、探索和生存的需要，但与发明不同的是，一个有效的逻辑推理可以捕捉到可能事实之间的关系，并且一个合理的逻辑推理可以捕捉到存在事实之间的关系。例如，维特根斯坦在命题§4.002 和§4.003 写道：“人们具有构造这种语言的能力，借助于这种语言就能够表达每一种意义。而且在这样的情况下，人们根本不知道每一个语词是如何进行指称的并且它们究竟是指称什么的。……对于我们人类来说，想要从语词直接获知语言的逻辑是不可能的。”“人们关于哲学事项所写出的大部分命题和问题并不是假的，而是没有任何意义的。因而，我们根本就不能回答这类问题，而只能确定它们毫无意义的性质。哲学家们的大部分问题和命题都是因我们不理解我们语言的逻辑而引起的。”[②]

至于（3），弗拉斯科拉等认为，既然我们确定重言式和数学等式的真理性不需要诉求任何“事态”或“事实”，真的数学等式和重言式是类似的，我们可以“恰当地把《逻辑哲学论》的算术哲学描述为一种逻辑主

① Frascolla P. Wittgenstein's philosophy of mathematics. London：Routledge，1994：128-131.
② 维特根斯坦. 逻辑哲学论. 韩林合译. 北京：商务印书馆，2015：15（§2.223），30（§4.002，§4.003）.

义”[①]。弗拉斯科拉等承认在弗雷格或罗素意义上，这种相似性没有使得维特根斯坦的理论成为一种逻辑主义。因为不管是通过弗雷格的方法还是罗素的方法，维特根斯坦都没有从逻辑上定义数字，在重言式和真实数学等式之间的这种相似性（或类似性）既不是一种同一，也不是一种还原性关系。

最后，在（4）中，这种说法是没有证据支撑的，即在维特根斯坦、罗素或弗雷格的术语意义上，相关的运算是逻辑的，这似乎是一个纯粹的句法操作形式。维特根斯坦认为，逻辑运算是通过算术来完成的，逻辑运算的结果是一个命题，算术运算的结果是一个数字。

总之，批评者认为，上述（1）～（4）并不单独或者共同构成对《逻辑哲学论》进行逻辑主义解读的充分理由。在《逻辑哲学论》中，另一个重要的数学基础问题出现在命题§6.211 中："事实上，在现实生活中，一个数学命题永远不是我们想要的。相反，我们只在推论中使用数学命题，这些命题不属于数学，而其他推论也同样不属于数学。在哲学讨论中，我们究竟用这个词或这个命题做什么？重复性的工作导致了有价值的见解。"[②]

虽然数学和数学活动是纯粹形式的和句法的，在《逻辑哲学论》中，维特根斯坦对游戏与纯形式的符号进行了区分，但这种区分不适用于或然命题和数学命题。因为维特根斯坦认为，或然命题只能推论出或然命题。维特根斯坦没有明确说明或然命题不是真正命题的数学等式，也没有明确说明如何从真命题推论出真命题[③]。这正如后期维特根斯坦重新关注数学应用的重要性，并且使用它来区分纯粹的“符号游戏”与真正的数学语言游戏。

总之，这是维特根斯坦《逻辑哲学论》中所论述的数学等式理论。在《逻辑哲学论》的序言中，罗素认为维特根斯坦的“数论”需要发展更强的技术，主要是因为维特根斯坦没有表明如何处理超限数。同样，拉姆齐在对《逻辑哲学论》的评论中写道：“维特根斯坦的‘解释’并不能涵盖

---

① Frascolla P. Wittgenstein's philosophy of mathematics. London：Routledge，1994：128-131.

② Wittgenstein L. Tractatus Logico-Philosophicus. London：Routledge，1922：§6.211.

③ Floyd J. Wittgenstein：Biography and philosophy. Notre Dame Philosophical Reviews，2002，（6）：309.

所有数学，部分是因为维特根斯坦的等式理论不能解释不等式。”[①]维特根斯坦在 1918 年完成了《逻辑哲学论》之后，他实际上暂时放下了哲学的研究工作，直到 1929 年 2 月参加了布劳威尔的一个讲座之后，才又重新开始了其哲学的研究工作。

第三节 《逻辑哲学论》：逻辑运算

现在考虑维特根斯坦在《逻辑哲学论》中所注释的两组命题，即命题§6.02～§6.031 和§6.2～§6.241。只有重新正确地解读文本中“细枝末节”的部分，才能澄清人们对《逻辑哲学论》中数学哲学观的误解。如果不澄清这些误解，那么对文本的解释仍然是晦涩的。

《逻辑哲学论》中的命题§6.02，通过归纳所出现的“+1”的次数，以及根据 $0+1+1+1+1+\cdots+1$ 等无限的表达式，维特根斯坦主张：“由此我们得到了数。我们给出如下定义：$x=\Omega^{0}{}'x$Def. 和 $\Omega'\Omega^{\nu}{}'x=\Omega^{\nu+1}{}'x$ Def.，因此，根据这些符号规则我们会得到下面的序列：

x，$\Omega'x$，$\Omega'\Omega'x$，$\Omega'\Omega'\Omega'x\cdots$

写作：$\Omega^{0}{}'x$，$\Omega^{0+1}{}'x$，$\Omega^{0+1+1}{}'x$，$\Omega^{0+1+1+1}{}'x\cdots$

因此，我们不写‘$[x, \xi, \Omega^{\nu+1}{}'x]$’。而写为‘$[\Omega^{0}{}'x, \Omega^{\nu}{}'x, \Omega^{\nu+1}{}'x]$’。

而且给出如下定义：$0+1=1$Def.，$0+1+1=2$Def.，$0+1+1+1=3$Def. …”

这些运算是关于语言逻辑运算的一般理论。随后这些自然数的非正式概念被当作一种运算的指数，并且维特根斯坦以独特的方式来分析算术的等同性，这些自然数与上述一系列的归纳定义表达式有着密切的关系。但这又产生了一个问题，即应该如何来理解之前公式中出现的“Ω”的表征呢？接下来我们将考察布莱克（M. Black）和安斯康姆（G. E. M.

① Ramsey F P. Review of “Tractatus”. Mind，1923，32（128）：465-478.

Anscombe）[①]对《逻辑哲学论》的解读。首先来考察一下布莱克对这个问题的回答。

布莱克写道："维特根斯坦所引入的自然数是用于连接运算的，在《逻辑哲学论》的命题§6.01 中定义了 $\Omega'x$；这里我们可以用其他相关的运算来说明维特根斯坦的基本观点，在一种普通语言中所使用的表达式如'x 的根源'。"[②]毫无疑问的是，在《逻辑哲学论》命题§6.01 中第一次出现了"Ω"符号。维特根斯坦介绍了一种特殊的符号来表示这种逻辑运算的一般形式，即任何给定命题的真值函数的操作过程都可以被还原。

假设命题运算形式如下："如果我们根据构造的命题给出其一般形式，然后我们也可以根据另一种运算方法给出所产生的命题的一般形式。""因此，一个运算的一般形式 $\Omega'(\bar{\eta})$ 是：$[\bar{\xi}, N(\bar{\xi})]'(\bar{\eta})(=[\bar{\eta}, \bar{\xi}, N(\bar{\xi})])$。这是一个命题过渡到另一个命题的最一般的形式。"[③]在基本的命题中，如在运算"$[\bar{\xi}, N(\bar{\xi})]$"中，我们把字母 p 作为一种函数，并把 p 封闭在括号之中，维特根斯坦用这种形式来指称基本命题的集合，那么我们将得到：

$[\bar{\xi}, N(\bar{\xi})]'(p)(=[p, \bar{\xi}, N(\bar{\xi})])$。

真值函项的一般表达形式是在命题§6 中所给出的，符号（η）和(p)出现在"="的右边，这些符号必须根据命题§5.501 的规则来理解，即"就一个括弧表达式来说，如果其括弧内的诸项（它们都是命题）的次序无关宏旨的话，我们就用'$(\bar{\xi})$'形式符号来表示它。'ξ'是一个变项，它的值是括弧表达式内的诸项；其上的短线表示它代表了在括弧内的所有值。如果 ξ 有三个值，即 P，Q，R，则 $(\bar{\xi}) = (P, Q, R)$。该变项的真值是规定好了的"[④]。在维特根斯坦看来，这些复杂的符号"$[\bar{\xi}, N(\bar{\xi})]'(\bar{\eta})$"意味着联结否定运算的连续应用，应用过程可以从任意一组命题开始。这个符号表征了逻辑运算的一般形式，由于这样一种运算被设计成产生一个或多个给定命题的过程，一个命题就是运算的真值函项，不管过程如何，适当重复的过程与非运算过程将会一起产生真值函项。

---

① Black M. A companion to Wittgenstein's Tractatus. London：Cambridge University Press，1964. 及 Anscomber G. E. M. An Introduction to Wittgenstein's Tractatus. London：Hutchinson，1959.

② Black M. A companion to Wittgenstein's Tractatus. London：Cambridge University Press，1964：313.

③ Wittgenstein L. Tractatus Logico-Philosophicus. London：Routledge，1922：§6.002，§6.01.

④ 维特根斯坦. 逻辑哲学论. 韩林合译. 北京：商务印书馆，2015：15（§2.223），78（§5.501）.

事实上，与布莱克的解读观点相反，维特根斯坦在《逻辑哲学论》§6.01 中并没有对“Ω”进行定义，符号“Ω”指称了联结否定运算 N 的连续应用。过去人们一般常用逻辑运算符号来作为一个运算变量，因此在§6.02 中同样如此，在《逻辑哲学论》中所有其他命题也如此。维特根斯坦使用符号“Ω”来作为运算变量的缘由是由于它可以作为一个基底来重构《逻辑哲学论》中的数学命题。

但如果我们仔细观察布莱克对于§6.01 的解读，就会发现其中是有问题的，并且布莱克对命题§6.02 也做出了评论。首先，让我们假设变量“x”代表一组命题，x 使用非同义反复及非矛盾性的命题 H 来作为其唯一元素。考虑到布莱克把意义归因于“Ω”，而用“$\Omega'x$”来代表命题 H 的一组真值函项，这一集合的唯一的元素是 H、$\sim H$，即同义反复和矛盾，但他没有提到命题的两个真值函项，每一个 H，$\sim H$，$H \vee \sim H$，$H \cdot \sim H$ 表征了一组与重言式相同的命题[①]。再次进行运算将获得不了什么新内容，但 $\Omega'x$ 的集将一直会被复制。因此：

$\Omega'x$，$\Omega'\Omega'x$，$\Omega'\Omega'\Omega'x$，$\Omega'\Omega'\Omega'\Omega x\cdots$

对于任何有限序列将会出现“Ω”。使用§6.02 的定义，发现上面的结果可以重新表述如下：$\Omega^1{}'x = \Omega^2{}'x = \Omega^3{}'x = \Omega^4{}'x\cdots$但是根据维特根斯坦的观点，一个数值格式“$t = s$”是一个算术定理，当且仅当，对应于等式“$\Omega^t{}'x = \Omega^s{}'x$”，这在语言逻辑运算的一般理论框架中可以得到证明。布莱克通过对§6.02 的评论认为：“维特根斯坦的想法是很难把握的。”布莱克的评论用一个问题来结尾：“这是否意味着，对于所有正整数 $m = n$ 呢？”[①]

尽管布莱克把它作为一个问题提了出来，但如果从他的立场来理解符号“Ω”，将不可避免地会出现荒谬的结果。通过布莱克对“Ω”的理解，在每个其他迭代次数不变的情况下，一组命题集所假设的变量“x”将只能得到一种运算，而这对所有正数来说都是同一的。似乎维特根斯坦的算术观点导致了这样的一种结论，以至于布莱克把这种荒谬性归因于维特根斯坦的观点。

① Black M. A companion to Wittgenstein's Tractatus. London：Cambridge University Press，1964：313.

对维特根斯坦的观点，一个更合理的方式是诉求于对最小的理解原则。在解释概念时，维特根斯坦给出了一个有价值的例子，即考虑等式“$2 \times 2 = 4$”，要证明一个理论上的运算等式如何来对应一个真正的算术等式。“因此，命题 $2 \times 2 = 4$ 的证明是这样的：

$$(\Omega^{\nu})^{\mu}{}'x = \Omega^{\nu \times \mu}{}'x \text{Def.},$$

$$\Omega^{2 \times 2}{}'x = (\Omega^{2})^{2}{}'x = (\Omega^{2})^{1+1}{}'x = \Omega^{2}{}'\Omega^{2}{}'x = \Omega^{1+1}{}'\Omega^{1+1}{}'x = (\Omega'\Omega)'(\Omega'\Omega)'x$$

$$= \Omega'\Omega'\Omega'\Omega'x = \Omega^{1+1+1+1}{}'x = \Omega^{4}{}'x$$。”[①]

尽管对《逻辑哲学论》中的数学哲学观点进行详细分析可能会得出一些好的洞见，但维特根斯坦著作的诠释者们似乎低估了其命题的重要性，这也包括布莱克的解读。此外，布莱克还认为维特根斯坦理论的缺陷在于：“维特根斯坦提出的‘证据’是奇怪的，因为这些证据并不能满足当代数学中的‘严谨’标准。”[②]

然而，布莱克对维特根斯坦的文本理解是不充分的，并且存在一些明显但小的技术错误（如符号“Ω”的作用），这样就会不可避免地产生一些问题，如无法解释《逻辑哲学论》中的一些哲学论题。例如，命题§6.22“在逻辑世界中，逻辑命题是通过重言式所表达的、通过数学等式所表明的”[③]。如果对《逻辑哲学论》中的逻辑哲学提出一种解释的话，那么就不能用重言式来解释其哲学的基本命题，因为重言式的形式特征在每一个可能世界中都会如此。在这种情况下，布莱克对《逻辑哲学论》解读的合理性解释理所当然地会遭到质疑。

因此，需要采用完全不同的判断标准来评判《逻辑哲学论》中的数学哲学思想。用命题§6.22 的表述，算术的等式或者更准确地说，这些逻辑运算理论的等式，在维特根斯坦的算术重构中得到了映射，就如同用重言式来表现世界的逻辑一样。尽管如此，布莱克评论了维特根斯坦的这种观点：“很难看出，等式是如何用重言式的方式被同化的。”[④]

此外，安斯康姆的解读完全忽视了命题§6.22，而福格林（R. J.

---

① 维特根斯坦. 逻辑哲学论. 韩林合译. 北京：商务印书馆，2015：15（§2.223），108（§6.241）.

② Black M. A companion to Wittgenstein's Tractatus. London：Cambridge University Press，1964：343.

③ Wittgenstein L. Tractatus Logico-Philosophicus. London：Routledge，1922：§6.22.

④ Black M. A companion to Wittgenstein's Tractatus. London：Cambridge University Press，1964：341.

Fogelin）则仔细而全面地考查并引用了命题§6.22。但福格林只是为了做出一些评论，他认为维特根斯坦的等式是仿照重言式的方式来做出的，但福格林并没有对这种观点做出过多的解释。同样，布莱克引用福格林的观点，但也没有做进一步的评论。而艾耶尔（A. J. Ayer）则在数学等式和重言式之间列举了一些相似的方面，但他忽略了命题§6.22 中的一些矛盾的元素。因此，萨维特（S. Savitt）坦言，正在讨论的命题仍然是非常神秘的[①]。

接下来我们考察安斯科姆对命题§6.02～§6.031 的解读。首先，她想知道维特根斯坦为什么没有采取最简单、最直接的方式来定义数字概念：①解释数字“0”和“1”的意义；②然后在§6.03 中给出定义，一个整数的一般形式是[0，ξ，$\xi+1$]，“0”和“+1”的这种定义是非常清楚和明白的。

但是，在§6.02 中归纳定义的目的是精确地确定符号“0”和“1”的意义。在这个意义上，对出现的任何“+1”的算式，0+1+1+…的算术形式的意义将通过某种对应的运算理论表达式来表述所定义的问题。也就是说，定义应该确定元素系列的性质，如一般术语是通过变量“[0, ξ, $\xi+1$]”来表述的。

事实上，安斯康姆否认了维特根斯坦实际完成的工作，但她似乎对维特根斯坦的某些基本数学问题产生了误解。参照在§6.02 中的归纳定义，她认为解释一个没有指称意义的运算符号“Ω”，就是解释“$n+1$”的指称意义，因此首先要考虑指称“n”的意义。之后，她进一步补充道，维特根斯坦使用“Ω”来代替大写的拉丁字母“O”是为了避免产生晦涩的表达，如用“0”来作为“O”的指称就会增加混乱；使用小写希腊字母“v”来代替通常的数字变量“n”就如同同化“Ω”的使用一样[②]。

安斯康姆认为，维特根斯坦在§6.02 中所指定的归纳定义基于对变量“v”的假设，他仅仅是使用现有的数字符号引入了新的表达式。在《逻辑哲学论》中他主要考虑自然数，但没有进一步解释连续相加的结果是从 0

① Fogelin R J. Wittgenstein. London：Routledge，1976. Savitt S. Wittgensteins' Early Philosophy of Mathematics// Shanker V A，Shanker S G. Lugwig Wittgenstein：Critical Assessments. London：Croom Helm，1986.

② Anscomber G E M. An Introduction to Wittgenstein's Tractatus. London：Hutchinson，1959：125.

开始的。换句话说，安斯科姆坚持认为在§6.02 的第一部分中，维特根斯坦主要对“n”进行了归纳。

因此，维特根斯坦归纳定义的目的是如何看待数学概念，这将解释特定语境中算术的含义，采用数字“0”和“+1”的标准定义，用“Ω”来解释指称出现的数字。显然，维特根斯坦只在§6.02 的最后部分对这两个原始数字的意义进行了描述。

所以回到安斯科姆一开始对这些命题的评论：为什么维特根斯坦没有直接给出一种关于“0”和“+1”的预先解释呢？数字形式概念需要确定标准数字和变量，但是为什么要首先解释表达式的意义呢？“Ω”是作为数字的指称而出现的吗？这是一个见仁见智的问题。

通过最初对§6.02 中归纳定义的解读可以看出，维特根斯坦处理数字的方式是定义了一个新的函数，假设数字是通过原始符号及最初给出的“0”和“+1”的意义来定义的，那么，维特根斯坦§6.02 的真正目的是打算定义无限的表达形式“$\Omega^{0+1+\cdots+1}$’x”，其中“0 + 1 + 1 + ⋯ + 1’”是语言逻辑运算理论，通常是与算术术语“0 + 1 + 1 + ⋯ + 1”相对应的。

在这里他确实有一个简化的目的：“0 + 1 + 1 + ⋯ + 1”的意义应该来自语言运算表达式的意义，相应的数字是作为变量“Ω”的指称而出现的。换句话说，对于“$\Omega^{0+1+\cdots+1}$’x”用 $n \geqslant 0$ 来对“+1”进行定义，这也表明算术运算“0 + 1 + 1 + ⋯ + 1”的意义，同时这也说明会出现相同的数字“+1”。《逻辑哲学论》文本本身的模棱两可性可能也误导了安斯科姆的理解，这源于维特根斯坦最初在§6.02 中的归纳定义，错误地使用了数字变量“v”，而遮蔽了他的真实意图。

为了满足这些归纳定义，“v”必须被看成是一个关于元语言定义的框架，而这种元语言把语言逻辑的运算理论作为其目标语言。因此，变量“v”应当被视为表达式“0 + 1 + 1 + ⋯ + 1”的一种原型字母。例如，在宽泛的语言中，这种表达式的形式隶属于语言逻辑的运算理论，形式表达式通常是作为“Ω”的一个指称来表征所定义元素的特定形式化属性。虽然维特根斯坦所阐明的归纳定义存在着一些错误，但他只是定义了关于表达式“$\Omega^{0+1+\cdots+1}$’x”的一个无限集，这种定义是通过在“0 + 1 + 1 + ⋯ + 1”的表达式中归纳出“+1”出现的次数。

维特根斯坦在命题§6.241 中定义数字函数时使用了变量“v”和“μ”，这些变量还需要重新解释为语言逻辑运算理论中任意的算术原型字母。这可能是把算术还原为逻辑运算理论的唯一方法，也是维特根斯坦在《逻辑哲学论》所概述的内容。

当然，在试图对元语言数字进行还原时，对语言和元语言进行区分是必要的。在形式相似的情况下，这削弱了还原论者的主张，但维特根斯坦的总体想法是我们有许多“知识”形式是不可言语的。

根据维特根斯坦的观点，每个常用的算术形式“$0+1+1+\cdots+1$”可以来自一般逻辑运算理论“$\Omega^{0+1+\cdots+1}$”的相应表达式。“数字是运算的指称”[①]的思想即是重要的论题。在语言运算理论中，“n”被看成是“$0+1+1+\cdots+1$”的缩写，特别是当 n 个“$+1$”出现时。在符号的语境中，通过对“n”的明确定义及在命题§6.02 的归纳定义中，“Ω^{n}'x”可以转换成既没有“n”也没有“$0+1+1+\cdots+1$”的表达式（n 个“$+1$”的式子）。同样，当 n 个“Ω”出现时，也可以转换成“Ω'Ω'$\cdots\Omega$'x”。相似地，表达式“Ω^{t}'x”（语言运算理论）将对应于算术术语“t”，并且相关的定义有可能将表达式转化为一串特定的、复杂的字符。因此，等式“Ω^{t}'$x=\Omega^{s}$'x”将与算术等式“$t=s$”相关。数字计算的基本过程将还原到对字符串“Ω”的运算过程——进一步给“Ω”增加给定字符串；字符串再细分成子字符串；通过短的字符串的组合创建出长的字符串；等等——基于逻辑运算的应用属性。通过运算理论获得的结构，将表明符号转换的可能性，这种关系对应所分类的算术等式，用一种非逻辑术语来说是一个真正的算术等式。

对这一理论系统且详细的阐述，包括对复杂算术形式（$t\times s$）与（$t+s$）的处理是比较难的任务。我们将看到，到目前为止一些重要的表述需要被添加到维特根斯坦指称运算变量的算术术语中。真实的情况是布莱克在解读《逻辑哲学论》时明显地误解了维特根斯坦对数字的定义，误解了他所预设的加法规则。实际上，根据维特根斯坦的观点，后续运算及加法都可以还原为逻辑运算的抽象概念，也可以还原为两种组合的运算。

当然，在命题§6.02 的第一部分开始时只是为了阐述的方便。现在我

① Wittgenstein L. Tractatus Logico-Philosophicus. London：Routledge，1922：§6.021.

们回顾一下命题§6.02 中的定义：$x = \Omega' x$Def. 和 $\Omega'\Omega^{\nu}{}'x = \Omega^{\nu+1}{}'x$Def. 。

接下来让我们逐个地考虑其中所运用的每个符号。首先，维特根斯坦通常把变量“x”用作对象变量。《逻辑哲学论》中，维特根斯坦是在特殊的意义上使用“对象”一词，表示名称的符号[①]。然而，在这种情况下，维特根斯坦对这个词有一些不同的用法，他表明这是一个表达式的形式，这个表达式不是由逻辑运算产生的。符号“Ω”是一个运算变量，是运算符号的形式概念。《逻辑哲学论》中的逻辑运算基本概念是：①一种运算是一种统一的过程，通过应用特定表达式，特别是命题可以形成给定表达式，每次运算的基础和结果是与某些形式联系在一起的，运算的概念一般是根据规则运用符号来建构的。“运算所做的就是用一个命题来求解其他运算。当然，这将取决于它们的形式属性，取决于它们形式上的内部相似性。”[②]②没有对象拥有相应固定的运算符号，也没有固定的运算符号用来区分语义值，一个运算的出现并不描述命题的意义。事实上，“运算不提供任何陈述，运算只产生结果”[③]。③一个运算只能用于适用自己运算的结果，而这个结果又可能成为下一个新运算的基础。维特根斯坦所说的“一种运算的连续应用”，正是说任何有限序列的运算只适用自己运算的结果，从而适用的运算结果并不是由相同运算产生的。

现在我们将继续讨论维特根斯坦使用的符号“Ω”，这个符号同时出现在归纳定义中的被定义项（definiendum）和定义项（definiens）中。如单引号“‘”只是符号的一部分，表征了已经得出运算的形式结果；而不用附加常量如“N”或“¬”（“～”），但维特根斯坦认为单引号是用于一个运算的一般结果，或者用于一个运算的一般形式（见§6.01）。此外，如果“R”是一个二元关系谓词的话，那么“$R'x$”就被定义为唯一对象 y 与 x 拥有 R 关系。

现在关键的是如何理解符号“0”和“$\nu+1$”。正如上述所言，为了正确理解维特根斯坦的观点，我们必须假设句法范畴的可用性，如在一般的语言逻辑运算理论中的“ $0+1+1+\cdots+1$ ”的形式。我们可以肯定，

① Wittgenstein L. Tractatus Logico-Philosophicus. London：Routledge，1922：§4.1272.
② Wittgenstein L. Tractatus Logico-Philosophicus. London：Routledge，1922：§5.23，§5.231.
③ Wittgenstein L. Tractatus Logico-Philosophicus. London：Routledge，1922：§5.23，§5.25.

“0”是一种符号形式，这种符号形式中并没有出现“+1”，并且“v”是一个通用表达形式的原型字母，即对于任何这样一种表达式其任意字母 $n\geqslant 0$ 时，出现“+1”的数字。

现在对《逻辑哲学论》的原始符号进行替换，我们可以用符号“S”来替换“+1”，因为“+”后来指称了加法运算。而在《逻辑哲学论》中，维特根斯坦并没有做这样的指称。因此，让我们重新考虑归纳定义，维特根斯坦是从数字开始的。我们拥有如下形式：

“Ω^{0}'x”与“x”的意思是一样的，

“Ω^{s0}'x”与“Ω'x”的意思是一样的，

“Ω^{ss0}'x”与“Ω'Ω'x”的意思是一样的，

“Ω^{sss0}'x”与“Ω'Ω'Ω'x”的意思是一样的，

……

对于每个 $n\geqslant 0$ 的数字，将会出现“S”。

尽管出现了误导性的变量“v”，通过说明表达式的形式 $\Omega^{ss\cdots s0}$'x，这个定义是通过归纳所出现的符号“S”的次数来建构的。而在“Ω”的表达式中并没有出现“S”，通过归纳的步骤直接建立了“S”表达中的这种“$n+1$”的表达形式（每个 $n\geqslant 0$）。我们不久将会看到，根据维特根斯坦的观点，算术语言的意义“$SS\cdots S0$”（包括每个原始的算术符号“$0+1+1+1+\cdots+1$”）都可以通过上述的定义而被理解。这表明，相应运算理论的表达式都可以用语言进行定义，即用“Ω”来指称“$SS\cdots S0$”。命题§6.02 中的归纳定义是对符号 0 和后续抽象逻辑运算概念的一种还原，维特根斯坦提出，可以根据概念的分类来代替逻辑学家的这两种原始算术。

显然，理解维特根斯坦定义的必要条件是要解释这一系列元素，如 Ω'x，Ω'Ω'x，Ω'Ω'Ω'x 等的本质，即解释这些术语的含义“Ω^{0}'x，Ω^{s0}'x，Ω^{ss0}'x，Ω^{sss0}'$x\cdots$，并提供了相应的定义。

完全由变量来建构的表达式，其表达式中的每一个成员“Ω'x，Ω'Ω'x，Ω'Ω'Ω'$x\cdots$”都是由维特根斯坦来建构的一种“S”表达式形式。“Ω'$\Omega\cdots\Omega$'x”每个构型表明了所有这些语言表达式的共同形式，这种共同形式是某种可能符号所建构的具体“实例”，即特殊的“逻辑原型”。因此，我们可以说，每一个数值的构型“$SS\cdots S0$”属于运算理论的语言，维特根斯坦把这作为表达式的缩写符号，从而表明了某一类语言表达式的共同形式结构。我们可以明确地把 x 系列的形式描述为 x，$\Omega'x$，$\Omega'\Omega'x$，等等，正如表明“x”是任何连续表达式系列的初始项，通过连续的应用运算符（但表达式不是通过运算符的应用而产生的），“$\Omega'x$”表达式连续操作运算符号的结果，单独应用一个运算符号直至构成初始表达式；“$\Omega'\Omega'x$”表明任何表达式的形式是连续应用运算符号的结果，通过把运算符号应用于初始表达式而构成的。维特根斯坦可以很容易地通过谈论运算符号的否定形式（否定形式的符号，用“¬”表示）来解释这一点。例如，符号“x”可以同时说明“下雪了”“这很热”的命题形式，因为两个命题都不是通过否定另一个命题而得出的结果；“$\Omega'x$”可以说明“¬正在下雪”和“¬这很热”的命题形式；而“$\Omega'\Omega'x$”说明了“¬¬正在下雪”和“¬¬这很热”的命题形式，等等①。在《逻辑哲学论》中，维特根斯坦所考虑的是把那些运算符号作为命题的基础和应用结果可能是有用的。让我们考虑某种运算符号任意二元谓词“R”，当把 R 应用于适当的单称术语“a”时，便生成了表达式“a 的 R 关系”。以二元谓词“母亲”为例，“张三”是一系列表达式的主语——“张三的母亲”“张三母亲的母亲”“张三母亲母亲的母亲”等。这可以看作是由以下形式构成的，表达式不是应用运算符号的结果，而是把运算符号应用于专有名词“张三”的结果；一种表达式是把符号用于描述“张三的母亲”，例如，表达式是直接把符号应用于明确描述“张三母亲的母亲”，即表达式是直接处理运算符号的应用。现在假设变量“x”可以用来说明专有名词“张三”，用“$\Omega'x$”来明确说明“张三的母亲”的形式，“$\Omega'\Omega'x$”表明了“张三母亲的母亲”的形式，“$\Omega'\Omega'\Omega'x$”表明了“张三母亲的母亲的母亲”的形式，等等。

如果我们允许自己违反维特根斯坦的想法来谈论语言所指，特别是谈论语言表达式的形式属性，人们可以把算术的原始项还原为逻辑运算的概念，来更好地理解和阐明命题§6.02 的内容。把算术还原为逻辑操作的应用概念，符号“$\Omega^{0'}x$”的意义等同于变量“x”的意义。因为在这样的背景下，“x”表明在通用性的最高层次上，这是运算符号的连续应用所产生的

① 根据维特根斯坦在《逻辑哲学论》中所采用的标准，因为重言式的等值性，命题“正在下雪”和“¬¬正在下雪”是同义的。

一系列表达式的最初表现形式。我们可以说“0”代表了运算次数所构成的形式特征，把这种形式化的特征应用于这样一种表达式。同样，正如“$\Omega^{s0'}x$”的意义等同于“$\Omega'x$”的意义一样，后者表明在通用性相同的最高层次上，表达式的形式是连续应用运算符号的结果，这个结果构成了对最初符号的一种应用。我们可以说“*S*0”代表了由运算符号的次数所构成的形式属性，这种属性被用于生成这样一个表达式。同样，“*SS*0”这种表达式拥有“$\Omega'\Omega'x$”的形式，并代表了所有表达式的共同形式化性质：这里运算符号的次数被用于产生另一种形式。例如，产生所有其他术语“*SS*…*S*0”。在这种特殊的意义上，我们可以说命题§6.02的第一部分是把每个无限算术术语“*SS*…*S*0”的意义还原为逻辑应用符号的一般概念。引入相应运算理论的语言“Ω”，标志着任何表达式的某些形式方面是由连续应用逻辑运算符而产生的，即运算符号的应用次数。

在命题§6.02的最后一部分中，维特根斯坦首先用术语“*SS*…*S*0”定义了前三个标准数字，这与通常在算术中所遵循的过程是相似的。根据定义，数字“*n*”的运算理论语言将是术语“*SS*…*S*0”的缩写，其中出现了*n*次“*S*”，从而会出现专门的说明者“Ω”，并且出现一个与说明者“Ω”相关的更复杂的术语。最后，命题§6.021，§6.022和§6.03解决定义自然数一般概念的问题，或者在《逻辑哲学论》中定义了原术语的整数概念。这里有维特根斯坦处理这种情况的典型事例。考虑这类表达式“0”“*S*0”“*SS*0”“*SSS*0”等，可以认为这是它们共同的形式结构。因此，可以把这种形式概念的一种适当变量引入这种标记法中。如上文所述，在运算理论上，通过连续应用一种运算符号，“具体”材料形成了重建算术的基础。因此，运算理论是由一系列的语言表达式所产生的。在运算理论中，每一个术语“*SS*…*S*0”的形式是作为一个符号设备来引入的，通过这种符号设备来表达所有表达式的形式属性，表达式的生成是通过把相同数字应用到一种运算符号中，来作为其自身应用的结果。所以还原论者真正重要的论点是由维特根斯坦在命题§6.021中提出的，数是运算的符号，这一点是明确的：它断言把每个数字“*n*”的意义还原为符号“Ω”时，出现了*n*的含义。为了获得自然数的一般概念，需要进一步的步骤。根据命题§6.022，

“数字的概念对于所有数字都是共同数字的一般形式”①。为了表征这一形式，维特根斯坦自己所采用的方法在所有情况下是一样的，包含在形式概念中的实体构成了一个系列。在该系列中的每一个术语与它的直接继承者之间的关系是一个持续的形式关系。在这种情况下，对于任意系列的术语，一个形式概念必须由一个变量来表达，即一个变量表明了一个系列的第一个术语和统一进程的形式，以产生任何给定术语的直接后继者。显然，即使是概略式的表达式“$SS \cdots S0$”（或者《逻辑哲学论》中的原始符号“$0+1+1+\cdots+1$”），也是一种持续关系。按照以前的方法，我们找到更简明的变量“$0, \xi, \xi+1$”②：在逻辑运算理论中，其含义可以直接来自相应符号“0”和“+1”的原始语境（如在命题§6.02 中的归纳定义），它可以解释以上思路。在这些限制中，可以把原始算术概念和自然数还原为连续应用的一般概念。

第四节　《逻辑哲学论》：矛盾式与重言式

在《知识论》（*Theory of Knowledge*）中，皮尔斯（David Pears）描述了维特根斯坦《逻辑哲学论》与罗素判断理论之间的关系，皮尔斯解释了两种观念之间的对立，就如亚里士多德和柏拉图观点之间的冲突。根据皮尔斯的主张，言说和世界之间是像镜子内外般的关系，这正是《逻辑哲学论》所依赖的图像理论，经过合并事态的形式而形成了命题。在命题中把一个名称与其他名称联结的可能性上，这种合并产生了一种完美的匹配，并且在事态中联结一个命名与其他命名意义的可能性之间产生了完美的匹配。皮尔斯认为，维特根斯坦式的概念要由亚里士多德式的精神这一论题来揭示，即研究对象（其中事态的形式是还原式的）在本质上是对象的固有特征，而不是自在的理想实体。维特根斯坦反对这一观点，即反对罗素

① Wittgenstein L. Tractatus Logico-Philosophicus. London：Routledge，1922：§6.022.
② Wittgenstein L. Tractatus Logico-Philosophicus. London：Routledge，1922：§6.03.

在 1913 年提出的形式概念，罗素把形式当成是放置在理想世界中的一般事实，这一事实是通过不明确的“逻辑经验”来取得的。

在此，维特根斯坦对算法的解释似乎确证了皮尔斯的论题，即关于《逻辑哲学论》中亚里士多德式理论形式的特征。我们已经看到了导向算术概念的途径，在一系列语言表达式中有其具体的基础，表达式由逻辑运算的连续应用而产生。把数字引入到运算理论的语言中，是一种表达符号装备的形式化属性，这种形式化属性是通过把大量运算符号应用到其自身结果而构成的。所介绍的更复杂的术语是，用语言来表征算术表达式的形式结构，表达式是由给定运算的重复过程所产生的。“语言表达式的形式具有一种算术结构这一法则，正是维特根斯坦在《逻辑哲学论》中处理算法的基础。”①

除了算术术语和某种语言表达式形式之间的本质联系之外，还有第二种联系。在《逻辑哲学论》中有一个基本假设，这一假设是以整个命题§6.2～§6.241 为基础的。为了澄清这一假设，可以再次以皮尔斯的言论为例。皮尔斯主张，维特根斯坦对形式本质问题的解决方案是“亚里士多德式精神”：把形式放置在一个柏拉图式的世界中，并把维特根斯坦的观点设想为“对象的本质特征”②。但“亚里士多德式”的维特根斯坦版本实际上是相当陌生的论题，即用语言来谈论有意义的形式是不可能的。这似乎是一种“奇怪的”的形而上学主张，比罗素式的方案更加经验，但同时也是更加难以表述的。但可能这种版本是唯一与《逻辑哲学论》的语义概念相一致的版本。事实上，考虑维特根斯坦的命题意义理论，人们可以把有意义的形式重新引入到那些理想对象和事物的理想状态中，这些理想的对象和事物状态是罗素所诉求的，并且维特根斯坦拒绝所谓的“亚里士多德式精神”。换句话说，如果《逻辑哲学论》中的前期图像理论并没有禁止口语形式的话，那么它将蕴涵要放弃亚里士多德主义，转而支持柏拉图主义。然而亚里士多德式的维特根斯坦版本可能会让人觉得有点奇怪，它承认在语义框架中是以图像理论为主。让我们通过简要等式“$\Omega^{2\times2}$’$x=$

① Frascolla P. Wittgenstein’s philosophy of mathematics. London：Routledge，1994：24.

② Pear D F. Wittgenstein’s picture theory and Russell’s theory of knowledge//Berghel H et al. Wittgenstein，the Vienna Circle and Critical Rationalism，Proceedings of the Third International Wittgenstein Symposium，Wien：Holder-Pichler-Tempsky，1979：202.

Ω^4'x" 来说明这一点，以解释有意义的命题。这一等式描述了可能的理想事态，这种可能的理想事态是通过把两种运算符号的图式相互还原所建构的，这两种符号图式分别是由 "$(\Omega'\Omega)'(\Omega'\Omega)'x$" 和 "$\Omega'\Omega'\Omega'\Omega'x$" 所表示的。通过 "$\Omega^{2\times 2}{}'x = \Omega^4{}'x$" 的图式来谈论一个事物的可能事态，就像承认一种可设想的情况。但是，这将意味着整个逻辑空间中的真实事实将不再是相同的。通过同一命题的两种不同事实来分别描述了这一可能性，即表达式是通过两次重复出现给定运算符号而生成的，并且命题是由第一次应用所获得的，然后第三次应用相同运算符号所产生的结果来替换前两次相同表达式的结果，这种替换将会得到认可。

但是，从《逻辑哲学论》中所主张的命题来看，运算概念的一般性质是一个不可能的世界。对应于命题的两种不同事实不能由可能世界来确定，也无法确定两种不同的否定事实。总之，将一个可能事态归因给数值恒等式（numerical identities）的尝试必然会失败，因为我们不能想象用世界的形式属性来构成我们的逻辑空间。根据维特根斯坦的观点，如果把命题的形式属性归因于我们实际世界的属性的话，这将意味着为了实际世界的属性而放弃我们的真正逻辑空间，这是不可能做到的①。

图像理论又被译为意义的图像理论，主张命题是实在的图像。要理解一个命题就要知道它所表现的事实。"图像"一词来自事物的形象，也来自数学含义的抽象模型。全部命题都是基本命题的真值函项。每个基本例题由命名简单对象的不可分析项构成，命题的含义是它所描述的事态②。

维特根斯坦贯穿在《逻辑哲学论》中的这种图像论所依赖的语言观可以称为真值语言观，即命题必须有真值才有意义：①只有名称（词）对应对象、命题（句子）对应事实，才构成有意义的命题；②有意义的原子命题是有真值的（如科学中的原子命题）；③复合命题是原子命题的真值函数，即复合命题是原子命题的组合，因此，复合命题（如科学中的复合命题）也是有意义且有真值的；④哲学术语没有对应的对象，哲学命题没有对应的事实，因此是没有真值的，也是无意义的③。

① Frascolla P. Wittgenstein's philosophy of mathematics. London：Routledge，1994：25.
② 方义. 维特根斯坦对罗素判断理论的批判. 天津：南开大学博士学位论文，2013：81.
③ 陈保亚，陈樾. 意义即用法，规则即类推：从维特根斯坦的语言观和数学观说起. 北京大学学报（哲学社会科学版），2005，（1）：116-125.

图像论的基本假设意味着人们不可能在语言中谈论有意义的形式，这种可言说式的限制相当于排除了把形式设想为一类特有的对象，从而也排除了形式提供世界第二“本体”的可能性。这种情况说明了一种激进的和极端的类似于反柏拉图的形式概念，这也是维特根斯坦在《逻辑哲学论》中所坚持的观点。现在试着考虑以下三个前提：①逻辑和数学处理的是形式属性与语言表达式的关系；②维特根斯坦认为，不能把形式分配给一个理想世界的对象；③一种思想、一个有意义的命题都是对象可构型的图像，如果这种构型存在的话，那么思想和命题就是真的，否则就是假的。

如果命题有整体的连贯性，那么只能得出一个结论：在逻辑学和数学中所获得的结果无法在有意义的命题中被用来确切地阐述一种思想，更不用说把谓词的“真”和“假”应用于结果。维特根斯坦在命题§6.2 和§6.21 中关于数学的评论正是这种极端的推论：“数学命题是等式，因此数学是伪命题。数学命题不表达一种思想。”①

在《逻辑哲学论》中谈论逻辑主义的观点是很正确的，原因在于在逻辑和数学中，所建构的适当符号是为了提出那些明白易懂的形式语言表达式。由于上述原因，对表达式的形式属性无法进行有意义的描述。在逻辑中，需要命题变量的符号、命题函数的符号、句子连接词、量词等。根据维特根斯坦的观点，建构公式是为了清楚地表明命题的形式。这些公式可以用来检查给定的命题是否具有某种一元逻辑属性，或者给定命题是否具有某种一元逻辑关系，即两个或更多给定命题之间的多元逻辑关系。这种检查一元逻辑属性或关系的方法要么是机械的决定过程，要么发生在真值表法及其他等效方法中；或者发生在半机械的过程中，如发生在逻辑演算推导中的重言式公式中。同样，算术符号（数字和复杂的算术术语）是作为符号论的一部分来引入的，致力于表现各种重复的连续应用和逻辑运算成分的结果。算术运算与逻辑运算有着完全类似的作用。维特根斯坦认为，为了确定意义同一的关系而坚持两个指定表达式有确定的形式，这是没有意义的。因此，他在命题§6.2 的第一部分提出：“数学是一种逻辑方法。”然而，要透彻地理解命题§6.23～§6.241 的内容，那么需要进一步在逻辑和数学之间进行比较。为了达到这个目的，最好的办法是验证在什么

---

① Wittgenstein L. Tractatus Logico-Philosophicus. London：Routledge，1922：§6.2，§6.21.

程度上维特根斯坦关于逻辑命题无意义的观点也适用于被转换的数值恒等式。这涉及逻辑的关键论题，即维特根斯坦自己所说的包含在整个逻辑哲学之中的“事实”。“逻辑命题的独特标志是人们仅仅从记号就能认识到它们的真，而这个事实内在地包含着整个逻辑的哲学。因此，不能仅从命题认识到非逻辑命题的真或假”①，这一点也是最为重要的事实之一。正在讨论的“事实”是涉及认识重言式的真理过程（和矛盾式的错误），更普遍的是要认识命题形式属性的过程与认识命题之间的形式关系。假设某个命题是被给定的，命题的形式已经明显地由逻辑符号表现出来，我们能够决定的是利用真值表法或其他等效的方法，看所考虑的命题对所有命题的真值可能性是否为真，或者看对命题的真值可能性是否为假，或者对一些命题的真值是真的而对另外一些是假的。在这一点上，如果为了解决给定命题的真值，只获得 T 值或只获得 F 值的话，那么我们的工作可以被认为是得出了结论。在这两种极端的情况中，解决重言式和矛盾式的真值可以通过操作适当的符号过程而不用离开语言。相反，如果就一些命题成分的真值可能性来说所测试的命题是真的话，在其他一些可能世界也是真的。那么对其他命题成分来说就是假的，在其他一些可能世界也是假的。因此，决定命题真值的唯一方法是看可能世界实际上是否为真，或者换句话说，看看世界的有效配置是什么。虽然维特根斯坦只是在命题 §6.113 中谈到了从符号来认识逻辑命题为真的可能性，很明显，他考虑了所有形式属性的特定标记，并且也考虑了以这种方法来认识这一关系的可能性。这是维特根斯坦逻辑哲学众所周知的方面，对应于先验和后验知识之间的传统对立。

但是，除了命题或一组命题形式性质的可证实这一主题外，维特根斯坦还指出，在两类“知识”的形式领域还有一个有趣的差异。在命题 §6.1221 中，维特根斯坦也有明确的说明：“例如，我们从两个命题本身看到，‘q’是根据‘$p \supset q.p$’得出的，但它也有可能是以这种方式表现出来：我们将其结合形成‘$p \supset q.p$：$\supset$：q’，并且表明这是一个重言式。”②只有考虑这种区分时，《逻辑哲学论》中的许多数学哲学问题才得以澄清。

---

① 维特根斯坦. 逻辑哲学论. 韩林合译. 北京：商务印书馆，2015：98（§6.113）.

② Wittgenstein L. Tractatus Logico-Philosophicu. London：Routledge，1922：§6.1221.

这样做时，在逻辑的重言式与正确的等式运算之间产生了一个有争论的新问题。在《战时笔记》中，维特根斯坦反对数学上的同一，即反对如果 2×2 是 4 正如同等于 4，那么这个命题“$2 \times 2 = 4$”只不过是说 $a = a$。“就两个集合说它们是同一的，这说出了某些东西。就两个事物说它们是同一的，这等于什么也没有说出。仅这一点便已经说明罗素的定义是不可接受的。”[①]因此，我们将导向弗雷格对同一问题的解决方案，这是基于命题意义和符号意义之间的区别，也将导向维特根斯坦试图使用的一种激进方案，即利用概念的多元方式来考虑符号问题，并替代弗雷格的解决方案。

为了说明重言式和上述提到的等式之间的关键区分，例如，考虑逻辑公式“$p \supset q . \equiv . \neg q \supset \neg p$”。这是一个重言式，表明任何两个命题的形式 $p \supset q$ 和 $\neg q \supset \neg p$ 之间是重言式，是相等的，或者通过维特根斯坦在命题之间的同义词外延标准，它们有相同的意义。很明显，符号“≡”是句子连接词，被称为“等值”。因此，在一个命题中是作为公式“$p \supset q . \equiv . \neg q \supset \neg p$”的一个实例出现的，这个公式并没有明确表达重言式等价性的一元关系，即没有明确表述同义词命题的语义关系。现在，即使正确的等式对应一个算术恒等式“$2 \times 2 = 4$”，这表明了任何两个表达式的意义同一性——相同的运算是从相同初始符号生成的——两个表达式分别拥有的正确形式是 $\Omega^{2 \times 2}{}'x$ 和 $\Omega^{4}{}'x$。但同一性符号“=”是出现在等式“$\Omega^{2 \times 2}{}'x = \Omega^{4}{}'x$”——这不同于出现在重言式“$p \supset q . \equiv . \neg q \supset \neg p$”中的命题连接词“≡”——根据维特根斯坦的说法，这个等式并不属于语言，至少当语言已经被严格的逻辑句法规则所管制时，等式不属于语言。为了更好地澄清这一问题，可以在对象语言和元语言之间采取非维特根斯坦式的区别。同时，维特根斯坦在无意义的命题和伪命题之间进行了区别。重言式的一个实例是在对象语言所建构的限制命题中，这是一个无意义的命题。一种运算等式理论的实例是表达了一种元语言关系，特别是表达一种语义关系。这样一种等式应该比较接近于一般的元逻辑伪命题，“形式 A 的命题蕴涵了形式 B 的命题”或者“形式 A 的命题在逻辑上等价于形式 B 的命题”，但两者不是一个重言式。事实上，例如，“$p \supset q . \equiv . \neg q \supset \neg p$”的公式并不试图断言元逻辑

① 维特根斯坦. 战时笔记（1914-1917）. 韩林合译. 北京：商务印书馆，2015：6（§18）.

定理，元逻辑定理是通过重言式来表明的。另外，例如，“$\Omega^{2\times2}{}'x = \Omega^{4}{}'x$”等式，因为符号“=”的存在，似乎可以确定其正确性。

实际上，维特根斯坦谈论的是出现在等式“=”左右两边的正确表达式（对于任何适当的一对术语“t”和“s”，两种图式是 $\Omega^{t}{}'x$ 和 $\Omega^{s}{}'x$），而不仅仅是这些图式的两个相关实例的意义同一。毫无疑问，在这种情况下，他没有使用“意义”这一词，即没有使用弗雷格所说的单称算术术语“意义”。更确切地说，只有在一种情况下，维特根斯坦的意义与单称术语所指称的对象是相一致的，即在命名简单对象的情况中，是与弗雷格的“意义”相一致的。另一方面，根据维特根斯坦的观点，这缺乏弗雷格式的“意义”，维特根斯坦所说的表达式的“意义”正好是算术方面（表达式的运算理论是作为说明“Ω”而出现的），他无意引入一些其他的实体来说明，术语或表达式将是表征语言的。这些符号的意义，包括其他相同类型的符号，这些符号是可能事态的逻辑图像（能形成有意义的命题）。但有意义的符号不能用来构造命题，因为它们的意义不代表对象。一个算术术语或表达式，其中算术术语是作为运算变量“Ω”而出现的，是表达式的符号，这样的一个符号是有意义的，因为它是用于表现一种形式特性，这种形式特性对应于某类语言表达式。很明显的是，维特根斯坦把这种形式属性指称为符号的“意义”。

如果在命题§6.231 和§6.232 中，维特根斯坦说明了这个过程：“这是一个可以确定的属性‘(1 + 1) + (1 + 1)’。弗雷格认为，上述两个表达式有着相同的意思（meaning），但有不同的意义（sense）。”[①]事实上弗雷格会说，出现在等式 $(1+(1+(1+1))) = ((1+1)+(1+1))$ 左右两边的两个算术术语是等同的，但它们有着不同的意义，人们可以以一种方式来认出左边的数字，并以其他方式认出右边的数字。因此，人们会认为等式两边有着相同的意义，即都是数字 4。维特根斯坦认为，在当前讨论的两个等式中不可能以不同的方式来确认理想的对象。当维特根斯坦谈论两个算术术语“t”和“s”时，他所指的是相关术语 $\Omega^{t}{}'x$ 和 $\Omega^{s}{}'x$ 所表明的形式是可以相互转化的。而且，由于形式不是来命名或描述对象的，而是用来表达了对象的形式，因此，两种形式相互之间还原的可能性，与“$\Omega^{t}{}'x$”和

① Wittgenstein L. Tractatus Logico-Philosophicu. London：Routledge，1922：§6.231，§6.232.

“Ω^{s}’x” 两个表达式相互转化的可能性二者之间是相一致的。

为此，当维特根斯坦说把一种表达式解释为另一种表达式时，他指的正是认出这种符号转换可能的过程。在命题§6.232 中，当把算术术语“t”解释为术语“s”时，意味着能看出把一种术语转换为另一术语的可能性，“Ω^{t}’x” 和 “Ω^{s}’x” 的两种形式旨在展示这一可能性。“正如弗雷格所说，这两个表达式具有相同的所指，但是具有不同的意义。”[①]如上所述，最终的结果是要认出两种表达式可以被转化为同一的表达式。例如，认识到“$(\Omega'\Omega)'(\Omega'\Omega)'x$” 和 “$\left(\Omega'\left(\Omega'\left(\Omega'\Omega'\right)\right)\right)x$” 是相同的字符串，是“符号 $\Omega'\Omega'\ \Omega'\Omega'x$” 的两组可能组合。要证明的是等式两边的“信息内容”。有两个不同的术语“Ω^{t}’x” 和 “Ω^{s}’x” 出现在“=”的两边，只能通过一个通用的元语言语句来交流，并替换掉“Ω^{t}’x” 和 “Ω^{s}’x” 所表明的运算模式。但是，由于《逻辑哲学论》中所做的假设，这种“内容”不能被有意义地言说出来。对等式不能进行任何命题式的解释，维特根斯坦只是在命题§6.2323 中进行了模糊的界定：“等式只不过标志着这一观点，即我认为这两种表达式它们的意思是相同的。”[②]

因此，让我们简单总结一下：①真实同一的等式“$t = s$”可以被转换为任何两种在语言上同义的表达式，这两种同义的表达式是通过图式“Ω^{t}’x” 和 “Ω^{s}’x” 来表现的；但是正如在语言中所表明的主张，图式的内容不能进行有意义的断言。②等式的正确性相当于两个图式“Ω^{t}’x” 和 “Ω^{s}’x” 的相互还原，即以两种不同的方式来获得相同字符“Ω”的一组元素。

但是在《逻辑哲学论》中，这种解释是以一种非常奇特的方式出现的。一方面，算法包括等式；另一方面，这些等式是可以消解的实体，因为它们既不是真正的命题，也不是真正命题的有限事例，如重言式。如果对语言进行严格管制的话，那么等式就会消解，就像其他所有伪命题一样。在算术中真正的问题不是等式本身，而是其不可言说的内容。等式的符号没有起到肯定的作用，一旦确认了意义的同一性，那么就已经获得了数学的结果。正如维特根斯坦所说：“关于等式最重要的一点是为了表明

---

① 维特根斯坦. 逻辑哲学论. 韩林合译. 北京：商务印书馆，2015：107（§6.232）.

② Wittgenstein L. Tractatus Logico-Philosophicu. London：Routledge，1922：§6.2323.

这两个表达式是以等号来连接的，从而使等式具有了相同的含义，但这一点是没有必要的，因为从两个表达式本身就能看出来。”①

接着，问题出现了：如果是这样的话，为什么必须把等号引入算术符号之中呢？为什么要确切地阐述数学伪命题（等式）呢？换句话说，如果我们的“认知”对符号表明了是什么形成了一个直接和直观的把握，那么我们为什么一定要确定在非话语活动中所获得的结果呢？此外，如果符号所表明的算术与直接看到的算术是一致的话——两个算术条件相互之间可直接替代——我们为什么还需要数值的计算过程呢？为了对这些问题给出合理的答案，让我们参照逻辑问题从类似问题开始讨论。有什么理由认为这是一个逻辑符号，并且有什么理由认为一个机械或半机械化过程可以检查元逻辑的性质和关系呢？维特根斯坦认为，这蕴涵着元逻辑坚持，只要人们能够掌握逻辑形式，从两个命题就可以看出二者之间的逻辑关系，从而认识到它们真理-理由集之间的包含关系。但这并不意味着一个有经验的发言者将能够在所有情况下都认识到这种关系的存在。

根据维特根斯坦的观点，正确的形式连接不能被描述为一种经验，因为只有对象的偶然配置才可以被真正经验到。当维特根斯坦提到这样一个连接的愿景时，他使用了比喻性的动词“看”或“感知”等，这是为了突出逻辑存在不同的连接。对我们来说，这些关系的直接可视性是一种理想，并且引入一种高度的人工符号。这显然是真实的逻辑符号，因为它表现了各种表达式形式，随着对这些元逻辑命题技术性质的正确应用，将建立形式逻辑。由于我们人类在外延上只有有限的能力来感知形式关系，这将需要用逻辑概念和逻辑方法来检查元逻辑性质。在此，维特根斯坦所隐含的假设是，元逻辑的基础性质和关系决定了知识的形式。事实上，根据《逻辑哲学论》，形式连接并不是由我们感官可以感知到的存在。它们的存在可以通过符号的转换来确定，并根据一种已知的有效方法来实现。

现在再回到数学，或者说回到与算术同一的等式中。事实上，在掌握形式之间的关系时，我们的技能会受到经验的限制，而这种形式关系对等式和算术演算来说又是必不可少的。数学的存在会受这些经验的限制，但算术同一的有效可判定性不是偶然的，即使形式联结领域与我们所感知到

① Wittgenstein L. Tractatus Logico-Philosophicu. London：Routledge，1922：§6.232.

的联结事实上不相符，但在原则上这些形式联结确实可以由适当的可用算法来确认。

通过对命题中§6.1262内容的应用，可以肯定的是，在复杂的案例中，算术计算只是通过机械式的办法来确认等式的正确性。“出现在逻辑中的证明只是这样一种机械的辅助手段，借助于它人们能更容易地识别出同语反复式——在其比较复杂时。”[①]等式提供了素材及其应用操作符号的过程，包括算术计算。事实上，如果两个表达式“Ω^{t}'x”和“Ω^{s}'x”是等同的，那就相当于认同它们相互之间的可替换性。然后从形式表达式出发，如果一种算术术语是作为“Ω”的说明者出现的，通过应用相关的定义，已经知道或证明了等式正确性的话，那么就可以实现同一的替代过程（把一种符号转化为另外的符号）。当这个过程结束时，在最后获得的表达式与最初的表达式之间将被证明是意义同一的。“为了获得其等式，数学使用的方法是替换的方法。因为等式表达了两个表达式的可替换性。我们经由如下方式从一些等式前进到新的等式，将一些表达式替换为另一些表达式。”[②]通过一步步协调术语的替换过程来承认存在的形式关系。算术计算就像检查其他形式属性和关系的逻辑方法一样，是一个符号操作过程。等式的正确性是由语言之内的过程来确定的，数学证明只是对命题正确性的证明，与命题表达了什么内容是两码事，这表明等式的正确性与世界的实际构造无关：“证明数学命题的可能性，意味着可以感知到它们的正确性，而不必知道它们表达了什么；它们本身表达了什么应该与事实相比较，以确定其正确性。”[③]

在《逻辑哲学论》第二部分命题中，维特根斯坦致力于数学哲学问题，主要讨论在解决数学问题时直觉的作用：“问题是说，直觉是否需要用来解释数学问题，这些数学问题必须给出答案，在这种情况下语言本身提供了必然的直觉。计算的过程产生了这种直觉。”[④]在维特根斯坦一般数学概念的框架中，假设的是可以对特定等式进行正确的或错误的判定。这里的问题是，把一种表达式转换为相同类型的另一表达式的可能性或不可

① 维特根斯坦. 逻辑哲学论. 韩林合译. 北京：商务印书馆，2015：107（§6.1262）.
② 维特根斯坦. 逻辑哲学论. 韩林合译. 北京：商务印书馆，2015：107（§6.24）.
③ Wittgenstein L. Tractatus Logico-Philosophicu. London：Routledge，1922：§6.2321.
④ Wittgenstein L. Tractatus Logico-Philosophicu. London：Routledge，1922：§6.233，§6.2331.

能性，其中算术术语是作为“Ω”说明者而出现的。根据维特根斯坦的说法，在解决数学实践问题时，需要回答直觉的作用，人们需要回忆某种关于“计算”含义的语义能力。计算的执行建构了一种数字符号，计算是两种形式的相互还原，一步一步地相互转化为符号“Ω”的两种不同构型。但数值计算所表明的可能性是直觉的“对象”，或根据维特根斯坦的隐喻，这种可能性是视觉方面的对象，是语言形式结构的其他功能。因此，“计算不是一种实验”①：在逻辑上，计算固定了必然的结果，因此，它的结果可以在符号中看得到，而实验的结果又是由符号来描述的。这里，维特根斯坦数学概念的中心议题之一，是讨论数学和非数学语言之间的关系，这也是他整个数学哲学的重点内容。

第五节 《逻辑哲学论》：数学的基础问题

《逻辑哲学论》不仅包含对哲学概念的分析或讨论，而且也包含对数学基础问题的讨论。这种对数学基础问题的讨论与罗素的逻辑主义明显采用了不同的方式。然而，借助于柏拉图主义、建构论、直觉主义和形式主义这些范畴，可以简要讨论维特根斯坦在《逻辑哲学论》中的立场，并以此来说明维特根斯坦与其他基础学派的不同观点。

我们从一对对立的观点开始讨论，即柏拉图主义和建构论。如果把柏拉图主义理解为，假定有独立于思想而存在的数学实体领域，那么通过我们的定义过程，数学实体的属性和关系是可以运用经典证据方法来发现的；如果把建构论理解为数学实体的概念，并把定义解释为构成这些实体的方法和证明的过程，那么这些实体之间的属性和关系是被“具体地”显现的；然后我们可以肯定地说，在《逻辑哲学论》中维特根斯坦把自己置于这种冲突之上，因为他拒绝柏拉图主义和建构论的基本假设。与柏拉图主义和建构论的主要观点不同的是，维特根斯坦不同意数学实体的存在是

① Wittgenstein L. Tractatus Logico-Philosophicu. London：Routledge，1922：§6.2321.

可设想的。但是从柏拉图主义和建构论者的观点来看，谈论数学对象是完全合理的，进而可以断言关于数学属性和关系的主张。另外，维特根斯坦把算术设想为处理语言表达形式的数值特性，他把这些形式视为符号建构的可能性，而不视为对象。这就像算术等式来源于描述的内容，如果一个人试图制定这样一个等式的命题内容的话，那么结果将是表达式的元语言规则，这个规则与语言所建构的某种形式之间可以相互替代。

然而，维特根斯坦在《逻辑哲学论》中处理无限性的方式，可以合理地解释为表达了一种与建构论态度相一致的观点。建构论对数学无限性的限制同样也可以在《逻辑哲学论》中发现，这直接来自对“无限性”含义更为普遍的假设，尤其是当指涉一组语言表达式时。维特根斯坦在命题§4.1273 中阐明了这一主张，他处理了逻辑符号所表达的问题：“想表达‘b 是 a 的一个后继者’这个一般的命题，一个通用表达式的系列形式，可以分别陈述如下：‘aRb’，‘$(\exists x)$：$aRx \cdot xRb$’，‘$(\exists x, y)$：$aRx \cdot xRy \cdot yRb$’，等等。说 b 是一个 a 的 R 后继者是主张命题逻辑总和有无限集，其具体的形式正如上述一系列表达式所表明的。”[①]这一系列形式的任意符号，通常是由变量的表达式来组成的。这一系列的首项表明了运算的形式，并从一个符号中产生其他术语[②]。维特根斯坦同时还批评了弗雷格和罗素关于成对给定关系因袭的理论。弗雷格和罗素所提出这个理论是基于对一系列纯逻辑概念的还原。维特根斯坦认为，弗雷格和罗素建构了形式概念的定义，而忽略了一般形式概念系列的本质。

首先，来看维特根斯坦关于“b 是 a 的后继者”命题的分析，在这一点上他与弗雷格的观点是完全不同的。当然，如果说 b 是一个 a 的 R 后继者，所意指的是要么 a 代表了与 b 具有 R 关系；要么 a 代表与某个对象具有 R 关系，这个对象与 b 也有 R 关系；要么 a 与一个对象具有 R 关系，这个对象与另一个对象也有 R 关系，而对象的对象与 b 具有 R 关系，等等。但从弗雷格的观点来看，对于任何有限数量的步骤，从 a 开始，从而引入一个心理元素到数学中。维特根斯坦反对弗雷格的这种心理主义和客观主

---

① Wittgenstein L. Tractatus Logico-Philosophicu. London：Routledge，1922：§4.1252，§4.1273.

② Anscomber G E M. An Introduction to Wittgenstein’s Tractatus. London：Hutchinson，1959：128-129.

义解读方式，“直观”指的是无限系统的元素必须被排除，命题“*b* 是 *a* 的后继者”必须被转换成一个有限和完全明确的命题，该命题必须来自逻辑词汇。否则，在弗雷格的意义上，一个非分析的剩余物将会破坏无限系列元素的顺序判断，这相当于逻辑主义的最终失败。罗素明确地指出了逻辑主义所定义的目标对给定关系的先导定义：“这是‘等等’，我们希望通过一些更少模糊和更少不确定的事物来代替‘等等’一词。”[①]在维特根斯坦看来，这个目标是不被考虑的。如果对一般形式系统术语概念，“aRb”，“$(\exists x)$：$aRx \cdot xRb$”，“$(\exists x, y)$：$aRx \cdot xRy \cdot yRb$”，等等，是一种形式概念的话，对于任何给定的 *a*，*b* 和 *R* 来说，变量表达式将能够表现与命题相关的常量关系，除了首项之外，所有被替代的原有事物都是通过命题表现了统一的运算，命题又可以从它前面的一系列命题中产生。罗素和弗雷格是直接通过一系列一般形式术语来表明概念系统内容的顺序的，他们试图通过把形式术语的定义还原到逻辑中。正如维特根斯坦在《逻辑哲学论》中的术语所强调的，命令不是元素之间的外部关系。当然，怎样理解命题为真的顺序，正如怎样理解 *a* 与 *b* 所属系统为真的顺序一样，这就是为什么一般术语只是用“等等”来表示，并构成概念系列不可还原的核心：“连续应用一种运算是相当于‘等等’的概念。”[②]

显然，维特根斯坦认为，“等等”这个概念不可还原为更基本的概念，在维特根斯坦看来，弗雷格和罗素所谓的循环定义是这一点的强有力证明。在这一点上，《逻辑哲学论》解释了数学哲学中建构论所存在的问题。我们已经看到，一种“*b* 是 *a* 的一个后继者”的命题形式是命题集的无限逻辑总和。维特根斯坦开创性的工作是意义理论，即意义的功能性原则：一个给定命题集的真值函项的意义就是这些命题的功能意义。“*P* 的真值函项的意义是 *P* 的意义的一个函项。否定、逻辑加法、逻辑乘法等都是运算。”[③]因此，为了了解命题“*b* 是 *a* 的一个后继者”，那么属于无穷系列的每个命题的意义都要进行理解，如也要假定“*b*”“*a*”“*R*”的意义。在维特根斯坦看来，要实现这一“无限”的任务总量，必须知道属于集合的

① Russell B. Introduction to Mathematical Philosophy. London：Allen and Unwin，1919：21.
② Wittgenstein L. Tractatus Logico-Philosophicu. London：Routledge，1922：§5.2523.
③ 维特根斯坦. 逻辑哲学论. 韩林合译. 北京：商务印书馆，2015：68（§5.2341）.

一般命题的有效法则。事实上，维特根斯坦所理解的无限概念，是通过表征这一系列一般术语的变量，通过一个递归的定义来理解无限的总和。在这种方式中，建构论的强大论题所指称的无限集只不过是通过应用一个有效的规则来产生集合元素，从而指称了逻辑上的无限可能性。然而需要注意的是，逻辑上的无限可能性不是产生无限数学对象的规则问题，而是这类对象不包含在《逻辑哲学论》的本体论中。相反，在无限集的情况下，尤其是“b 是 a 的一个后继者”的陈述命题，在理论上产生有意义语言表达式的无限可能性来自另一个表达式，该表达式是由一种恒定的形式关系来规定的。类似地，在原则上，对自然数的无穷集可以用没有限制的符号来构建“$SS\cdots S0$”形式（在《逻辑哲学论》中的原始符号是“$0+1+1+\cdots+1$”），并通过把算术还原为一般的运算理论，它对应于运算无限重复的逻辑可能性；并且运算过程不是来自给定的理想实体，因而这种运算过程也不是理解实体的过程，而是从一个给定的有意义语言表达式来产生另一个有意义语言表达式的过程，这是基于运算理论存在的形式关系。

现在让我们回到对命题§4.1273 的分析。在命题§4.1273 中，维特根斯坦不再局限于对弗雷格和罗素的定义进行批评，弗雷格和罗素的定义是把适当的先后关系错误地理解为一般形式系列的概念。维特根斯坦认为：“他们（弗雷格和罗素）想要表达如‘b 是 a 的一个后继者’的命题方式是错误的，它包含了一个恶性循环。”[①]在命题§4.1273 这部分的内容中，维特根斯坦针对的是逻辑主义关于先后（祖先）关系的定义，他的这种反对意义是关于非直谓性本质定义，即逻辑主义所定义的谓词“a 的 R-后继者”。此外，维特根斯坦拒绝给出数学对象的概念。但弗雷格和罗素关于“b 是 a 的一个后继者”命题的恶性循环解释，可以在命题的意义条件中找得到。通过普遍归纳出“b 拥有 a 的所有属性”，命题“b 是 a 的一个后继者”是根据这种解释来转换的。在形成这些集合的命题中，其逻辑产品是由这种归纳来断言的，“b 是 a 的后继者”的命题是作为一种真值函项出现的，并且根据功能性的原则要求，如果可以理解逻辑主义者的解释的话，那么应该已经知道“b 是 a 的后续者”的意义。但维特根斯坦拒斥非直谓定义，因为它们违反了某些复杂命题成分的意义要求。

---

① Wittgenstein L. Tractatus Logico-Philosophicu. London：Routledge，1922：§4.1273.

维特根斯坦在命题§6.031 中提出："在数学中，数论是完全多余的。这与下面这一事实是相关的，即在数学中的一般性要求不是偶然的一般性。"[①]一旦他把数字作为一个操作变量的说明者，那么他希望把算法还原为运算理论，来对比逻辑主义把算术还原为逻辑的方案。在《逻辑哲学论》中，数学哲学可以被恰当地描述为一种逻辑主义。但维特根斯坦坚决反对将数字理论转换成类型理论（the theory of classes），即把数字理论还原为逻辑，广义的"逻辑"一词包括集合论。在命题§6.031 中，维特根斯坦解释了这种拒斥的理由。显然，这种解释是建构论的风格。在§6.031 中，维特根斯坦提出了正确理解无限领域的问题，并排除了任何外延的解释。维特根斯坦真正否认的是任何数学陈述的普遍有效性都可以用类型理论来解释。正如他反对简单地把数学中的伪命题等同于数值恒等式，普遍有效性的本质问题与这种等式相关，而不是与全称的或存在量化命题相关。

为了正确地理解命题§6.031，首先必须解释数字同一通常是有效的。其次，人们必须证明类型理论的对象，定理即使是普遍有效的，但也只是偶然的。逻辑主义还原论者把算术公理转换为类型理论的语言命题，结果这些转换的证据本身却来自类型理论。因此，维特根斯坦认为，这种转换不仅是多余的，而且是有害的，因为它改变了命题的普遍有效性。如果命题是有效的，那么它只是被赋予了一种偶然的普遍有效性。众所周知，在逻辑命题本质的普遍有效性和偶然的普遍有效性之间是对立的，这一点在《逻辑哲学论》中有所阐述，维特根斯坦的这一观点与罗素的逻辑概念显然是不同的。实际上，逻辑主义（类型论）对算术的还原是不充分的，一个必然的结果是，在公理中一些命题尽管完全是普遍的，但并不满足逻辑有效性的基本要求，即不满足所有可能世界的真理性。例如，在《逻辑哲学论》中，维特根斯坦写道，"逻辑命题的标志并不是普遍有效性。逻辑命题是普遍的，这当然仅仅意味着：偶然地适用于所有事物。……人们可以将逻辑的普遍有效性称作是本质的，以与那种偶然的普遍有效性——比如命题'所有人都有一死'所具有的普遍有效性——相对照。例如罗素的'还原公理'那样的命题不是逻辑命题。……可以设想存在着这样一个世

① Wittgenstein L. Tractatus Logico-Philosophicu. London：Routledge，1922：§6.031.

界，在其中还原公理不成立。但是，显然逻辑与我们的世界是否是真的这样的问题没有任何关系”。[①]

让我们回到之前使用过的数值同一的例子“$2\times2=4$”，看看在什么意义上它的有效性是普遍和必然的。我们必须把这种同一性转换成运算理论的相应等式：$\Omega^{2\times2}{}'x=\Omega^{4}{}'x$。可以根据已知的思路来解释该等式的普遍有效性：等式表明给定任何运算和任何初始的符号，通过第二次重复应用运算来获得表达式。其应用的结果是，从应用相同初始符号开始，初始符号与连续三次进行运算所获得的结果是一样的。该数值同一的普遍性是由于其纯粹形式来描述的：表达式图式“$\Omega^{2\times2}{}'x$”和“$\Omega^{4}{}'x$”表现了语言表达式形式。这种普遍有效性的基本特征来自同一性。根据维特根斯坦的观点，一个基本命题的普遍有效性是它不取决于任何真正世界中的任何构型，也不取决于实际对象的特定安排。例如，“$\Omega^{2\times2}{}'x=\Omega^{4}{}'x$”的等式只涉及语言建构的两种运算模式的相互还原性。它的普遍有效性独立于世界的有效模型，是由于所隐含的这一事实，即这样一种形式关系是凭借应用运算的概念属性而存在的（在广义上包括另一种运算的成分）。这些形式属性与对象域的偶然构型无关。换句话说，一般运算理论和操作理论的基本假设与类型论公理不同，它不是关于对象存在的全域陈述。尽管类型论的公理完全是普遍的，不是重言式，如果它们是真的，它们只是偶然为真，即在偶然情况下，世界的某些配置可能是实际的配置。即使类型论转换成算术命题是普遍有效的，但对于实现这个世界的结构，它只是一个运气成分。这就像是说对算术命题进行逻辑主义转换，是取消了数学的基本特征，数学的基本特征是命题的普遍有效性。根据维特根斯坦的观点，数学的纯形式可以不需要假设，这说明了数学形式在总体中对象域的属性。在一般运算理论的框架中，这种算法的重建必须满足这一形式属性，即由于算法只处理语言表达式的形式属性，这种属性是通过重复和逻辑运算组合过程而产生的。因为自然数的无穷集是专门与这种逻辑上的无限可能性相关联的，这种无限可能性是把一种运算用于自身的结果中，而没有显示必须采用的对象域的存在公理。根据维特根斯坦的观点，逻辑上为真的，在

---

① 维特根斯坦. 逻辑哲学论. 韩林合译. 北京：商务印书馆，2015：102（§6.1231，§6.1232，§6.1233）.

数学上也为真：关于对象域的存在是被预设的，但从来没有被数学命题所确认。

在《逻辑哲学论》中，维特根斯坦批评了逻辑主义算法基础。维特根斯坦对数学的思考遵循了三种计划：①排除了数学伪命题的有效性，而数学伪命题的有效性取决于对象在世界中的偶然配置；②用等同性可以得出理想数学对象的属性和关系；③避免把数学解释为一种单纯的无意义的符号操作活动。一个算术术语“t”有意义，其意义来自形式表达形式“$\Omega^{t}{}'x$”有意义。对维特根斯坦来说，真正重要的不是否定一种算术术语有意义，而是说这种意义是由术语所命名或描述的一种理想对象。在维特根斯坦看来，在数字（numeral）和数量（number）之间的区分是相当合理的，这种区分类似于在命题符号与命题之间的区分。数字和数量之间不是两类实体（物理实体和理想实体）之间的本体论区分，而是考虑同一语言的两种实体方式之分：其中一种方式是人们把符号当成物理实体，而另一种方式是人们用符号设备来表征某种形式属性。尽管如此，需要强调的是，这在很大程度上缩短了维特根斯坦与形式主义之间的差距，有学者把维特根斯坦早期的观点描述为数学概念的准形式主义。把某组符号元素“Ω”转换成不同的符号元素，是承认语言所建构的两种模式可以相互还原，这是规则管辖转换的结果。因此，虽然在计算过程中不能把算术符号视为单纯的物理结构，适当的做法是把数学描述为一种符号操作的活动。

最后，我们可以把早期维特根斯坦的观点与直觉主义观点进行比较。之前已经说过，直觉主义者主张视觉、直觉或直接认知起着决定性的作用，这些概念是我们知识的形式领域。这些论题被分配了数学符号，甚至是被分配了定理公式（等式），它们起着纯粹工具的作用，即布劳威尔关于逻辑和数学语言的某些典型观点，而这一主张与维特根斯坦的论题之间有着某种相似性。当维特根斯坦在处理数学和逻辑时他不打算对数学活动提供心理学基础。相反，他诉诸直觉的概念或视觉隐喻来描述说话者和语言所示之间的关系，并把这种关系与有意义的表达式进行了对比，但维特根斯坦认为这种表达式与直觉主义者的数学心理化是无关的。

第六节　结　　语

现在，全面回顾一下维特根斯坦在《逻辑哲学论》中的数学哲学观。拉姆齐在反思维特根斯坦的观点时主张，“因为他的立场……显然是非常可笑的狭隘的数学观点”[①]。并且在《逻辑哲学论》中，大部分数学甚至数字理论是完全被维特根斯坦忽略的，他把自己限制在算法的最基本部分。维特根斯坦认为在语言所示与我们所看到的事实之间存在鸿沟。他认为存在数值计算但这种计算无法确定形式的性质和关系。

在早期，维特根斯坦表述了一些非常接近柏拉图实在论的观点。维特根斯坦的逻辑空间或可能事态与柏拉图的“理念世界”这一概念地位相仿。从某种意义上说，在《逻辑哲学论》中，维特根斯坦的观点也是某种唯实论的，即命题都是论述相关事实的；数学命题必须是可证明的：“数学命题是可被证明的，即我们不需要与相关正确的事实进行比较，就可以认识到数学命题本身的正确性。”[②]因此，强证实使得早期维特根斯坦的数学哲学有了意义。维特根斯坦在《逻辑哲学论》中讨论了数学的性质、对象和任务，他着重从数学与逻辑密切联系的角度来考察这些问题，认为“数学是一种逻辑方法”，“数学以等式来表述，逻辑命题是由重言式的世界来显示的”。数学获得其等式的方法是置换法，等式表示两个表达式的可置换性。他说：“数学方法的本质特征在于使用等式，每个数学命题之所以就其本身即可被理解，就是由于这种方法。”[③]

早期维特根斯坦明确表示，究其本质，数学和逻辑本身就是自然语言的形而上学基础。一方面，语言必须要符合于逻辑原则；另一方面，语言易受环境变化的影响。因此，虽然逻辑与数学都是永真命题，但它们本身不存在于永恒事物之中。如果数学命题是可以被证明的，那么说明数学命

① Ramsey F P. Universals. Cambridge：Cambridge University Press，1990：8-30.

② 维特根斯坦. 维特根斯坦全集（第 1 卷）：逻辑哲学论以及其他. 陈启伟译. 石家庄：河北教育出版社，2003：255.

③ Wittgenstein L. Tractatus Logico-Philosophicus. London：Routledge，1922：§6.2，§6.22，§6.2341.

题的真理性不是来自经验，而是数学命题的本性使然。在《逻辑哲学论》中，维特根斯坦对数学和逻辑所持的主要观点是：①数学和逻辑具有不变性和永恒性，这就如柏拉图的“理念”和康德的“范畴”；②数学和逻辑的发现独立于我们对语言的实际使用。数学与逻辑的存在外在于时空，因此，语言在数学和逻辑中的作用是次要的。当然，后期的维特根斯坦明显拒斥这样一种理想化形式观。我们可以把数学当作是先验的，或者当作初始数据来建立一个更强的先验数学。同样，在这种意义下，我们可以把数学命题当作是绝对必然的，因为它们无论在什么情况下都是真实的。

接下来将主要阐释维特根斯坦的中期思想，其中期思想的形成时期是1929～1933年，而其后期思想的形成时间是1934～1944年，这两个时期的分水岭在于他对遵守规则理论的激进阐述，以及他放弃了一种强版本的证实主义观点，这一时期他处于转型的中间时期。

第四章　中期维特根斯坦的数学哲学思想

如果对维特根斯坦的中期数学哲学观进行追根溯源，那么毫无疑问，维特根斯坦在一定程度上受到了布劳威尔 1928 年 3 月 10 日在维也纳讲座的影响。布劳威尔当时演讲的题目是《科学、数学和语言》[①]，维特根斯坦与魏斯曼（F. Waismann）和费格尔（H. Feigl）一起听取了这场学术报告，而且似乎正是布劳威尔的这次演讲，使得维特根斯坦在几乎放弃哲学研究的情况下又重新返回了哲学研究。但是，如果说中期维特根斯坦对数学哲学的研究兴趣主要来自布劳威尔的影响，事实上有点言过其实，或者至少是不全面的。维特根斯坦重新回归哲学研究并且开始对数学哲学产生浓厚兴趣，这与拉姆齐和维也纳学派成员的讨论也密切相关。维特根斯坦尤其不同意拉姆齐的同一论及其相关理论。

1929～1933 年，这一时期被公认为是维特根斯坦处于哲学研究转型的中间时期。在这一时期，无论维特根斯坦如何构思自己的数学哲学思想，他始终想发展一种整体论的数学哲学，也称为数学的“准形式主义”。其中期思想处于早期与后期思想的过渡时期，该时期一个重要的主题就涉及数学哲学，其著作特点兼具早期和后期的部分观点。具体地讲，中期维特

---

① Brouwer L E J. Mathematics，Science，and Language//Mancosu P. From Brouwer to Hilbert. Oxford：Oxford University Press，1929：45-53.

根斯坦与早期一样，也探讨了数学命题的地位、性质等一系列问题。例如，数学命题是必然真理吗？数学命题能否完全通过逻辑得到说明？如果不能，又能对它们进行何种论述？等等①。

安德森（A. R. Anderson）不赞同维特根斯坦对一致性的看法，同时，他也批评了维特根斯坦对形式主义的描述。维特根斯坦有时试图改变我们对待矛盾的态度，建议我们完全忘记游戏中的一致性。而瑞格利引用《蓝皮书》下面这段话来支持维特根斯严格的有限主义解释："如果我想找出算术是什么，我应该赞同对有限基数算术的研究。因为（a）这将带领我到进入更复杂的情况中，（b）有限的基数算术是完整的，它与其他算术之间没有鸿沟。"②

1929～1933年，维特根斯坦认为没有可以无限扩展的事物集，也没有可以无限扩展的数学领域；量化无限的数学表达式是没有意义的，如量化哥德巴赫猜想（Goldbach's Conjecture，GC）、费马大定理（Fermat's Last Theorem，FLT）等都是没有意义的。他在《哲学评论》中写道："目前来看，对数进行的一般性描述似乎是没有意义的……如果命题不是通过任何有限的结果而成其为真的话，那么这等于说它是不通过任何结果而成为真的，因而它不是一个逻辑的结果……"③只有在一个给定的算式中，一个数学命题才是有意义的表达式，当且仅当我们可以知道一种适用的、有效的判定过程是我们可以决定的，因为"这里的数学命题只有一种解决方法。命题必然通过其意义来表明，我们应该如何证明这个命题是真实的还是虚假的？"④只有包含可判定的算术谓词的结果才是有意义的，因为它们是算法可判定的，亦即我们的知识有一种适当的判定过程。但是所谓无限逻辑的总和或结果并不是有意义的数学命题，它们在算法上不可判定。因此，它们也不是真正有限逻辑的总和或结果。例如，数学命题"$(\exists n)4+n=7$"就不是一个有限的逻辑结果，因为表达式"$(\exists x)\varphi x$"不能被预设为

① Grayling A. C. 维特根斯坦与哲学（英汉对照）. 张金言译. 南京：译林出版社，2008：73.

② Wrigley M. Wittgenstein's Philosophy of Mathematics. The Philosophical Quarterly，1977，27（106）：50-59.

③ 维特根斯坦. 维特根斯坦全集（第3卷）：哲学评论. 丁冬红，郑伊倩，何建华译. 石家庄：河北教育出版社，2003：17（§126，§127）.

④ 维特根斯坦. 维特根斯坦全集（第3卷）：哲学评论. 丁冬红，郑伊倩，何建华译. 石家庄：河北教育出版社，2003：20（§148）.

全部数字。类似地，在量化全称域的情况时你不能说 $n\varphi n$，因为所有自然数并不是一个有限的概念。因此，维特根斯坦认为，我们可以在“所有”和“有”之间形成一种形式良好的原则或规则，这是个错误的想法，公理或原则是与命题相关的，因为公理与命题之间的唯一相关方式是了解适合的判定过程[①]。“你马上会看到，追问数的对象是没有意义的，尤其是不可能存在无限多的对象。‘存在无限多的沙发’ = ‘在空间里存在无限多的可能沙发’。而一旦对象是一个描绘要素，那么它就是不可能的。”[②]

因此，维特根斯坦认为，对所有数的描述不是通过命题来表征的，而是由归纳来表征的。然而，如费马大定理这样一种陈述并不是一个命题或算法，而是对应归纳的证明：“除了费马规则不起作用的数字以外，p 以一种规则穷尽了全体数的序列。这一定律对实数起决定作用吗？数 F 要利用螺线……而且按照这种原则来选择这一螺线的圈数。但是这一原则却不属于螺线。已经有一个规则在那里，但是这与数没有直接的关系。数就像是规则的一个不规则的副产品。”[③]

因此，中期维特根斯坦写道：“正如布劳威尔所言，$(x)\cdot f_1x=f_2x$ 的真或假也存在不可判定性的情况，这意味着(x)……是外延性的，我们可以说在所有 x 中恰巧有一种属性。但事实上，讨论这种情况是不可能的，即在所有的算法中(x)不能是外延性的。”[④]

维特根斯坦认为，命题的不可判定性预设了双方之间存在一个隐式的连接，这是一种不能用符号来进行的连接。符号之间已经存在的连接也不能由符号的转换来表征，因为符号是一种思维的产物，其本身不能被思考。如果真有这种隐式连接的话……必须能够看得出这种连接来。维特根斯坦强调，算法的可判定性在于，我们可以主张任何事物能够在实践中得到检验，因为这是一个检验可能性的问题。如果一个表达式是不可判定的，那么它既不是真的也不是假的。在一些实际演算中，如果一种表达式

① Waismann F. Wittgenstein and the Vienna Circle. Ed. by McGuinness B F. Trans. by Schulte J, McGuinness B F. Oxford：Basil Blackwell Publisher，1979：37.

② 维特根斯坦. 维特根斯坦全集（第 2 卷）：维特根斯坦与维也纳小组. 黄裕生，郭大为译. 石家庄：河北教育出版社，2003：12.

③ 维特根斯坦. 维特根斯坦全集（第 3 卷）：哲学评论. 丁冬红，郑伊倩，何建华译. 石家庄：河北教育出版社，2003：27（§189）.

④ Wittgenstein L. Philosophical Remarks. Oxford：Basil Blackwell Publisher，1975：§17.

不可判定的话，那么它就不是一个有意义的数学命题，因为每种数学命题必须属于一个数学演算式。

第一节　中期维特根斯坦的强形式主义

中期维特根斯坦认为，一个等式就是一种句法规则。如果人们无法理解句法规则的话，那么句法规则根本就没有作用。在下面的分析中，维特根斯坦试图通过排中律来超越希尔伯特和布劳威尔的观点，以某种方式来把数学命题限制在演算上是可判定的表达式中。虽然在完成《逻辑哲学论》之前，维特根斯坦似乎没有读过任何希尔伯特或布劳威尔的著作，并且他在《逻辑哲学论》中对数学的基本处理主要是受罗素和弗雷格的影响。但在 1928 年，维特根斯坦与布劳威尔应该有过一次或多次的私下交谈，之后其哲学思想便逐渐转向中期观点过渡。因此，毋庸置疑的是，中期维特根斯坦对数学的具体研究工作受到了布劳威尔、外尔、斯科伦（Thoralf Skolem）、希尔伯特等的影响。

中期维特根斯坦持强有限论观点，认为没有可以无限扩展的事物集，也没有无限扩展的数学领域；只有在一个给定的算式中一个数学命题才是有意义的表达式，当且仅当我们可以知道一种适用的、有效的判定过程是我们可以决定的，因为“这里的数学命题只有一种解决方法。命题必然通过其意义来表明，我们应该如何证明这个命题是真实的还是虚假的？”[①]只有包含可判定的算术谓词的结果才是有意义的，因为它们的算法是可判定的，亦即我们的数学知识必须要有一种适当的判定过程。但是所谓无限逻辑的总和或结果并不是有意义的命题，因为它们在算法上是不可判定的。

中期的维特根斯坦认为，一个数学命题的意义是由证实的方法所确定

---

① 维特根斯坦. 维特根斯坦全集（第 3 卷）：哲学评论. 丁冬红，郑伊倩，何建华译. 石家庄：河北教育出版社，2003：20（§148）.

的。其结果是，如果一个数学命题不能被证实或者尚未被确定的话，那么它是没有意义的。严格来说，它甚至不能算作一个命题。一个词、一个符号只有在命题的关联之中才有明确的意义。“命题的意义就是它的证实方法。证实方法不是确立命题真值的手段，它恰好是命题的意义。为了理解一个命题，你有必要知道它的证实方法，去说明它就是去说明命题的意义。”[①]因此，数学命题强证实主义隐含着“数学没有猜想”的思想[②]。中期维特根斯坦支持一种数学强证实观，强证实使得中期维特根斯坦的数学哲学更富有意义，同时，维特根斯坦认为，我们可以通过找到数学证明与科学实验之间的差异性来说明排中律。在《逻辑哲学论》中，维特根斯坦把数学命题称为“伪命题”。而在中期，维特根斯坦承认数学命题的独特性，但坚持数学与经验之间是有差异的。对维特根斯坦来说，数学与科学或经验猜想之间是不匹配的。数学证明不是实验，我们并不能提前知道数学证明的情况。

从本质上讲，中期维特根斯坦形式主义的核心思想是：数学只是句法的，没有语义。中期的维特根斯坦与数学柏拉图主义观点已经分道扬镳，相反，维特根斯坦主张符号及数学的演算命题并不指称任何事物。正如维特根斯坦自己所言，数不是由替代物来表征的，数就在那里。“这不仅意味着数在使用之中被确定，而且也意味着数字符号也是数，因为算术并不谈数字，它只是用数字来运算。”[③]“算法所关注是图式，但是算法谈论的是我用铅笔在纸上画出的线吗？——算术也不谈论线，它只不过是通过线来运算，它们一起在工作。”[④]

同样，在《维特根斯坦与维也纳学派》中，维特根斯坦主张，“数学一直是一个机器、一种演算”，并且“演算是一个算盘、一个计算器、一个在计算的机器”，“通过线条、数字等来进行运算”[⑤]。根据维特根斯坦的观点：“形式主义辩护的是数学符号缺乏意义——它们不代表任何本身

---

① 维特根斯坦. 维特根斯坦与维也纳学派. 徐为民，孙善春译. 北京：商务印书馆，2014：245.

② Wrigley M. The origins of Wittgenstein's verificationism. Synthese，1989（78）：265-318.

③ Wittgenstein L. Philosophical Remarks. Oxford：Basil Blackwell Publisher，1975：§109.

④ Wittgenstein L. Philosophical Grammar. Trans. by Kenny A. Oxford：Basil Blackwell Publisher，1974：106.

⑤ Waismann F. Wittgenstein and the Vienna Circle. Ed. by McGuinness B F. Trans. by Schulte J，McGuinness B F. Oxford：Basil Blackwell Publisher，1979：106.

有意义的事物。”“你可以说算术是一种几何，也就是说，几何是在算术上被建构的，算术是在纸上进行的演算。”[①]“如果我把建构作为我的标准，那么我绝不可能通过测量来检验角的划分。测量的情形往往是这样的：如果测量产生了某种差异，我会说，这个圆规有问题或者那条线不是一条直线，等等。此时我区别一个测量效果所依据的标准正是建构。因而，从公理和建构中我丝毫不能得知关于经验检测结果的任何东西……在此语境中我要反对的是这样一种观点：我们能够证明一个规则系统就是一个演算。”[②]

当我们证明一个定理或决定一个命题时，我们是以一种纯粹形式的、句法的方式来进行运算。这是维特根斯坦长期以来形式主义的核心观点。在数学中，我们没有发现任何早已存在的真理，“这些真理本来就在那里而只是没有人知道它——我们是一点一点地在发明数学。如果你想知道‘$2+2=4$’意指什么的话，那么你必须明白我们是如何计算它的”[③]，因为我们把计算过程当作了数学的基本问题。因此，每个数学命题都有其系统内部的意义，而系统内部的意义完全是由数学命题与其他演算命题的句法关系来确定的。

中期维特根斯坦强形式主义的另一个重要方面是他认为数学之外的应用（或参照）不是数学演算的一个必要条件。维特根斯坦认为，数学演算不需要数学之外的应用，因为我们可以通过关注数学本身来完全自主地发展算法及其应用；因为无论演算是否适用，我们都可以应用它。中期维特根斯坦受强形式主义吸引是由于他关注可判定性问题。毫无疑问，中期维特根斯坦是受到了布劳威尔和希尔伯特观点的影响，才使用强形式主义在数学意义和算法可判定性之间建构了一种新连接。

中期维特根斯坦在《哲学评论》《哲学语法》和《维特根斯坦与维也纳学派》中都曾主张，数学演算不需要数学之外的应用，因为我们可以通过关注数学本身来完全自主地发展算法及其应用，无论演算是否适用，我们都可以应用它。“我们怎样确定一个公式是假的呢？例如，算式 $7\times5=$

① Wittgenstein L. Philosophical Remarks. Oxford：Basil Blackwell Publisher，1975：§109，§111.
② 维特根斯坦. 维特根斯坦与维也纳学派. 徐为民，孙善春译. 北京：商务印书馆，2014：217.
③ Wittgenstein L. Philosophical Grammar. Trans. by Kenny A. Oxford：Basil Blackwell Publisher，1974：333.

30？我们怎么知道如果 7 × 5 = 35，那么它就不会再等于 31 呢？如有人说'7 × 8 = 35'时，我们该怎样做呢？我们会说：'你这是什么意思？它是假的！'如果他这时回答：'你为什么这样认为呢？我不过是这样设定而已。'我们只能告诉他：'如果是那样诉话，那么你应用了一个不同的演算，它不同于通常所说的乘法。我们对你的演算一无所知，如果我们按照已给定的规则进行运算，那么 7 × 8 = 56，而且它不等于 75。'"[①]

为了更好地把握维特根斯坦中期的数学哲学思想，我们有必要首先来分析他的准形式主义。他在《哲学评论》中写道："我们研究数学，是通过发明纯形式化的数学演算，并且通过约定公理、变换句法规则和判定过程（decision procedure），从而使得我们能够发现数学真理和数学谬误。"[②]

第二节　中期维特根斯坦论算法的可判定性

在《哲学语法》中，维特根斯坦明确强调算法可判定的重要性："在数学中，一切都是算法，没有什么语义意义；即使它们看起来不一样，那也是因为我们可以用语言来谈论数学的东西，也是用这些话语来建构一种算法。""如果排中律不成立的话，我们试着改变命题的概念，找到一种适用的可判定过程来决定它，这个表达式才是有意义的数学命题。[③]"如果一个真正的数学命题是不可判定的，那么在这个意义上的排中律即应该是，我们知道通过适用的判定过程来证明或反驳这一命题。

对维特根斯坦来说，在数学中没有句法与语义之间的区分：一切都是句法。如果我们希望在"数学命题"和"数学伪命题"之间进行划界，那么确保命题有意义但不可判定的唯一方式，是一个命题或表达式只有在一个给定的演算中才有意义。即要么命题已经被判定，要么我们知道适用的

① 维特根斯坦. 维特根斯坦与维也纳学派. 徐为民，孙善春译. 北京：商务印书馆，2014：184.
② Wittgenstein L. Philosophical Remarks. Oxford：Basil Blackwell Publisher，1975：§17，122.
③ Wittgenstein L. Philosophical Grammar. Trans. by Kenny A. Oxford：Basil Blackwell Publisher，1974：400.

判定过程。在这种方式中，维特根斯坦同时定义了数学演算式和数学命题。演算式是根据规则来定义的，已知运算规则、已知判定程序，并且在一个给定的演算中演算式才是一个数学命题，当且仅当演算包含一个已知适用的判定过程，因为“你不能只用一个逻辑计划来寻找你所不知道的意义”①。

中期维特根斯坦拒绝在数学中进行无限量化，其理由主要有四方面：①证明了数学命题是一个特殊的数学演算式，而无须“数学真理”；②驳斥了特定数学演算中的数学命题，即不需要“数学谬误”；③我们所知道的数学命题必须拥有一种适用和有效的判定程序，我们知道如何判定它们的真假；④如果连接符号是非命题的，那么它不是数学演算式的任何部分，因此它也不是数学命题。

马克·V. 阿腾（M. V. Atten）认为，从直觉上来说，真理性命题有四种可能性②：①我们经验到了 P 是真的；②我们经验到了 P 是假的；③ ①和②都没有出现，但我们知道有一种有效的程序来判定 P，即有一种有效的程序来证明 P 或证明 $\neg P$；④ ①和②都没有发生，我们不知道判定 P 的任何有效程序。关于①～③，维特根斯坦和布劳威尔的观点基本相似。他们两人的分歧主要出现在第④点中。布劳威尔和维特根斯坦都同意，如果我们知道一种适用的算法判定程序，那么一种未判定的φ就是一个数学命题。对维特根斯坦来说，φ是一个特定的数学演算式。他们都认为，直到φ是可判定的，否则它既不是真的也不是假的。不过，对维特根斯坦来说，“真”不过仅指在演算式Γ中是可证明的。维特根斯坦和布劳威尔之间的分歧还在于关于数学猜想的地位，如哥德巴赫猜想，布劳威尔承认哥德巴赫猜想是一个数学命题，但维特根斯坦拒斥这一点，原因就在于我们不知道如何通过算法来判定它。

与布劳威尔一样，维特根斯坦也认为在数学中没有不可知的真理。但与布劳威尔不同的是，他否认存在不可判定的命题，其理由是“这样的

---

① Wittgenstein L. Philosophical Remarks. Oxford：Basil Blackwell Publisher，1975：§148.

② Atten M V. On Brouwer. Toronto：Wadsworth，2004：18.

‘命题’是没有意义的，这使得逻辑命题失去了其有效性”[①]。特别地，维特根斯坦认为，如果有不可判定的数学命题的话，那么至少有一些数学命题不是真正的数学演算命题。因此，对维特根斯坦来说，这就是数学命题所定义的特征，数学命题要么已经被判定，要么必须由已知的判定程序来判定。正如维特根斯坦在《哲学评论》中所说，“凡是排中律不适用的，也没有其他逻辑法则可应用。因为在这种情况下，我们不是在处理数学命题”[②]。关键不在于我们需要数学中的真理与错误，而是每个数学命题包括那些已知的适用的判定程序，都是数学演算式的一部分。

为了坚持这种立场，维特根斯坦对有意义的（真正的）数学命题和无意义的表达式进行了区分。前者具有数学上的意义，而后者是通过有意义的数学演算命题或表达式来规定的。有意义的命题是说当且仅当我们知道一种证据或一种适用的判定程序，“这里的数学问题只有一种解决方法，用逻辑的方法来找出一个解决方案……我们有可能只提出一个数学问题或只做一种猜想，那里的答案是：我必须解决它”[③]。

因此，中期维特根斯坦明确拒绝不可判定的数学命题，其理由有两点。

首先，用数论表达式来量化无穷域在算法上是不可判定的，因此这一表达式或数学命题是没有意义的。“如果有人说（如布劳威尔所说）存在 $(x)f_1x = f_2x$ 这种情况的话，那么这里的肯定回答和否定回答都一样，因为存在不可判定的情况，这意味着在所有情况中，只有 x 碰巧有一种属性时，我们才可以说所有‘(x)……是意指在外延上的’。然而，事实上这一说法是不成立的，因为所有的‘(x)……’在算法中不可能是外延的。”[④]

维特根斯坦主张，不可判定性预设了无法在符号之间建立连接。如果符号之间存在连接，但无法通过符号的转换来表征的话，那么这是一种不实际的想法。因为如果符号之间的连接是存在的，那么我们就能够看到这种连接。维特根斯坦强调，我们可以断言任何可在实践中被检验的事实，

① Wittgenstein L. Philosophical Remarks. Oxford：Basil Blackwell Publisher，1975：§173.
② Wittgenstein L. Philosophical Remarks. Oxford：Basil Blackwell Publisher，1975：§151.
③ Wittgenstein L. Philosophical Remarks. Oxford：Basil Blackwell Publisher，1975：§151，§152.
④ Wittgenstein L. Philosophical Remarks. Oxford：Basil Blackwell Publisher，1975：§174.

因为“这是一个可检验的问题”[①]。

其次，维特根斯坦拒斥不可判定数学命题的理由在于，“不可判定数学命题”本身是一个自相矛盾的术语。维特根斯坦认为，不可能有不可判定的命题，因为在一些实际演算中不可判定的表达式根本就不是数学命题，“数学中的每一个命题都必须属于数学演算式”[②]。

在数学中的无限量化、数学归纳，特别是证明了一种新的可判定数学命题时，维特根斯坦采取了激进的反直觉立场。他说，“特别是没有争议的数学猜想，如哥德巴赫猜想和费马大定理都没有意义或者意义是不确定的，这样一种猜想的非系统证明所给出的意义是之前所没有的。因为我必须承认，我已经得到的正是这一命题的证明或对这一命题的归纳”[③]，这是难以理解的。

因此，“费马大定理是无意义的，直到我们能在基数的方程中找到一个解决方案，并且必须始终在系统中寻找。在无限弯曲的空间里寻找一枚金戒指时，就不是这样一种寻找”。“我说：所谓的‘费马大定理’不是一个命题（甚至不是一个算术意义上的命题），而是一种归纳。”[④]那么费马大定理为何不是一个命题，它如何可能对应于一种归纳？接下来我们需要进一步考察维特根斯坦对数学归纳的解释。

第三节　中期维特根斯坦论数学归纳

接着考察量化无限数学领域的问题。如果有无限的数学领域的话，那么数论的证明实际是由数学归纳来证明的吗？在标准观点中，数学归纳的证明有如下范例形式。

---

① Wittgenstein L. Philosophical Remarks. Oxford：Basil Blackwell Publisher，1975：§174.

② Wittgenstein L. Philosophical Grammar. Trans. by Kenny A. Oxford：Basil Blackwell Publisher，1974：376.

③ Wittgenstein L. Philosophical Remarks. Oxford：Basil Blackwell Publisher，1975：§155.

④ Wittgenstein L. Philosophical Remarks. Oxford：Basil Blackwell Publisher，1975：§150，§189.

（1）归纳基础：$\varphi(1)$。

（2）归纳步骤：$\forall n\big(\varphi(n)\to\varphi(n+1)\big)$。

（3）结论：$\forall n\varphi(n)$。

然而，如果“$\forall n\varphi(n)$”不是一个有意义的、真正的数学命题的话，那么我们如何得出这个证明是正确的呢？维特根斯坦认为，“归纳是算术普遍性的表达式，但归纳本身不是一个命题”[①]。当然，这并不是说，如果$f(1)$，当$f(\mathrm{c}+1)$遵照$f(c)$时，对所有基数来说命题$f(x)$是真的。但是“命题$f(x)$适用于所有基数”意指“命题$f(x)$适用于$x=1$，并且$f(\mathrm{c}+1)$遵循$f(c)$”[②]。

首先，通过对数学归纳的证明，我们并没有得到真正如$\forall n\varphi(n)$命题的证明。$\forall n\varphi(n)$命题通常是作为结论的证据，但这一伪命题或陈述无法描述无限可能性，因为我们是通过证据来说明的。维特根斯坦的结论是，“一旦你有了归纳，这一切就都结束了”[③]。因此，在维特根斯坦的解释中，数学归纳的特定证明应该通过下列方式来理解。

（1）归纳基础：$\varphi(1)$。

（2）归纳步骤：$\varphi(n)\to\varphi(n+1)$。

（3）表征陈述：$\varphi(m)$。

这里归纳证明的结论使用“m”而不是“n”来表示什么是可证明的，“m”表征了任何特定的数字，而“n”代表了数。对维特根斯坦来说，“$\varphi(m)$”的表征陈述不是断言了一个全称的数学命题，而是排除了表征“归纳基础”和“归纳步骤”的伪命题。虽然数学归纳不能证明应用的无限可能性，但它使我们能够建构任何特定命题的直接证明。例如，一旦我们可以证明“$\varphi(1)$”和“$\varphi(n)\to\varphi(n+1)$”，那么我们不需要重申假言推理“$m-1$”次来证明特定的命题“$\varphi(m)$”。所谓直接的证明是指即使没有 500 次的重复假言推理，依然可以推出“$\varphi(501)$”。“没有一种更好的证明，我们通过执行这种推理就能推出这个命题。”[④]

---

① Wittgenstein L. Philosophical Remarks. Oxford: Basil Blackwell Publisher，1975：§129.

② Wittgenstein L. Philosophical Grammar. Trans. by Kenny A. Oxford：Basil Blackwell Publisher，1974：406.

③ Wittgenstein L. Philosophical Grammar. Trans. by Kenny A. Oxford：Basil Blackwell Publisher，1974：407.

④ Wittgenstein L. Philosophical Remarks. Oxford：Basil Blackwell Publisher，1975：§165.

其次，中期维特根斯坦拒斥不可判定的数学命题。在对数学命题可证明性的讨论中，有时会说这一命题是实质性的数学命题，但这样的命题其真理与谬误仍然是未判定的。因此维特根斯坦认为，人们没有意识到对于不可判定的命题，如果我们可以使用它们并把它们称为命题的话，那么在其他的情况下人们依然不能称之为命题，因为证明已经改变了命题的句法。

最后，关于有意义的命题/问题。如“在π无穷多的十进制扩展中出现的连续相同数字？”[①]如连续出现3个8，维特根斯坦认为，在这种情况下排中律并不适用这一命题。因为像这样的问题不论是否可以得到解决，它必须被视为是不确定的。更不用说这本来就是不可确定的命题（可能会出现888，也可能不会出现），任何数学问题都可以被解决或者本来就是无解的。

维特根斯坦采用了与布劳威尔相同的论据却得出了相反的结论。“如布劳威尔所说，我们不确定是否全部或部分的数学问题是可以解决的，但我们知道并没有一种适用的判定程序，即在这里，所谓的数学命题是不可判定的。”[②]什么样的数学问题是真正的问题？维特根斯坦认为这很简单，即它们是可以被回答的数学问题。因此，如果我们不知道如何判定一种表达式，那么我们也就不知道如何使用它；或者当我们不知道该表达式是可证明的（真的）或者是可反驳的（假的）时，这意味着排中律并不适用，因而我们的表达式不是一个真正的数学命题。

维特根斯坦的算法可判定标准相当广泛地揭示了其极具争议的言论，如关于推定猜想的意义、哥德巴赫猜想和费马大定理等。“我们对当前系统外延的可能性只有一种预感。”[③]因此，我们只能相信这样的表达式是正确的，因为人们不知道如何来证明它。只有在这种意义下才可以证明哥德巴赫猜想和费马大定理是对应于归纳的证明。这意味着未经证实的归纳步骤如“$G(n) \rightarrow G(n+1)$”和表达式“$\forall n G(n)$”也都不是数学命题，因为我们

① Brouwer L E J. On the foundations of mathematics //Brouwer L E J. Collected Works. Heyting. 1907：11-101.

② Wittgenstein L. Philosophical Remarks. Oxford：Basil Blackwell Publisher，1975：§151.

③ Wittgenstein L. Wittgenstein's Lectures on the Foundations of Mathematics. Ed. by Diamond C. New York：Cornell University Press，1976：139.

没有算术方法来寻找其归纳基础。因此，先于归纳证明的“全称命题”是毫无意义的。“因为在特定的证据被发现之前，假如知道一个全称命题的判定方法的话，那么这个问题是有意义的。”[①]未经证实的归纳或归纳步骤是没有意义的，因为在这种意义上排中律不成立，我们不知道一个判定过程，我们无法证明或反驳这种表达式。

然而，这种立场似乎使得我们没有理由来寻找一种对无意义表达式的判定，如对费马大定理的判定。中期维特根斯坦只是说“数学家是受之前某种类似的系统指导……，如果有人关注费马大定理的话，这是没有错误的或非法的事物。如果我有一种方法来评判满足 $x^2+y^2=z^2$ 方程的整数的话，那么公式 $x^n+y^n=z^n$ 可能会激发我。我可以让一个公式来激发我，因此我会说，这里有一种刺激——但它不是一个问题”[②]。

“更具体地说，如果一个数学家想知道演算式是否可以被延展而不必改变它的公理或规则的话，他可以让一个毫无意义的猜想如费马大定理来刺激他。”[③]“在建构一种演算时，将会尝试判定哥德巴赫猜想，这种判定是非系统的尝试。如果尝试成功，我面前将又有一个演算式。到目前为止，我一直使用的只是一些不同的演算式。”[④]

例如，如果我们成功地用数学归纳法证明了哥德巴赫猜想，即证明了“$G(1)$”和“$G(n)\to G(n+1)$”的话，那么我们也会有证据来证明归纳步骤。但由于归纳步骤在算法上不是可事先判定的，因此如果要构建一种证明，建立一种新的演算，那么我们必须知道如何使用这个新的“部分”，即知道归纳步骤的非系统证明。在证明之前，归纳步骤不是一个有意义的数学命题或不是在一个特定的演算中[⑤]。而在归纳步骤证明之后，它才成为一个数学命题，在一个新的、确定的意义上来进行演算。1929～1933

---

① Wittgenstein L. Philosophical Grammar. Trans. by Kenny A. Oxford：Basil Blackwell Publisher，1974：402.

② Waismann F. Wittgenstein and the Vienna Circle. Ed. by McGuinness B F. Trans. by Schulte J，McGuinness B F. Oxford：Basil Blackwell Publisher，1979：144.

③ Wittgenstein L. Wittgenstein's Lectures on the Foundations of Mathematics. Ed. by Diamond C. New York：Cornell University Press，1976：139.

④ Waismann F. Wittgenstein and the Vienna Circle. Ed. by McGuinness B F. Trans. by Schulte J，McGuinness B F. Oxford：Basil Blackwell Publisher，1979：174.

⑤ Wittgenstein L. Remarks on the Foundations of Mathematics. Ed. by von Wright G H，Rhees R，Anscombe G E M. Trans. by Anscombe G E M. Oxford：Basil Blackwell Publisher，1978：VI§13.

年，维特根斯坦用多种不同的方式表达了这一观点，即这种对表达式的划分法是没有意义的，也不是可证明或可反驳的命题。在一个特定的演算中，每种表达式都有确定的意义。

在这里，维特根斯坦的非传统立场是一种结构主义，这部分地来自他对数学语义学的拒斥。我们认为，哥德巴赫猜想会有一种完全确定的意义，是因为考虑“字词-语言表达方式以误导的方式表征了数学命题的意义”。哥德巴赫猜想是关于数学实在性的，把意义确定为在宇宙的其他地方存在着智慧生命，即一个命题被确定为真或假，不论我们是否知道它的真值。维特根斯坦打破了这一传统，强调在其所有的形式中，数学不像或然或经验命题，“如果我想知道一个像费马大定理的命题说的是什么，我必须知道它的真理性标准。与经验命题的真理标准不同，数学命题被确定之前，我们就可以知道其真理性标准，我们无法知道一个不确定数学命题的真理标准，虽然我们熟悉类似命题的真理标准”[①]。真命题与有意义的命题是以不同的标准来划界的。真命题是以经验来划界的，而有意义的命题则是由语言的句法来划界的。经验从外部为命题划界，而句法则从内部为命题划界。

第四节　中期维特根斯坦论无理数及集合论

中期的维特根斯坦花了大量的时间来处理无理数的实在性问题，原因在于：首先，对许多人来说，他们都不愿意放弃数学中的实际无限性概念。维特根斯坦认为，“混乱”的概念是由实无限产生的。“从无理数含糊的概念，即事实上是把逻辑上非常不同的东西称为无理数，却没有对概念

① Wittgenstein L. Remarks on the Foundations of Mathematics. Ed. by von Wright G H, Rhees R, Anscombe G E M. Trans. by Anscombe G E M. Oxford: Basil Blackwell Publisher, 1978: VI§13.

赋予任何明确的限制"[①]。其次，也是最根本的是，中期维特根斯坦反对基础主义，特别是反对无理数，他以这样的方式来处理无理数。因为他反对无理数的实数理论，并且反对集合论概念。同时他也反对把证明当作算术、实数理论的基础，反对把数学作为一个整体。事实上，维特根斯坦对无理数的讨论就是在批判集合论，如他所说，"数学受到集合论有害术语的影响，如'人们把线当成是由点组成的'，事实上，'线是一种法则，它完全不是由任何事物所构成的'"[②]。

因此，用维特根斯坦的术语来说，数学是专门由外延与内涵（即规则或规律）构成的，无理数只是符号的扩展（即如 $\sqrt{2}$ 或 π 或类似的数）。考虑到没有一个无限延展的数，因此，无理数不是一个独特的无限延展的数，而是一种独特的递归规则或法则，这些规则或法则产生有理数。

计算 $\sqrt{2}$ 位数的规则本身是无理数，而这里所说的"数"是我们可以用这些符号进行计算（建构有理数的某些规则），正如我们可以拥有有理数一样。然而，由于维特根斯坦反基础主义而采取了激进立场，他认为并不是所有递归实数（即可计算数）都是真正的实数——这一观点区分了他与布劳威尔的立场。

在维特根斯坦看来，基础主义者如集合理论者，他们通过描述数学的连续性来寻求适应物理连续性。例如，"当我们思考连续概念和有理数密度时会得出，如果一个对象连续地从 A 运动到 B，这个对象走过的距离可以用有理数来标记。但如果在连续运动中一个物体走过的距离不能由相应有理数来测量的话，那么在距离和有理数之间必然存在鸿沟"[③]。所以，首先，我们必须用递归无理数填充这一鸿沟。如果用"无法则的无理数"来填充的话，那么"所有递归无理数集"仍然留有鸿沟。

"连续性所产生的问题是，因为语言误导了我们将它应用到并不适用的图景中。集合论保留了一些不连续事物的不适当图景，但它的陈述与这副图景是矛盾的。在印象中，它打破了偏见；而我们真正应该做的，是指

---

① Wittgenstein L. Philosophical Grammar. Trans. by Kenny A. Oxford：Basil Blackwell Publisher，1974：471.

② Wittgenstein L. Philosophical Remarks. Oxford：Basil Blackwell Publisher，1965：§173.

③ Wittgenstein L. Philosophical Grammar. Trans. by Kenny A. Oxford：Basil Blackwell Publisher，1974：460.

出这副图景只是不适合……”[①]

维特根斯坦认为，对微积分，我们不需要增加任何事物，它本身就具备伪无理数和无法则无理数的实数理论。首先在数轴之间没有鸿沟，其次“连续体”理论不需要这些所谓的无理数，只是因为没有数字的连续体。“也就是说，为了达到某一点，只要不用于一般的实数理论，数轴的图景绝对是一种自然连续。通过把几何数轴解读为一个个点的连续集合，实际上，我们被误导了。这一解读方式使我们超出了数轴的自然图景来寻找一般实数理论。”[②]

因此，维特根斯坦拒斥某些建构性的（可计算的）数字，其最主要原因是，这是不必要的产物，在数学中（尤其是集合论）会造成概念混淆。维特根斯坦用了大量篇幅来讨论有理数和伪无理数问题，其主要目的是要表明虽然数学连续性需要伪无理数，但不是必需的。

为此，维特根斯坦要求：①实数必须“与有理数进行随机比较”，例如，是否可以确定实数大于、小于或等于一个有理数；②“数字必须用其本身来测量”，“如果只剩下了有理数，那么我们不需要它”[③]。为了证明一些不能满足①和②条件的递归（计算）实数都不是真正的实数，维特根斯坦定义了一些公认的递归实数：如 5→3，$\sqrt{2}$。正如用规则建构了$\sqrt{2}$的小数展开式、用规则来替换每一次出现的“5”与“3”一样，维特根斯坦在《哲学评论》中把 π’定义为：7→3，π。之后，他在《哲学语法》中重新把 π’定义为：777→000，π。

根据维特根斯坦的观点，伪无理数例如 π’明确为 π 或$\sqrt{2}$，它是“无家可归者”。因为它不是用算术用语来说明的，而是依赖于一个特定系统的附带符号。如果我们说 π 属于所有系统，而 π’只属于一个系统，这表明 π’不是一个真正的无理数，因为这不可能是不同的无理数。按照维特根斯坦的主张，“它们不是无理数，它们的定义，正意味着寻找的无理数’”[③]。

---

① Wittgenstein L. Philosophical Grammar. Trans. by Kenny A. Oxford：Basil Blackwell Publisher，1974：471.

② Wittgenstein L. Remarks on the Foundations of Mathematics. Ed. by von Wright G H，Rhees R，Anscombe G E M. Trans. by Anscombe G E M. Oxford：Basil Blackwell Publisher，1978：V§32.

③ Wittgenstein L. Philosophical Remarks. Oxford：Basil Blackwell Publisher，1965：§191.

如果我们把一个“无法则的无理数”定义为：①在一些基础上是由非规则支配的、非周期性的和无限扩展的；②它是“自由选择序列”。维特根斯坦拒绝“无法则的无理数”，因为只要它们不受规则支配，它们就与有理数没有可比性，并且它们也不需要比对。“我们不能说，小数是根据一种法则来扩展的，它还需要由不规则的无限小数来辅助说明，如果我们把自己限制在这些由法则形成的小数中，那么不规则的无限小数将被‘掩盖’”，维特根斯坦说，“这里有不通过任何法则所产生的一种无限小数”，“我们怎么发现它缺失了”[①]？同样地，自由选择的序列就像“无尽的二分法”或“无尽的切割”一样，这不是一个无限复杂的数学规律或规则，而是没有规律可言。因为每一个人扔出一枚硬币后，指向哪一面仍然是无限不确定的。

至少从表面上看，维特根斯坦似乎为结论提供了一种本质主义者的论证，即实数算术不应该以这样一种方式来扩展。这样一种关于实数和无理数的本质主义解释，似乎与数学家必须自由地去延展和创造的观点是相冲突的。中期维特根斯坦主张，“对于他来说，一种演算式是和其他演算式一样的”[②]。维特根斯坦接受复数和虚数。集理论者认为，比起有理数，他们已经把“无理数”概念扩展到无法则的伪无理数，无理数需要数学中的连续性，也因为这种“想象的数字”更像是受规则支配的无理数。

中期的维特根斯坦批判伪数和基础主义，同时他也反驳集合论中的“有害术语”，“原始想象曲解自身的演算”[③]。他试图化解这种误解，即我们不需要发明集合论，因为它没有其他用途。在数学中，有复杂和虚数的有机增长；在科学应用中，它们已经证明了自己的秉性，但伪数只是错误的基础主义。维特根斯坦的主要观点不是说我们不能创造进一步的递归实数——事实上，我们不可能创造无穷无尽的实数——他的意思是说，我们只能说不同的实数体系集合可由规则来列举，“所有实数的集合”或任何逐渐尝试来添加或考虑新的递归实数（如对角线）是一种无用和/或徒劳的

① Wittgenstein L. Philosophical Remarks. Oxford：Basil Blackwell Publisher，1965：§181.
② Wittgenstein L. Philosophical Grammar. Trans. by Kenny A. Oxford：Basil Blackwell Publisher，1974：334.
③ Wittgenstein L. Philosophical Grammar. Trans. by Kenny A. Oxford：Basil Blackwell Publisher，1974：469.

努力。事实上，1930 年，维特根斯坦认为无理数概念是一个危险的伪概念，如果我们不正确地了解无理数的话，那么我们就会产生对集合论的误解。

在《逻辑哲学论》中，早期维特根斯坦对集合论的批判开始是温和的，他拒斥逻辑主义，认为“这类集合论在数学中是完全多余的”①，但至少有部分内容是数学中所需要的通用性，不是偶然的通用性。在中期，维特根斯坦开始尖锐地批判集合论。他说，集合理论完全是“一派胡言”、“错误的”并且是“可笑的”②，其有害的术语会误导我们。

中期维特根斯坦批评超穷集合论（以下简称集合论）。首先，他讨论了集合论内涵和外延的区别；其次，他批评了被当作基数的不可数的数。之后，维特根斯坦似乎意识到他的强形式主义和他对纯形式、非数学演算集合论批判之间存在冲突。寻找实数和数学连续性的理论已经导致了一种“对虚拟符号的使用”②。集合论试图在一种更普遍的层面来理解无限性，而不是对实数的规律进行研究。也就是说，即使通过数学符号的使用，人们也无法理解实际的无限性，因为数学符号只能被描述，而不能被表征。

正如维特根斯坦在《哲学语法》中所指出的，“在集合论中的错误方法包括一次又一次治疗法和枚举法来使它们在本质上的同一”③。这是一个错误，因为这是“没有意义的”。说“我们不能列举所有集合的数，但我们可以给出一种描述”，是因为“一种集合的数不能代替另外一种。这没有法则二元论，并且也没有遵守它的无穷级数”④。

维特根斯坦认为，集合论是错误的并且也是无意义的，因为集合论预设了一种无限的虚拟符号系统，而不是有限的实际符号系统。在原则上，我们可以表征一种无限集，但由于人为或物理上的限制，我们只能在内涵上描述它。维特根斯坦认为在数学中这是不可能的，因为数学是一种实际的演算，这种演算“只关注实际运算的符号”⑤。正如维特根斯坦所主张

---

① Wittgenstein L. Tractatus Logico-Philosophicus. London：Routledge，1922：§6.031.

② Wittgenstein L. Philosophical Remarks. Oxford：Basil Blackwell Publisher，1965：§174.

③ Wittgenstein L. Philosophical Grammar. Trans. by Kenny A. Oxford：Basil Blackwell Publisher，1974：461.

④ Wittgenstein L. Philosophical Remarks. Oxford：Basil Blackwell Publisher，1965：§180.

⑤ Wittgenstein L. Philosophical Grammar. Trans. by Kenny A. Oxford：Basil Blackwell Publisher，1974：469.

的，“我们不能描述数学，我们能做的只是放弃集合论”①。

这种现象最好的例子也许是戴德金提出的，他把“无限类”定义为“一种类似于自身的适当子类”，以此来“试着描述一种无限类”②。然而，“为了确定它是有限还是无限的，我们试图将这种定义应用于一个特定的类，这种尝试是没有意义的。如果我们将它应用于一个有限类，例如某一排树，那么它是无意义的；如果我们将它应用于无限类，则无法来调和它。因为 $m = 2nr$ 关系与所有数字的子类并不相关”③。这是一个无限过程，任意数与另一个数是相关的。因此，虽然我们可以使用 $m = 2n$，是基于规则来产生的，从而也建构了对数（2，1）、（4，2）、（6，3）、（8，4）等，我们不是关联了两个无限集或外延。如果我们尝试把戴德金的定义作为一种标准，来确定一个给定的集合是否是无限的，那么我们是通过在产生“无限外延”的两种归纳规则之间建立一种一一对应关系，其中一种规则是另一种规则的“外延子集”，我们不可能学习任何事物，也不知道何时才应该把标准应用于两种归纳规则中。如果戴德金坚持“无限集”归纳规则的话，我们仍然要表明在集合的有限集和有限基数之间有绝对差异。

维特根斯坦认为，康托尔对角线不能证明无穷集比其他集合有更大的“多样性”。在基数中，不可数的无穷集不可能比可数的无穷集更大。当人们说“所有先验数数字的集合大于代数数字集”时，这是无意义的。这是一种不同的集合。它不是不可数，而只是不是可数的④。

中期维特根斯坦把“超越数集合”的不可数对角线证明，看作是只表明超越数不可能在递归上是可枚举的。他认为这些数字在原则上都不是可枚举的，得出这些数字是递归可枚举的结论是没有意义的。我们拥有两种不同的数字类型概念。一方面，在代数中，我们有一个判定过程来确定任何给定的数是否是代数，我们有办法来列举代数数字，每一个“代数数字”将会被列举出来；另一方面，在超越数的情况中，我们有证据说明一些数字是先验的（非代数），即我们不能递归式地列举每一个我们称之为

① Wittgenstein L. Philosophical Remarks. Oxford：Basil Blackwell Publisher，1965：§159.
② Wittgenstein L. Philosophical Grammar. Trans. by Kenny A. Oxford：Basil Blackwell Publisher，1974：463.
③ Wittgenstein L. Philosophical Remarks. Oxford：Basil Blackwell Publisher，1965：§141.
④ Wittgenstein L. Philosophical Remarks. Oxford：Basil Blackwell Publisher，1965：§174.

的“先验数字”。

在《哲学语法》中，维特根斯坦同样表明是集合论的“数学伪概念”导致了一个难题，我们假定有理数的大小排序有意义，甚至是可枚举的实数，但这似乎是不可能的。

第五节　中期维特根斯坦论数学基础主义

早期和中期维特根斯坦数学哲学思想有一个最重要的区别，与早期《逻辑哲学论》中的观点相反，中期维特根斯坦反对量化无限的数学领域，这样的无限命题不是无限地合取（conjunctions）和析取（disjunctions），因为没有这样的命题。在中期维特根斯坦的数学哲学思想中，“有限”和“无限”这一对概念占有十分重要的地位。在《维特根斯坦与维也纳学派》《哲学评论》《哲学语法》《数学的基础研究》等著作中，他都用了相当大的篇幅讨论“无限性”概念。

一、中期维特根斯坦论“有限”与“无限”

“有限”与“无限”是一对古老的哲学概念，后来又成为数学中的一对重要概念。在古希腊，阿那克西曼德首先把这对概念引入了哲学，认为无限是一种没有质因，也没有界限的事物，是一切存在物的始基和元素。毕达哥拉斯学派把“有限”和“无限”列入他们的十对对立范畴之中，把“无限”理解为偶数。爱利亚学派探讨了大小、运动、无限大和无限小等无限系统。亚里士多德着重探讨了“无限”范畴的潜在方面，以及数列的无限性和时间的无限性。在近代，笛卡儿认为“无限性”这个概念先于“有限性”，广延是无限的；莱布尼茨和牛顿在发展微积分中，借助于连续性和有限性去把握有限量的潜在无限。在现代，康托尔把与潜在的无限有所不同的积极的无限概念引入了数学，肯定无限是真实地存在着的，认为当一个级数的次级数之一分享一个基数时，这个级数是无限的。罗瑟（J. B. Rosser）认为在级数和存在中的有限始终包含有无限。布劳威尔等直觉主义者只承认“潜无限”概念，否认“实无限”概念，认为如果把实无限和潜无限混淆起来，就会产生悖论。

在《维特根斯坦与维也纳学派》中，维特根斯坦主张：“一个正确的记号系统必定产生一种无限的类，而它所采用的方法与产生一个有限类的方法完全不同。从句法上看，类的有限和无限必须是显而易见的。‘无限的’不是数量。‘无限的’这个词与数词有着不同的句法。在语言中，无限总是可以以同样的方式出现，即作为可能概念的限定条件而出现。例如，我们说一段延伸的距离无限可分，一个物体能运动到无限远等等。这里我们是在谈论可能性，而不是谈论实在性。‘无限的’这个词限定了这种可能性”。[①]

维特根斯坦发展有限论数学哲学的主要原因在于：①数学是作为人类的发明。根据中期维特根斯坦的观点，是我们发明了数学。所遵照的是数学和所谓的数学对象不独立地存在于我们的发明之外。从根本上说，数学是人类活动的产物。②数学演算只包含内涵与外延。鉴于我们所发明的只有数学的外延（如符号、有限集、有限序列、命题、公理）和数学内涵（如推理与置换规则、作为规则的无理数），以及这些外延和内涵及其存在的演算，它们一起构成了数学的整体性。应该注意的是，维特根斯坦关于数学内涵和外延的用法，明显地与现代标准用法不同，其中谓词的外延满足了谓词的实体集，谓词的内涵即谓词的意义是由谓词来表示的。简单地说，维特根斯坦认为，现有观念-扩展的概念外延来自现有存在的对象，例如，从物理对象域到所谓的数学对象域是基于一个错误的类比，并且造成了概念混淆。数学演算只包含内涵与外延，这些外延和内涵与其存在的演算一起构成了数学的整体性。

上述两方面的内容对中期维特根斯坦的数学哲学至少有五种直接的影响[②]。

---

① 维特根斯坦. 维特根斯坦与维也纳学派. 徐为民，孙善春译. 北京：商务印书馆，2014：247.

② Rodych V. 2011. Wittgenstein’s Philosophy of Mathematics https：//plato. stanford. edu/archives/sum2011/entries/wittgenstein-mathematics[2011-10-01].

（1）对数学无限外延的拒斥。数学外延是一种符号或者是空间有限扩展的并置符号，这是在数学内涵和有限数学外延之间的绝对差异，它遵循着数学无限性只存在于递归规则中，即内涵中。一个无限的数学外延，即完整的、无限的数学外延是一个自相矛盾的说法。

（2）对数学中无限量化的拒斥。数学的无限性只能是一种递归规则，考虑数学命题必须要有意义，因此它不能有无穷的数学命题，即无限的逻辑乘积或无穷的逻辑总和。

（3）算法的可判定性和不可判定性。如果所有的数学外延一定是有限的话，那么在原则上，所有的数学命题在演算上是可判定的，它遵循"一个不可判定的数学命题是自相矛盾的"的原则。此外，由于在本质上数学是我们所拥有和我们所发明的，维特根斯坦把算法的可判定性限制在了知道如何决定一个命题与已知的可判定程序之内。

（4）对实数的反基础主义解释。因为没有无限的数学外延，因此无理数的规则也不是扩展的。考虑一个无限集是一种递归规则或一种归纳法，并且没有这样的规则可以产生为数学家所称的实数，它遵循的是没有任何规则的所有实数集，也没有数学的连续统（mathematical continuum）。

（5）对不同的无限基数的拒斥。考虑不存在无限的数学外延，维特根斯坦反对康托尔把对角线的证明当成较高的和较低的基数无限集合的证明。

如果我们说"这段距离无限可分"，这个陈述有意义吗？维特根斯坦认为"不，不是这样，因为不存在这样的命题。首先，它是不可证实的；其次，在一个正确的符号系统中，它根本不可能被写出来。因而'无限的'这个概念是一个对于'可能性'概念的限定。它不是通过对一个具有意义的无限陈述的表述，因为根本不存在这种陈述。无限的可能性并不意味着'关于无限物的可能性'。'无限的'这个词表示的是一种可能性特征，而不是一种实在性特征……无限的可能性，时空的连续性——它们都不是假设，而是对描述的可能性形式的一种洞察"①。

因为我们发明的是数学的整体性，我们没有发现独立于我们而存在的数学对象或事实，我们也没有发现数学对象有一定的属性，因为"人们在

① 维特根斯坦. 维特根斯坦与维也纳学派. 徐为民，孙善春译. 北京：商务印书馆，2014：248.

数学或逻辑之间无法发现任何连接，而这些连接已经存在，只是我们不知道它”[1]。在研究数学作为人类的一种纯粹发明时，维特根斯坦试图确定我们能发明什么？为什么我们能发明？在他看来，我们总是错误地认为有无限的数学外延。

如果考察我们的发明就会发现，我们已经发明了演算的形式，这种演算是由有限的外延和内涵规则构成的。更重要的是，如果我们力图确定为什么我们相信有无限的数学外延存在的话，例如，为什么我们认为无限性对数学来说是内在的，那么我们发现我们会错误地认为我们所必须遵循的数学法则和数学无限系列是二元的。例如，一个实数“不断产生十进制分数位数”，它是一个整体。但在实际过程中，“一个无理数不是无限小数的延伸，它是一个法则”[2]。法则和列举基本上是不同的，列举可以由其他法则给出。事实上，集合论中的错误是把法则和列举（枚举）在本质上当成了同一种事物。

结合命题的内涵与外延得出的相关事实是，我们错误地把“无限”这个词当成一个“数字”，因为在日常话语中我们需要回答“有多少？”这个问题。但是，维特根斯坦坚持认为无限不是数量，像“无限”和“8”这样的数字不具有相同的句法形式。“有限”与“无限”的概念在功能上与“类”或“组”这样的形容词是不同的，因为“有限类”和“无限类”以完全不同的方式使用了“类”这个词[3]。无限类是一种递归规则或一种归纳，而有限类的符号是一种列举或外延。这是因为归纳与有限类的重数（multiplicity）有许多共同之处，我们错误地把有限类的重数称之为无限类。

维特根斯坦说：“当我说一根绳子无限长时是指什么意思？难道意思是说我不能到达它的端点吗？不是这样的。让我们用下面的事例来阐明这个道理。假设，张三宣称他可以充分想象一根无限高的电线杆。于是我会问：张三怎么来证实电线杆是无限高呢？怎么证实是10米高？‘我用一

① Wittgenstein L. Philosophical Grammar. Trans. by Kenny A. Oxford：Basil Blackwell Publisher，1974：481.
② Wittgenstein L. Philosophical Remarks. Oxford：Basil Blackwell Publisher，1975：§181，§189.
③ Waismann F. Wittgenstein and the Vienna Circle. Ed. by McGuinness B F. Trans by Schulte J，McGuinness B F. Oxford：Basil Blackwell Publisher，1979：228.

个测量杆来检测'；那么你又怎么证实它是 100 米高呢？'用同样的方法'。因此，我们通过测量杆可以知道什么是有 n 米高的标准了。但是如果问无限高的标准呢？难道也要用测量杆来检测吗？……无限这个词与数词有着不同的语法，也可以有着不同的意思。"①

总之，维特根斯坦认为，数学外延必然是一个有限符号序列，所谓无限的数学外延只不过是一种自相矛盾的说法。这是维特根斯坦有限论的基础。因此，当我们说有无限多偶数时，并不是指在数量上有无限多的偶数，这里的"无限多"不是数词。在相同意义上，我们可以说这幢房子里有 50 个人。自然数的无穷级数只不过是指"有限数列的无限可能性，说整个无穷数列是一种外延是毫无意的"②。当我们把"无限"不是作为数量来理解，而是作为一个无限的可能性来理解时，我们才正确地理解了无限性。常识中的无限并不是数量上的，而是信念上的。

由于中期维特根斯坦拒斥无限的数学外延，因此他对数学量化、数的可判定性、实数的性质和康托尔对角线证明都采用了有限论的观点。数的集合是一种有限的外延，我们不能有效地量化一种无限的数学领域，因为没有无限数学领域这样的事物，并且衍生地，也没有诸如无限地合取或析取。

"看起来，似乎量词对数是毫无意义的。意思是我们不能说'$(n) \cdot \varphi n$'，正是因为'所有的自然数'不是一个有界的概念。但我们也不应该说一般命题是从数字的本质命题中得出的，但对我们来讲，在这种情况下我们无法使用数学中的一般命题，没有'所有数字'这样的事物，因为它们是无限多的。"③

一些外在论者主张，"$\varepsilon(0) \cdot \varepsilon(1) \cdot \varepsilon(2) \cdots$"是一个无限逻辑的产物，他们假设甚或断言，有限和无限的合取是近亲。事实上我们不可能写下或列举出所有包含在无限合取中的每一个合取项。然而根据维特根斯坦的想法，这不只是人类局限性的问题。因为我们错误地认为"无限的合取"类似于"一个极大的合取"，我们进行了错误的推理。正如我们无法确

① 维特根斯坦. 维特根斯坦与维也纳学派. 徐为民，孙善春译. 北京：商务印书馆，2014：197.
② Wittgenstein L. Philosophical Remarks. Oxford：Basil Blackwell Publisher，1975：§144.
③ Wittgenstein L. Philosophical Remarks. Oxford：Basil Blackwell Publisher，1975：§129.

定一个非常大的合取真值一般，因为我们没有足够的时间，同样也由于人类的局限性我们无法确定一个无限合取或析取的真值。但不同的是这绝不是一个程度问题，而是“在这个意义上无限数量的命题是不可能被检查的，也不可能尝试这样做”[①]。同样，根据维特根斯坦的说法，对有局限性的人类而言是如此，更重要的是它也同样适用于如上帝般无所不知的人。因为即使上帝也不可能写出或研究无限多的命题。对上帝来说，即便连续是无限的或永无止境的，这样的任务不是一个真正的任务，因为它在原则上不可能被完成，无限多不是一个数量词。正如维特根斯坦指出：“‘上帝知道 π 的扩展位数吗？’严格来说这个问题是无意义的。”[②]对“所有数字”不能用命题来表征，而只能由归纳来表征。

同样，没有关于数字的数学命题——没有存在量化无穷域的数学命题。如“$(\exists n)\cdot 4+n=7$”，这样的数学命题是什么意思呢？这可能是一个析取$(4+0=7)\cdot\vee\cdot(4+1=7)\cdot\vee\cdot\cdots$到无止尽。这到底是什么意思呢？我可以从头至尾地理解一个命题。但是，一个人可以理解一个没有终点的命题吗[③]？

我们特别容易受到常识或信念的影响，从而认为一个无限的数学析取是有意义的。在某些情况下，我们可以生成一种递归规则来产生无穷序列的下一个成员。例如，当我们说存在一个理想的奇数序列时，我们主张在无限的奇数序列中至少有一个奇数序列是理想的，如我们主张$\varphi(1)\vee\varphi(3)\vee\varphi(5)\vee$等，并且我们知道是什么能让它成为真的，怎样就能让它成为假的。根据维特根斯坦的观点，“这里所犯的错误是我们含蓄地比较了‘$(\exists n)\cdots$’的命题与‘等等’的命题……但没有提供一种‘命题’的公用句法，只是在它们各自的规则中表达了一种类似性”[④]。

中期维特根斯坦的有限论主张，一种量化了无穷域的表达式是没有意义的命题。“例如，一个特定的数 n 会有一种特定的性质，即使我们给出了 $3^2+4^2=5^2$，我们也不应该说$(\exists x, y, z,)(x^n+y^n=z^n)$。虽然在外延上

① Wittgenstein L. Philosophical Grammar. Trans. by Kenny A. Oxford：Basil Blackwell Publisher，1974：452.

② Wittgenstein L. Philosophical Remarks. Oxford：Basil Blackwell Publisher，1975：§128.

③ Wittgenstein L. Philosophical Remarks. Oxford：Basil Blackwell Publisher，1975：§127.

④ Wittgenstein L. Philosophical Grammar. Trans. by Kenny A. Oxford：Basil Blackwell Publisher，1974：451.

采取了那种意义，但在内涵上并不能提供一种证明。在这种情况下，我不应该只表达第一种方程式。”①

因此，维特根斯坦采用了激进的立场，主张相对于真正的数学命题来说量化了无穷域的表达式，无论是猜想（如哥德巴赫猜想、孪生素数猜想等）或是证明的一般定理（如欧几里得的素数定理、代数的基本定理等），这些都是没有意义的表达式。根据中期维特根斯坦的主张，这些表达式都不是有意义的数学命题，因为这些数学命题并不适用排中律，这意味着我们不是在处理数学命题。

二、中期维特根斯坦论量化理论

维特根斯坦的数学哲学观总被人们误认为是在捍卫一种数学哲学的建构论版本②，但如果仔细考虑其观点又似乎偏离了建构主义的本质。与此同时，他的名字通常又与严格有限论联系在一起，这种有限论模型其实就是所谓的斯科伦（Th. Skolem）原始递归算法或古德斯坦的演算方程式。当然，还有人认为维特根斯坦和直觉主义之间也有相似之处。本节将围绕维特根斯坦《哲学语法》之前的著作，描述其中期数学哲学思想中一些重要的但通常被人们所忽视的内容，主要包括三个方面：一是关于维特根斯坦对经典量化理论的批判，正如他在评论一般算术命题时经常批评排中律的普遍有效性；二是关于维特根斯坦对量化和自由变量有限论的其他解读方式；三是关于维特根斯坦对实数的讨论，他选择了一种连续递归版本。

首先，讨论还要从《逻辑哲学论》的量化理论及普遍性问题开始。《逻辑哲学论》命题§6 告诉我们，普遍命题的一般形式是$[\overline{P}, \bar{\xi}, N(\bar{\xi})]$。维特根斯坦在命题§6 中所表达的意思是，任何连续的命题都把运算 N 应用于基本命题 $\overline{P}$——命题的无限可能性是在这种普遍命题形式中被发现的，如无限地重复这种运算。作为变量 ξ 的真值 $\bar{\xi}$ 必须是可确定的，并且对变量的描述代表了变量的命题。此外，《逻辑哲学论》命题§5.501 描述

① Wittgenstein L. Philosophical Remarks. Oxford：Basil Blackwell Publisher，1975：§150.

② 当然，那些人坚持认为维特根斯坦没有参加任何基础性的争论，但重要的是他批评了数学哲学的每一个学派。持这种观点的有贝克（Gordon Baker）和海克（Peter Hacker）。这类主张通常是基于对维特根斯坦哲学概念的总体考虑，而不只是针对其数学评论。

这些命题有三种可能方式：①命题可直接通过枚举给出；②作为罗素函数命题 $F(x)$来给出，即通过“给定一个函数 $f(x)$，它的真值描述了所有关于 x 的真值”；③通过一种法则来建构命题。但维特根斯坦认为这三种方式并没有重要的差别，他认为，“如何描述括号中表达式的术语，这是无关紧要的”[①]。

维特根斯坦对真值函数进行了如下解释[②]：如果$\bar{\xi}$只有一个值的话，那么 $N(\bar{\xi}) = \neg P$；如果它有两个值的话，那么 $\overline{N}(\bar{\xi}) = \neg p \wedge \neg q$。一般命题变量 ξ 的值用函数的值来给出，说任意 $F(x)$的值是 $F(a)$，$F(b)$和 $F(c)$；那么 $N\big(F(x)\big)$将是命题的形式：$\neg F(a) \wedge \neg F(b) \wedge \neg F(c)$。根据这种解释，$\forall xF(x)$是一个逻辑产物，而$\exists xF(x)$是逻辑的总和，即$\forall xF(x) \leftrightarrow F(a) \wedge F(b) \wedge F(c) \wedge \cdots$；并且，$\exists xF(x) \leftrightarrow F(a) \vee F(b) \vee F(c) \vee \cdots$

对当前的讨论，维特根斯坦认为可以量化一个无限论域。维特根斯坦对普遍性的处理意味着枚举命题是不可能的，但仍可以用全称量词来建构逻辑产物。另一个重要方面是维特根斯坦对量化的处理与变量相关。用布莱克的话来说，“维特根斯坦把普遍性的本质与变量的概念联系起来，而不是与量词概念联系起来”[③]。事实上，维特根斯坦在《逻辑哲学论》中区分了命题的普遍性与真值函数。对一个给定命题函数真值的说明，与全称量词和存在量词的逻辑总和是不同的，这种区分与“逻辑原型”概念是相关的。在命题§3.315 中，维特根斯坦告诉我们，如果一个 aRb 表达式中将所有成分都转变为变量的话，那么这些变量被称为“逻辑原型”[④]。人们可以说在 xRb 表达式中，x 是一个变量，它集合了所有的命题形式$-Rb$。这就是为什么维特根斯坦会认为普遍性的符号突显了常量。所以对于表达式 aRb 来说，一旦我们有了作为一切命题集形式的$-Rb$，那么我们就可以转向 xRb，表达式$\forall x(xRb)$只是这些命题的真理函数，而普遍性是由所使用的变量 x 来表述的。

在命题§6.1232 中，维特根斯坦区分了普遍有效性的“偶然”形式与

① Wittgenstein L. Tractatus Logico-Philosophicus，London：Routledge，1922：§5.501.
② Wittgenstein L. Tractatus Logico-Philosophicus，London：Routledge，1922：§§5.51-5.52.
③ Black M. A Companion to Wittgenstein's Tractatus. Cambridge：Cambridge University Press，1964：282.
④ Wittgenstein L. Tractatus Logico-Philosophicus，London：Routledge，1922：§3.315.

"本质"形式：逻辑的普遍有效性可以说是必然的，它与偶然的普遍有效性是正相反的。例如，"所有人都终有一死"是普遍有效的命题[①]。

至此，维特根斯坦认为，通过联结运算的否定式 N，逻辑命题（重言式）都是从基本命题中归纳产生出来的。尽管维特根斯坦认为逻辑命题是普遍有效的，但他没有区分逻辑命题与非逻辑命题之间的差别，逻辑上的普遍有效性仅仅意指"一切事物都是偶然有效的"。事实上，逻辑命题确实具有逻辑上的普遍有效性。维特根斯坦把这种"本质"或"逻辑"的有效性看成是数学伪命题的一个基本特征。形式系列的成员都是由形式法则所产生的，来自《数学原理》的这类逻辑理论可能还需要还原公理或无限公理，而这类公理并不是逻辑命题。因此，在这些逻辑理论中就只有"偶然"的普遍有效性。这就是为什么维特根斯坦会认为这样一套公理化的理论在数学中是不起作用的："在数学中，这一类理论完全是多余的。与事实相关的是，在数学中我们需要普遍有效性，而不是偶然的有效性。"[②]

用维特根斯坦的话来说，一种形式法则是一种"运算"或"内部关系"。内部关系最重要的特点是两个实体是内部相关的。如果不存在这样的内部关系，这似乎也是难以想象的："如果一个属性是内部的并且是不可想象的话，那么该属性的主体其实并不拥有这种属性。"[③]"内部关系"这一概念在《逻辑哲学论》中起着至关重要的作用，维特根斯坦把"形式系列"定义为内部关系的系列："由内部关系所组合的系列称之为形式系列。这一系列的数字不是由外部关系而是由内部关系来组合的。如'aRb'的命题系列：'$(\exists x)$: $aRx.\ xRb$'，'$(\exists x, y)$: $aRx.\ xRy.\ yRb$'等。"[④]维特根斯坦补充道，如果 b 代表了与 a 的一种关系，那么我把 b 称为 a 的后继者。维特根斯坦打算取消原始递归概念（迭代）过程，与弗雷格的观点相比，弗雷格试图根据原始的关系来解释上述"后继者"的概念，在《数学原理》中被称为关系 R^*。利用原始的关系，逻辑学家能够提供自然数序列的精确定义，但这需要一种集合论工具（关联集），这种工具对维特根斯坦来说是不可用的。庞加莱认为逻辑学家所定义的自然数是循环论证

① Wittgenstein L. Tractatus Logico-Philosophicus, London: Routledge, 1922: §6.1232.
② Wittgenstein L. Tractatus Logico-Philosophicus, London: Routledge, 1922: §6.031.
③ Wittgenstein L. Tractatus Logico-Philosophicus, London: Routledge, 1922: §4.123.
④ Wittgenstein L. Tractatus Logico-Philosophicus, London: Routledge, 1922: §4.1252.

的。同样，在《逻辑哲学论》中，维特根斯坦从自己的立场出发批评了弗雷格和罗素所定义的原始关系。因此，维特根斯坦与庞加莱的观点相似，他们都拒绝精确的定义，批评这是循环论证的。

如果我们想用逻辑符号来表达普遍命题，即“b 是 a 的后续者”，那么我们需要这种形式系列的一般表达式：aRb，$(\exists x)$：$aRx.xRb$，$(\exists x，y)$：$aRx.xRy.yRb\cdots$，形式系列的一般术语只能由变量来表示，因为概念只能由“形式系列的术语”来符号化，符号化后的概念才是一个形式概念。为了看出什么样的变量才表达了一般形式系列，我们还必须首先考察命题§5.2522。试考虑形式系列的一般用语，“α，$O'\alpha$，$O'O'\alpha$，…因此，我写为[α，x，$O'x$]。中括号中的表达式是一个变量，这种表达式中的第一个术语 α 是形式系列的首项，第二项 x 是这一系统中的任意术语，第三项术语 $O'x$ 是紧随着 x 的[①]。维特根斯坦所定义的自然数与变量是密切相关的，因为变量[α，x，$O'x$]正是要突出自然数的递归性质。为了反对逻辑学家的观点，维特根斯坦强调了“依此类推”的概念。

1928 年维特根斯坦听了布劳威尔在维也纳的讲座，并通过与外尔、施利克（Moritz Schlick）和魏斯曼讨论之后，他接触到了直觉主义观点。1929 年回到剑桥之后，维特根斯坦与拉姆齐进行了一些关于直觉主义的讨论。虽然维特根斯坦最终不同意直觉主义的大部分观点，但是在他思想的演变中，直觉主义也起到了重要的作用。

根据外尔的观点，含有存在量词的命题涉及自然数，而这一命题并不具有陈述的全部状态：只有人们已经知道一个特定的数字和一个可判定的谓词 F，命题$\exists xF(x)$才是可断言的，即特定数字满足了谓词 F，人们可以从 $F(a)$中抽象出$\exists xF(x)$，或者抽象出 $F(a)\rightarrow\exists xF(x)$。为此，外尔把存在命题描述为抽象-判断：“一个存在句，例如，‘这有一个偶数’——不是在所有的判断中断言了一个事实，存在事实是逻辑学家的空发明。‘2 是一个偶数’：这是一个真实的判断，表达了一个事实。‘这有一个偶数’只是从这个判断中获得的一个抽象-判断。”[②]同样，含有全称量词的命题也涉及

① Wittgenstein L. Tractatus Logico-Philosophicus，London：Routledge，1922：§5.2522.
② Weyl H. Über die neue Grundlagenkrise der Mathematik. Mathematische Zeitschrift，1921，10（1）：39-79.

自然数，这种命题也不是陈述。外尔把这些命题称为“指示”、“要求”或“判断”的规则：一般命题“每个数都有一个属性 F”。例如，虽然每一个数 m，$m+1=1+m$ 是相等的，但这不是一个真正的判断，而是一个一般命题的判断规则①。

具体来说，如果我面前有三只白色的天鹅，然后我得出结论说“这里所有的天鹅都是白色的”，那么这个命题是一个有真值的陈述。因为它是一个有限合取的缩写：一只天鹅是白色的$\wedge$一只天鹅是白色的$\wedge$一只天鹅是白色的。或许在他说话时这个命题是一个真陈述，而其他时刻则有可能为假陈述。这是一个适当的陈述，因为天鹅和枚举都是可能的。但如果论域是无限的，如在量化普遍算术命题中这种方式是不可能的，并且命题不能被解释为无限合取的缩写。外尔说，这样的一个命题显然是没有意义的。当我们阐述一个算术命题的判断规则时，虽然命题本身并没有断言任何东西，但它对一个无限命题 $F(a)$的演绎推理必须是合理的，即$\forall xF(x)\rightarrow F(a)$。外尔把这一命题描述为：一个假设的命题，在某些情况下，“如果你遇到某个数字，那么你可以肯定它有属性 F。”②换句话来说，外尔解释了存在量词和全称量词的命题，与陈述相比这种解释涉及自然数。事实上，威尔认为涉及全称量化的无限命题并不是一种真实的陈述。但作为一种主张，即在一个给定的范围内言说者拥有建立任何语句真值的有效手段。在《真理的概念来源》中，达米特描述了陈述与命题之间的区别：“即使我们使用了一大类的经典概念来构成可以确定真值条件的陈述或断言，我们仍然需要承认不是所有话语的信息都可以确定真值条件。其他话语的信息也可以被分类，但不是分类为断言或陈述，而是分类为表达式，命题才能被判断为合理或不合理、正当的或不正当的。”③

达米特提供的这类主张涉及无限量化的算术命题。那么为什么说存在命题和全称命题不能说是真正的陈述呢？用达米特的话来说，“一个人有权说任何话，但这些话与他自身的认知立场是密不可分”④。事实上，如

① Weyl H. Über die neue Grundlagenkrise der Mathematik，1921，10（1）：39-79.

② Weyl H. The ghost of modality//Farber M，Husserl E. Philosophical Essays in Memory of Edmund Husserl. Cambridge：Harvard University Press，1940：278-303.

③ Dummett M A E. The source of the concept of truth // Boolos G. Meaning and Method：Essays in Honor of Hilary Putnam. Cambridge：Cambridge University Press，1990：4.

④ Dummett M A E. The source of the concept of truth // Boolos G. Meaning and Method：Essays in Honor of Hilary Putnam. Cambridge：Cambridge University Press，1990：2.

果一个数学家不知道某个个例 $F(a)$的话，那他也不能断言存在命题$\exists xF(x)$，同样也不能断言拥有自由变量的否定陈述$\neg F(a)$，更不能主张$\forall x \neg F(x)$。

用初等数学的例子来说明，如欧几里得定理中的素数无穷性可以帮助我们理解上述观点。在这个定理中“素数比任意所分配的大量素数都要多”。试想下面的归谬论证：我们先假定有一个最大的素数 P_n。因此，我们应该能够列出所有的素数：P_1，…，P_n，然后我们定义了数：$N=[P_1 \cdot P_2 \cdot P_3 \cdot P_n]+1$。

数字 N 要么是素数，要么是复合数。如果它是素数的话，那么这就有一个矛盾。因为它比所有的素数都要大，所有素数必须$\leqslant P_n$，所以不可能有超过 N 的素数。如果它是复合数的话，那么它必须被一个素数整除。但这个素数的因子不能是$\leqslant P_n$的任意素数，因为它们都会有余数 1。因此必须有另一个素数大于 P_n。素数“x，$n<x\leqslant N$”描述了一个适当的陈述，因为 N 是在一个有限论域之中。但如果命题是无限域的话，那么存在一个素数 x，并且 $n<x$，这样的方式是不可能的，并且命题不能被解释为一个无限析取的缩写：“$n+1$ 是素数”$\vee$“$n+2$ 是素数”$\vee$“$n+3$ 是素数”$\vee$“$n+4$ 是素数”$\vee$…。

除非说话者已经知道这样一个特定的数 $x>n$，他能证明 x 是素数。否则他无法断言$\exists xF(x)$，因为这将是一个不合理的主张。正如维特根斯坦自己所言：“这肯定是废话。因为如果我们寻找的时间足够长，这句话是没有意义的（一般来说寻找存在的证据）。”[①]重要的是，对一般命题来说排中律并不适用于它们。事实上，如果数学家不具有个例 $F(a)$的话，那么他不能断言否定式$\neg F(a)$，在$\forall x \neg F(x)$和$\neg\exists xF(x)$之间并不是等价的。因此，一般命题和存在命题都不适用排中律。威尔认为，这种句子的否定式是完全没有意义的，非独立量词的形式为：$\forall x \exists yF(x, y)$。对此，他进行了两方面的解释：首先，人们建构了一种法则，即建构了一种函数式 $F(x)=y$。然后，每个数字 x 产生了一个新的数字 y。人们可以以这种方式引入一般命题$\forall xB(x, F(x))$。这样，从一般命题衍生出了一个句子来，人们可以抽象出这种形式的存在句：$\exists xB(a, x)$。

① Wittgenstein L. Philosophical Grammar. Trans. by Kenny A. Oxford：Basil Blackwell Publisher，1974：384.

因此，对于真正的函数 $F(x) = y$，其真实的意义来自个体 y。这就是为什么外尔说，这必须包括所有的个体，而不是其中的一部分，反之亦然。外尔对一般算术命题的解释产生了较大的影响。希尔伯特主张“有限”的普遍命题，如 $\prod_1^0$– 句子被理解为无限的逻辑产物，因为它们不能被否定。拉姆齐在晚年采用外尔的解读方法，从而转向了有限论。威尔把一般命题解读为“判断之泉或判断的规则”[①]。例如，拉姆齐在 1929 年的《普遍命题与因果关系》一文中表达了这样的一种观点：当论域是有限的，并且给出的对象都是具体的时候，这是合取的命题，如“所有人都有一死”的普遍命题就是他所称之为的“变量假设”。而威尔的这种变量假设并不陈述全部的事态。与外尔的观点类似，拉姆齐也描述了这样事态：“变量假设不是判断，而是判断的规则。如果我遇到一个 φ，那么我将把它当作 ψ。这不能被否定，但人们可以不同意这一点或不采用它。”[②]

对拉姆齐来说，普遍的算术命题并非真正的陈述，而是对变量的假设。拉姆齐写道：“那么，这似乎是一个普遍的数学命题，并不对应一种单称命题的判断，虽然通过替代这样有限的判断，它可以导致这样的单称判断和真值函项。”当然，当我们证明这样一个命题时可以做出判断，我们已经证明了它（并且判断任何实例都是真的）。但这并不相当于命题本身，如“我没有证明 p”，因此“我已证明非 p”，这是不相同的命题。”[③]拉姆齐还发现了因果律类似于变量假设。在《普遍命题和因果关系》中我们可以看出：“当我们主张因果定律时，我们不是断言一个事实，不是断言一个无限的合取，也不是全称的联结，而是变量的假设。这种假设并不是严格意义上的命题，而是来自我们命题的公式。”[④]

维特根斯坦主张，可以把普遍的算术命题当作一种“假设”，人们从中可以得到陈述句，虽然陈述句本身并不断言任何事物。与拉姆齐的观点相似，维特根斯坦同样考虑了因果律，他称之为“假设”。这一主张体现

---

① Weyl H. Consistency in mathematics. The Rice Institute Pamphlet，1929，(16)：245-265.

② Ramsey F P. General propositions and causality//Mellor D H. Foundations. London：Routledge & Kegan Paul：137.

③ Ramsey F P. The formal structure of intuitionist mathematics//Galavotti M C. Notes on Philosophy, Probability and Mathematics. Naples：Bibliopolis，1991：204.

④ Ramsey F P. General propositions and causality//Mellor D H. Foundations. London：Routledge & Kegan Paul：147.

在《哲学评论》中，“假设形成了命题的法则”[①]，并且如果它无法明确证实的话，那么它就是完全无法证实的。因此，它没有真或假。在假说和陈述之间进行区分也有助于我们理解维特根斯坦过渡期的观点。应该说虽然拉姆齐和维特根斯坦解释之间有相似性，但他们之间也有重要的区别。

在《逻辑哲学论》和《维特根斯坦剑桥讲演录》中，维特根斯坦都讨论了量化概念。在早期，维特根斯坦明确表示量词可以被理解为无限地合取或析取。在《维特根斯坦剑桥讲演录》中，维特根斯坦则声称，他在《逻辑哲学论》中的错误是假设在所有类中都可以通过普遍语法命题来定义，这样的语法命题与逻辑产物或逻辑总和是一致的。但从 1929 年起，维特根斯坦认为，一个无限长的合取或析取是不可能的。原因倒不是因为人类的局限性，而是因为“无限”不是一个数字。正如他自己所说的，这是一个符号的可能性。因此，与外尔和拉姆齐的观点相似，维特根斯坦只是把全称量词看作一个逻辑产物。不同于有限序列的方式，无穷系列是通过语法来定义的，它们不能被表征为一个逻辑的产物或总和。这种推理与外尔的解释和拉姆齐的评论是极其相似的。但是在 1930 年，维特根斯坦认为，外尔把几个不同的事物混在了一起，因此他拒绝外尔的解释：“威尔的假设可能确实是全称陈述，但它们没有否定式，而存在陈述只是一个‘抽象-判断’，只能用来告诉我们一切事物。但实际上，这是两个完全不同的东西—— 一个正确的全称陈述是通过归纳来表述的，这样它自然也不能被否定。”[②]

维特根斯坦对外尔的观点可能存在一些理解错误。维特根斯坦采取的方式是，这样的普遍命题$\forall x F(x)$不能有否定式，因为这样的否定就相当于一个纯粹的存在命题，而存在命题则只能是抽象-判断概念。事实上，外尔也不是完全把全称命题和存在命题混为一谈。外尔认为无限量化的普遍命题其否定式不是有限的，这就是为什么这些普遍命题不能否定。维特根斯坦认为他对普遍命题的解释不同于外尔的解释，后来维特根斯坦再次重申这一点：“一个关于所有数字的断言（陈述）是不能通过命题来表征

① Wittgenstein L. Philosophical Remarks. Oxford：Basil Blackwell Publisher，1965：§228.
② Waismann F. Wittgenstein and the Vienna Circle. Ed. by McGuinness B F. Trans by Schulte J，McGuiness B F. Oxford：Basil Blackwell Publisher，1979：81.

的，而应该由归纳来表征。然而，你既不能否认它，也不能肯定它，因为它没有断言任何事物。”①

这里存在有两种主张：第一，普遍性不是通过陈述来正确表述的，即通过$\forall x F(x)$来表述，也不能通过归纳来理解；第二，对普遍命题来说不是归纳出的正确陈述，它们不能被否定。因此，首先有必要说明维特根斯坦对归纳证明的解释，因为他也使用了“递归证明”表达式。

19 世纪 30 年代初，维特根斯坦认为数学证明有两种，即代数证明和归纳证明。根据维特根斯坦的观点，归纳证明的显化特征是归纳命题不能作为证明的最后一步。因此归纳证明本身不是命题的证据，它是用一种形式来替代了特定证明的模板。“一个递归的证明只是一个任意特殊证明的普遍性指导，就如路标显示特定方向、递归证明显示特定命题的形式。当然，所谓的递归定义不是这个词通常意义上的定义，因为它不是一个等式，等式‘$a+(b+1)=(a+b)+1$’只是命题的一部分，它也不是一个方程的逻辑产物。相反，它是建构方程的法则。”②

维特根斯坦问道：“现在，我们可以在什么程度上把这样的法则称为一般命题的证明证据呢？”③在《逻辑哲学论》中他的回答是，在“言说”和“表现”之间的区别没有断言命题的普遍性，这表明有无限的可能性：“它的普遍性并不在于它本身，而在于它正确应用的可能性。并且，它必须继续诉诸归纳。也就是说它不主张它的普遍性，它不表达这一点。普遍性通过形式与替换相关，这被证明是一个归纳系列的术语”。④

为了探明维特根斯坦这一思想的根源，我们必须回到《逻辑哲学论》中追本溯源。逻辑常项不指称什么？如果我们没有先验地获得一个逻辑对象来预设对命题的解释的话，那么意义的条件必须来自命题本身的成分。数学无限性的情况是相似的。维特根斯坦所要求的无限可能性可以很容易地从符号本身体现出来：“为了解释无限的可能性，必须指出符号的特征，这导致我们假设了这种无限的可能性。或者说是符号中实际呈现的什么必须

① Waismann F. Wittgenstein and the Vienna Circle. Ed. by McGuinness B F. Trans by Schulte J, McGuiness B F. Oxford：Basil Blackwell Publisher，1979：82.
② Wittgenstein L. Philosophical Grammar. Trans. by Kenny A. Oxford：Basil Blackwell Publisher，1974：432.
③ Wittgenstein L. Philosophical Remarks. Oxford：Basil Blackwell Publisher，1965：§164.
④ Wittgenstein L. Philosophical Remarks. Oxford：Basil Blackwell Publisher，1965：§168.

是充分的……所以一切事物都必须已经包含在符号‘|1，x，$x+1$|’——这构成了规则的表达式。在引入无限的可能性时，我不能把一个神话元素引入语法。”①

因此，虽然普遍性可以在模板中找得到，但普遍性本身并不表述模板。普遍性是无法表达的，它是由数字来替代变量，从而在模板中表明的，由此把个例 F 的证据转化成了一种特殊的证据。维特根斯坦从归纳证明得出了两个重要的结果。首先，由于归纳证明并不断言任何事物，这是不可为真或为假的，因此，排中律不适用。“因此，这有一个断言（陈述）可以被否定，并且一个确定的结构不能被否定，这也没有断言（陈述）的否定。然而，排中律是不适用的——很简单，因为我们在这里不处理命题。”②当然，这种观点与威尔的观点是有相似之处的。其次，是对含有全称量词陈述$\forall xF(x)$的理解。通常假定最后在全称量词和自由变量形式$F(a)$之间是没有差异的。假设人们可以证明 $F(a)$，那么也就能证明全称封闭的$\forall x F(x)$。而维特根斯坦则倾向于认为量词在使用上的模糊性。通过对普遍性的证明，他否认了归纳证明能证明适用于所有数字的属性：“一个归纳证明如果它是一个证明的话，将是一个普遍性的证明，而不是所有数字的某些属性的证明”。③

维特根斯坦主张，如果普遍陈述是一个有无限外延的陈述，那么说某些属性适用于所有自然数的证明是不恰当的。维特根斯坦表示，“但是你不能谈论所有的数字，因为没有这样的东西来作为所有的数字。”④一个自然的解决方案是放弃量词。维特根斯坦在剑桥的演讲中发表了以下评论：“无限的规则可以用符号表述如下：[$f(1)$，$f(\xi)$，$f(\xi+1)$]。注意，我们必须一步一步来，从$f(1)$开始，这不是一类通过$(x)\varphi x$来表征的普遍命题。”⑤

他在《哲学语法》中写了一些类似的话语：“我们公式化的重点当然是‘所有数’的概念都是由像这样‘|1，ξ，$\xi+1$|’的结构给出的，普遍性

---

① Wittgenstein L. Philosophical Remarks. Oxford：Basil Blackwell Publisher，1965：314（App. 1）.

② Waismann F. Wittgenstein and the Vienna Circle. Ed. by McGuinness B F. Trans by Schulte J, McGuiness B F. Oxford：Basil Blackwell Publisher，1979：82.

③ Wittgenstein L. Philosophical Remarks. Oxford：Basil Blackwell Publisher，1965：§168.

④ Wittgenstein L. Philosophical Remarks. Oxford：Basil Blackwell Publisher，1965：§124.

⑤ Wittgenstein L. Wittgenstein's Lectures，Cambridge 1930-1932. Oxford：Basil Blackwell Publisher，1980a：14.

是由符号中的这种结构来陈述的，它不能用由$(x).fx$来描述。”①

从这些引用中能很明显地看到，维特根斯坦想得出全称量词$\forall xF(x)$与这一类表达式$[f(1), f(\xi), f(\xi+1)]$之间的区别。如果我们正确地遵循维特根斯坦的方法，那么量词$\forall xF(x)$和$\exists xF(x)$只能用于有限的序列。因为它们表达了外部或“偶然”的普遍性，这只适用于有限的扩展。把$\forall xF(x)$的使用限制在有限序列，并且把如$[f(1), f(\xi), f(\xi+1)]$的表达式用于充分地描述无限系列，这将实现句法的区分作用。

两个表达式$[f(1), f(\xi), f(\xi+1)]$和$|1, \xi, \xi+1|$都是来自$[a, x, O'x]$，维特根斯坦称之为“变量”。这在《逻辑哲学论》§5.2522 中可以找到。这个“变量”是这一系列的一般术语，相对于a，它只包括O的重复：a，Oa，OOa，$OOOa$，$OOOOa$…与纯粹重复的图式相比，两者之间具有明显的类似性：$F(a, 0)$，$F(a, Sx) = BF(a, x)$，其中$F(a, Sx)$只是将函数Bx数次地应用于a，似乎所有的原始递归函数都可以从纯重复图式中获得。

斯科伦在 1923 年对集合论悖论的问题提出了有限论的解决方案，他提出发展初等算术而不需要在这类理论中使用无限量词。“如果我们把算术的一般定理当成函数，并采取递归模式作为基础的话，那么科学将可以以一个严格的方式来建立，而不使用罗素和怀特海的‘总是’和‘有时’的概念。”②

斯科列姆所称的“思维的递归模式”包括使用原始递归的定义、引入新函数、使用数学归纳法来进行证明。斯科列姆允许使用有限的量词来作为速记符号。只有当涉及无限域时，他才使用自由变量。原始递归算法的结果系统（primitive recursive arithmetic，PRA）体现了维特根斯坦关于普遍表达式的观点，即普遍表达式使用了自由变量。虽然布劳威尔和威尔都认为无法把排中律应用于涉及量化自然数的否定命题，但直觉主义仍然包含这样的否定命题，这种否定命题不能由斯科列姆的原始递归算法来表

---

① Wittgenstein L. Philosophical Grammar. Trans. by Kenny A. Oxford：Basil Blackwell Publisher，1974：432.

② Skolem T. The foundations of elementary arithmetic established by means of the recursive mode of thought，without use of apparent variables ranging over infinite domains. //van Heijenoort. From Frege to Gödel. A Sourcebook in Mathematical Logic，1879-1931，Cambridge：Harvard University Press，1967：303-333.

述。因为它在句法上是不可能的，普遍性仅适用于由自由变量来表述。因此，直觉主义的观点要比斯科列姆的原始递归算法更加宽泛，比维特根斯坦的有限论观走得更远。

20 世纪 30 年代初，维特根斯坦的学生古德斯坦也拒绝经典量化理论。1941 年，古德斯坦在《自由等式演算公理中的函数理论》（*Function Theory in an Axiom-Free Equational Calculus*）中，通过把命题演算和数学归纳组合在一起发展出了一个新的纯等式演算，其中所有命题都是 $F=G$ 的等式形式，F 和 G 是原始递归函数或术语，这替代了规则的唯一性，而不是由归纳得出的。这种演算是无逻辑的，句子的连接词和限定量词被引入算术界。值得注意的是古德斯坦所使用的替换规则，他把这种独特性归因于维特根斯坦。事实上，关于结合律的归纳证明，$(a+b)+c=a+(b+c)$，维特根斯坦已经写了许多评论[①]，包括用推理规则来替代归纳。

$F(0)=G(0)$，

$F(Sx)=B\big(F(x)\big)$，$G(Sx)=B\big(G(x)\big)\vdash F(x)=G(x)$

在这个规则中独特的函数是递归的，古德斯坦把这一概念视为直观可接受的。等式计算正是基于这一独立概念，而不是基于数学归纳法，并且早在 1945 年初，古德斯坦在他的论文《自由等式演算公理中的函数理论》中就提及了维特根斯坦的言论。维特根斯坦对归纳的评论不是对归纳方法本身的批评，而是对归纳所显现语言的批评[②]。

古德斯坦的方程式演算可以用不同的方法来表达有限的全称和存在命题，它们在有限数量的合取和析取方面是等价的。但就斯科列姆的 PRA 而言，一个无限的全称命题的否定，或一个无限的存在命题的否定无法被表达出来。一般而言，古德斯坦的方程式演算也很好地体现了维特根斯坦的思想。例如，古德斯坦在 1945 年的论文中指出："在演算中，普遍性可能会被表现出而不使用任何变量符号，定理普遍性表明了证明本身的普遍性。但在一个演算式中所包含的变量无法表明普遍性，也不能表述它。"[③]

---

① Wittgenstein L. Philosophical Grammar. Trans. by Kenny A. Oxford：Basil Blackwell Publisher，1974：397，414.

② Goodstein R L. Wittgenstein's philosophy of mathematics//Ambrose A，Lazerowitz M. Ludwig Wittgenstein：Philosophy and Language. London：Allen and Unwin，1972：271-286.

③ Goodstein R L. Function theory in an axiom-free equation calculus. Proceedings of the London Mathematical Society，1945，（48）：401-434.

维特根斯坦过渡时期的著作表明，维特根斯坦放弃了他早先把全称量词作为一个逻辑产物、把存在量词作为一个逻辑总和的观点。这一举动类似于直观主义者对古典量化理论的批判，虽然两者的动机是不同的，但比起直觉主义摒弃量化理论，维特根斯坦则走得更远。这个特点促使维特根斯坦形成了其基本立场，正如斯科列姆和古德斯坦的立场一样，他的立场接近自由变量的有限论。需要再次强调的是，无论是斯科列姆的 PRA 还是古德斯坦的方程式演算，他们都是通过自由变量来表述普遍性，而排除了无限一般命题的否定式，从而否定了排中律的普遍可适用性。

三、中期维特根斯坦论排中律

许多评论家都把维特根斯坦看成拒斥排中律的普遍有效性。例如，罗伯特·福格林（Robert Fogelin）把维特根斯坦看成是“抨击了排中律的无限使用，这是维特根斯坦的作品中所发现的直觉主义的主题之一”[①]。反实在论者达米特认为，维特根斯坦对排中律的态度是矛盾的。而赖特（Crispin Wright）则称，在维特根斯坦的作品中没有找到明确的对排中律的拒绝。

维特根斯坦对排中律的普遍有效性有疑虑，然而海克（P. M. S. Hacker）在《洞见与幻想》（*Insight and Illusion*）中强烈反对这一观点，认为维特根斯坦的这些主题“被反实在论扭曲得面目全非”[②]。海克认为，中期维特根斯坦的主张是，如果排中律并不适用，那么人们根本无法谈论一个命题。根据海克的观点，维特根斯坦无意拒斥排中律。事实上，从布劳威尔和威尔对排中律的普遍适用性批评来看，维特根斯坦的反应似乎基本上是在否认他们的观点：“我很难说排中律不适用，其他逻辑的法则不适用，因为在这种情况下，我们不是在处理数学命题。（反对外尔和布劳威尔）”[③]

布劳威尔 1928 年在维也纳的讲座首先介绍了他的摆值（pendulum

---

① Robinson R. Primitive recursive functions. Bulletin of the American Mathematical Society，1947（53）：925-942.

② Hacker P M S. Insight and Illusion. 2nd ed. Oxford：Clarendon Press，1986：331.

③ Wittgenstein L. Philosophical Remarks. Oxford：Basil Blackwell Publisher，1965：§151.

number）。让 d_v 是 π 和 $m = k_n$ 的第 v 位小数展开项，如果 d_m 是在部分 $d_m d_{m+1} \cdots d_{m+9}$ 第 n 次，并形成了 0123456789 序列。现在，如果 $v \geqslant k_1$，那么 $cv = (-1/2)^{k_1}$，否则 $cv = (-1/2)^{v}$。序列 c_1，c_2，c_3，…形成了实数 r，即所谓的摆数，摆数不可能说明如果 $r = 0$，$r>0$ 或者 $r<0$。这个数字有一些特殊的性质，用布劳威尔的话来说，这是不合理的，虽然它与 0 不相容是荒谬的。正是因为这种解释，维特根斯坦拒绝把布劳威尔的摆数作为真正的实数。事实上，维特根斯坦的要求是每一个实数都能有效地与任何合理的数字相容。布劳威尔的意图是构建这样一个数字，从而对排中律提供一个反例。维特根斯坦主张，“这个摆数既不是不等于 0，也不是等于 0，与排中律是矛盾的”①。

维特根斯坦认为，当布劳威尔说其摆数的性质与排中律不相容时，他是正确的。但这并没有揭示出关于无限命题的特殊性。相反，基于逻辑假设它不能是先验的，即在逻辑上无法判断一个命题的真或假。因为，如果一个命题的真或假是先验不可判定的，那么命题就失去了它的意义。这正是逻辑命题失去了其有效性。据此，海克得出结论，维特根斯坦从未拒斥过排中律，不可判定命题的想法是荒谬的……我们无法理解一个不可判定的数学命题，就因为这原因而无法理解。如果这是不可判定的话，那么它不是一个命题②。

海克通过对《哲学评论》命题§151 的解读认为，如果排中律不适用的话，那么根本就没有命题可言，只有废话。维特根斯坦主张我们不处理数学命题，代数的基本定理是数学的一部分，这有许多不同的证明，它也不缺乏意义。然而，海克也似乎误读了维特根斯坦的观点。当维特根斯坦主张如果排中律不适用于一个命题的话，那么它就失去了其意义。他意指我们不是在谈论一个真正的陈述。但是用罗素的话来说，“就像人们想在逻辑中谈论的大多数事物，通过这一事实它并没有失去其重要性”③。排中律涉及一类特殊的数学命题，即一般的算术命题，所谓 $\prod_1^0$ −句子。

首先，维特根斯坦坚持排中律的普遍有效性与他之前的二值命题是相

① Wittgenstein L. Philosophical Remarks. Oxford：Basil Blackwell Publisher，1965：§173.
② Hacker P M S. Insight and Illusion. 2nd ed. Oxford：Clarendon Press，1986：127.
③ Russell B. Introduction to Mathematical Philosophy. London：Allen and Unwin，1919：230.

关的，即为真和为假的命题。如果不可能对命题进行否定的话，那么这没有命题的二值性。维特根斯坦在 20 世纪 20 年代末期和 30 年代早期的主张并没有说出任何新的想法，因为他已经在《逻辑哲学论》中描述了数学方程缺乏二值性。这一观点在维特根斯坦中期或过渡时期依然没有改变，维特根斯坦仍然认为在一般字面意义上数学命题不能被否定。因为我们无法想象，在这种情况下，一旦我们证明了它，我们将要断言否定式$\neg F(a)$的自由变量公式 F。

对于“什么是真命题”，休伯特（Hubert）与直觉主义者有着重要的区别。对休伯特来说，数学命题的运算必须是真值函项的，所以它们只适用于具有真值条件的命题。休伯特坦言，正是因为只有辩护条件可以与涉及无限量化的一般命题相联系，自亚里士多德以来人们就一直用这些法则。这是对有限论者解释的一个重要支撑，排中律不仅适用于有限命题，而且也适用于《逻辑哲学论》的真值函项演算式。

直觉主义者接受了对量词有限主义的解释，认为这是有必要的，只解释命题运算的意义，而不是通过真值表来说明每一个运算是如何为主算子陈述辩护的。维特根斯坦显然站在有限论这一边来反对直觉主义，因为正如《逻辑哲学论》一样，维特根斯坦是根据真值表来考虑逻辑连接词的。事实上，对他来说，排中律并不隐含着“这没有其他的逻辑规律可应用”的思想。维特根斯坦并不意指一般的算术命题没有地位，他只是说有一个不同的地位。这些命题不是完全没有意义，我们只是在谈论两个不同的事物。从《哲学语法》来看，这一点是非常清晰的：“‘命题’这一词如果在这里没有任何意义的话，那么它相当于一个演算式：$p \vee \neg p$ 是一个重言式（即排中律成立）。当认为排中律不成立的时候，我们已经改变了命题的概念。但这并不意味着我们已经发现命题并不遵守这样的法则，而是意味着我们已经有了一个新的规定，或建立了一种新的游戏。”[①]

维特根斯坦同意人们可以建立一种新游戏，即建构一个逻辑系统。其中排中律不成立，这证明人们无法把这一举动解释为某种形式的发现，但却可以作为一个修改的命题概念。维特根斯坦认为，归纳证明的结果并不

① Wittgenstein L. Philosophical Grammar. Trans. by Kenny A. Oxford：Basil Blackwell Publisher，1974：368.

是一个真正的陈述，因为归纳法并没有断言任何事物。这就是为什么维特根斯坦认为代数的基本定理不是一个真正的陈述："如果证明每一个方程都有一个根是一个递归证明的话，那么这意味着代数的基本定理不是一个真正的数学命题。""费马大定理也是这样的一个例子（我们现在有一个证明），我说：所谓的'费马大定理'不是一个命题（甚至不是在算术命题意义上的命题），相反，它对应于归纳证明。"①

维特根斯坦认为，直觉主义的观点仍然残留了对柏拉图主义的描述态度，而他本人非常不喜欢柏拉图主义。因此，根据维特根斯坦的主张，布劳威尔说他所发现的一些关于某些命题的特殊事实，正如物理学家会说他们发现了自然法则一样。维特根斯坦明确赞成布劳威尔的批判精神，但却不赞成其细节部分："当布劳威尔攻击排中律在数学中的应用时，只要他针对的是类似于经验命题证明的过程，他就是正确的。在数学中，你永远无法证明这样的东西：我看到桌子上有两个苹果，但现在桌子上却只有一个，所以有人吃了一个苹果。也就是说，你不能通过排除某些可能性来证明一个新的可能性，这种可能性并没有被排除。在数学中没有真正的替代选择。如果数学是对经验上给定的总数进行研究的话，那么人们可以排除哪些部分可以描述，哪些部分不能描述。如果一个命题是有效的话，那么数学范围不一定是有效的。"②

维特根斯坦在这些段落中显现的主张是相当难以理解的。他的观点是数学中的排中律缺乏有效性，这是所有数学命题的一个显著特征，而不是经验命题的特征。根据维特根斯坦的观点，对排中律的拒斥基于一些诡辩。然而，他并不意指人们不能承认数学中任何实质性的"语法"差异。事实上，维特根斯坦后期的大部分数学哲学观点是建立在对有限序列和无限序列的语法区分之上的，这种区分与布劳威尔的观点相类似。

人们认为维特根斯坦是重新引入了布劳威尔反对排中律的描述观点来反对布劳威尔的论证。维特根斯坦认为布劳威尔的观点隐含了摹状词。但布劳威尔的摆数正是为了避免这一点。布劳威尔的最终目的是要表明，不

① Wittgenstein L. Philosophical Remarks. Oxford：Basil Blackwell Publisher，1965：§168，§189.
② Wittgenstein L. Philosophical Grammar. Trans. by Kenny A. Oxford：Basil Blackwell Publisher，1974：458.

充分定义的对象，例如，经典分析中的随机实数或者没有法则，或者在直觉分析中选择的序列需要另一个潜在的逻辑。摆数是一个完美的反例，因为它是通过一个建构函数来给出的。重要的是没有人可以通过规则来决定数字 r 等于或不等于 0，这没有相关的描述。

最后，维特根斯坦讨论了布劳威尔的典型例子，在十进制扩展中出现的 123456789 的情况，这也为他提供了拒绝排中律一些理由。布劳威尔的例子是，在$\exists xF(x)\vee\forall x\neg F(x)$中 x 涉及一个超级无限序列。维特根斯坦认为，我们可以有效地找到一种这样的个例 $F(a)$，或者我们根本找不到。但我们不能对小数展开式做出某些主张，如 π，除非已经计算了相关的点，因为这没有给出规则的信息，以便可以用此规则来计算如 π 小数开展式的值。因此，除非我们在计算中找到了 123456789 的模式，否则我们不能主张相应的$\exists x\ F(x)$，因为这种说法是毫无根据的。而且事实上，我们没有一个实例 $F(a)$，也不允许我们主张$\forall x\neg F(x)$。

有没有可能存在这样的情况，如数字 0，1，2…，9 出现在 π 中？或者说它们有没有可能出现在前 10 000 个数字中？如果没有展开式的话，不管它可以继续多久？“它们确实出现了——因此，这一陈述也不能被证伪。而被证实的是一个完全不同的主张，即这个序列出现在这个地方或那个地方。因此，你不能肯定或否定这样的陈述，因此它将不适用于排中律。”[1]

在后期维特根斯坦的著作《关于数学基础的评论》中有大量关于排中律的论述，这将在第五章进行讨论。下面讨论另一个棘手的问题，即数学中的连续性问题。

四、中期维特根斯坦论数学的连续性

在许多场合中，中期的维特根斯坦多次提及数学的连续性问题。事实上，维特根斯坦对连续性问题的研究还是建立在致力于对有限论讨论的基础上，因为他只接受递归连续性。

---

① Waismann F. Ludwig Wittgenstein and the Vienna Circle. Ed. by McGuinness B F. Trans by Schulte J，McGuinness B F. Oxford：Basil Blackwell Publisher，1979：71.

实数通常是根据柯西序列（Cauchy sequences）的方式来定义的。序列（x_n）=（x_1，x_2，…，x_n）是一种柯西序列。如果术语 x_p 与序列（x_n）的 x_q 是不同的，即数字 $|x_p - x_q|$ 越来越靠近 0，正如 p 和 q 就变得越大，即 $\lim_{n\to\infty}|x_p - x_q| = 0$。对一个真正的序列（$x_n$）的唯一必要条件在 R 中是逐渐减小的，这是一个收敛的标准，即所谓的柯西准则：对所有的实数 $\in>0$，存在一个自然 $A \in \mathbf{N}$，因此任何 p，$q > A$，$|x_p - x_q| < \in$。

这个标准起到的作用是人们可以看到一个真正的序列在 **R** 中是收敛的，而不需要提供其极限。在柯西序列中，我们可以用它定义以下等式关系 $s = r$，这里（r_n）和（s_n）:（r_n）$=_r$（s_n）$\Leftrightarrow \lim_{n\to\infty}|r_n - s_n| = 0$。

在有限的初始部分，这种关系确认了不同的序列，也有那些如 $1/n$ 和 $1/n^2$，两者都收敛到 0，但具有不同的收敛行为。关于这种等式关系，实数集是柯西序列的等价集。人们通常理解为几何数包含了所有对柯西有理数序列的限制。因此，实数集等同于几何的连续体。

根据弗拉斯科拉（L. Frascolla）的观点，维特根斯坦在《哲学评论》和《哲学语法》中都对实数理论进行了广泛的讨论，其目的是“弄清楚各类法则和方法，为形成收敛有理数序列形成明确的法则和方法，这些实数可以被合理地视为实数的一个真正的产生者”①。维特根斯坦表达了两种方法。

形成实数的第一种方法必须是递归的：“一个实数放弃了外延，它不是外延的。一个真正的实数是算术法则不断地产生小数。”②在这里，维特根斯坦以一个相当一致的方式来定义实数，并且他明确拒绝摹状词的观点。维特根斯坦经常持一种潜无限观，这是来自亚里士多德的传统，根据无限性是被否定事实所定义的，即“无限集”法则对它是适用的，“等等”表示一个无穷级数，它不能被解释为一个缩写，因为它已经展示出其外延。正如我们已经看到的，维特根斯坦表述这一点时用“…”来代表“等等”，“…”是“懒惰的点”。因此，维特根斯坦认为，无限序列不应被视为外延，而应该被视为法则或规则：“无限是法则的性质，而不是它的

① Frascolla P. The constructivist model in Wittgenstein's philosophy of mathematics //Shanker S G. Oxford：Oxford University Press，1980：242.
② Wittgenstein L. Philosophical Remarks. Oxford：Basil Blackwell Publisher，1965：§186.

外延。”[①]由于实数被定义为无穷有理数序列，它们也必须由法则来说明：“一个无理数是一个过程，而不是一个结果。”[②]一个真正的实数是由法则给出的：“实数的真正本质必须是归纳。我必须看到真正的实数，它的符号是归纳的——‘于是’我们可以说‘等等’。”[③]

如果我们把自己限制在法则所产生的无限集中的话，那么我们不能说小数是根据一项法则来发展的，这仍然需要一个不规则无限小数的无限集来补充。哪里的无限小数不是由法则所产生的呢？“如果从一开始就只有法则达到无穷大，是否所有法则耗尽了无限小数的总和，这是根本没有意义的。”[④]

维特根斯坦的论点似乎是因为只有法则可以“达到无限”，没有法则或没有规则的实数只能在一个有限的外延中来给出，因为任何这样的有限外延都有一个相应的小数外延，这种外延反过来又是由法则给出的。因此，第一种方法把实数还原为所谓的“递归”实数，排除了“任意”的实数，即排除了任意的小数外延。任意的无限序列不是由规则所产生的序列，而是从中任意选择的一个术语。这样的任意序列通常是一个小数外延，外延的数字是由连续性获得的。

这些任意序列并不依据维特根斯坦的基本数学观点，即数学本质上是一种“演算式”，它提供一种算法活动。维特根斯坦明确表示，应该以这样的方式来定义实数-递归：“当递归定义已经建立，那么算术实验是否仍有可能？我认为不一定。因为通过每个阶段的递归已经成为在算术上是可理解的。”[⑤]“随机数字是连续产生的，通过模型和法则所定义的数 $^{7}\rightarrow\sqrt[3]{2}$ ，这不是实数，因为无法给出建构它们的方法。几何是不够的，应该通过缩小其所在的地点，来逐渐确定那个点，并且能够构建它。”[⑥]

维特根斯坦追问，人们拥有建构无限有理性系统的有效规则，即计算有理数的近似值。这种对随机实数拒斥的结果是维特根斯坦批评了直觉主

---

① Wittgenstein L. Wittgenstein's Lectures，Cambridge 1930-1932. Oxford：Basil Blackwell Publisher，1980：13.

② Wittgenstein L. Wittgenstein's Lectures，Cambridge 1932-1935，Oxford：Basil Blackwell Publisher，1979：221.

③ Wittgenstein L. Philosophical Remarks. Oxford：Basil Blackwell Publisher，1965：§189.

④ Wittgenstein L. Philosophical Remarks. Oxford：Basil Blackwell Publisher，1965：§181.

⑤ Wittgenstein L. Philosophical Remarks. Oxford：Basil Blackwell Publisher，1965：§194.

⑥ Wittgenstein L. Philosophical Remarks. Oxford：Basil Blackwell Publisher，1965：§186.

义者的概念，即无限的概念处理序列，现在被称为选择序列。

形成实数的第二方法是，任何实数必须有效地与每一个有理数相容，因为“与其他数字相容是一个数字的基本特征”[①]。这似乎是一个很好的规则，我将称一个数字可以与随机所采用的任何有理数是相容的。也就是说它可以大于、小于或等于一个有理数。或者说采用类比法把一个结构称为一个数是有意义的，如果它是与有理数相关的，这类似于大于、小于或等于一个实数。“一个实数是可以与有理数相容的。”[②]

这一方法源于维特根斯坦试图避免摹状词这一思路。在谈及他所坚持的有效相容性时，维特根斯坦补充说：“我想说的是，这正是在无理数名义下所要寻找的意思或期待。事实上，在教科书中介绍的无理数总是使它听起来好像是说：看，那不是一个有理数，但这仍然是一个数字。但是为什么我们仍然把它称为一个数字呢？答案必然是，因为有一个明确的方法来比较无理数与有理数。”[②]

第二种方法明显排除了不是由法则所给出的数——任意的数——因为你可以在两种法则之间进行比较，而不是通过法则与非法则进行比较。更重要的是它还消除了由法则所给出的一些数字，这些数字实现了第一种方法，即意味着排斥布劳威尔的摆数。从实数域来看，这是递归给出的，而不是说大小与 0 是相容的，相当于 0。维特根斯坦很清楚这一事实：关于建构实数的决定性事物准确地来说是由他们的相容性构成的。只有在这一点上，实数才可以被解释为直线上的点。

“现在，如果这些建构不能与有理数相比较的话，那么我们就没有权利在有理数中找到它们的位置。因此，它们根本就不是在数线上（在布劳威尔看来它们是实数，我们只是不知道它们是否大于或小于或等于另一个有理数。)”[③]这是维特根斯坦反对布劳威尔摆数背后的原因。有许多建构性版本的实数定义，一个著名例子是毕晓普（Errett Bishop）在《基础建构性分析》(*Foundations of Constructive Analysis*）中提出的。根据毕晓普的观点，建构一对实数$\left((r_n),\ \mu\right)$，其中(r_n)是柯西序列所建构性给出的，p 建

① Wittgenstein L. Philosophical Grammar. Trans. by Kenny A. Oxford：Basil Blackwell Publisher，1974：476.

② Wittgenstein L. Philosophical Remarks. Oxford：Basil Blackwell Publisher，1965：§191.

③ Waismann F. Wittgenstein and the Vienna Circle. Ed. by McGuinness B F. Trans by Schulte J，McGuinness B F. Oxford：Basil Blackwell Publisher，1979：73.

构了收敛速度功能μ：$N \to N$，即

$$\forall k > 0 \forall n,\ m \geqslant \mu(k)\ [|r_n - r_m| < \frac{1}{k}]$$

在这里，实数之间的等式被定义为：$((r_n),\ \mu) =_r ((s_n),\ v) \Leftrightarrow (r_n - s_n) \to 0$。

关于实数 *α*，*'la*，毕晓普显然给出了维特根斯坦所坚持的主要有效性部分。通过使用直观主义者的术语，毕晓普的工作是“似律”（lawlike）分析，他的工作相当于布劳威尔对分析的重建，而不用选择序列的异质概念。逻辑学家已经提供了毕晓普建构性分析的形式系统，如迈希尔（John Myhill）的建构集合论和费弗曼（Solomon Feferman）的建构性函数集合论和类 T_0 都是一些例子。费弗曼的 T_0 似乎没有明确区分“真正的”和“可计算实数”的数字，虽然这有不同的递归算法概念，其中一种对应毕晓普的建构性分析[①]。还有另外一个建构论学派，他们把自己限制在“递归的”或“可计算的”分析中。在递归分析中，“法则”或“规则”是比较模糊的概念，维特根斯坦充分利用了准确定义的递归函数来代替。所有对象都是由数字给出的，而这些都是通过递归函数来操作的。构成维特根斯坦的实数方法之间的连接是明确的，因为维特根斯坦和递归分析需要一种有效的方法来计算近似的有理数的值。在这两种情况下，没有随机实数的空间。

五、结论

根据对中期维特根斯坦文本进行的分析，可以发现他的思想处于不断的变化之中。在过渡时期他做出了许多结论，但随后又都被自己所拒斥。然而在数学哲学领域，维特根斯坦所从事的研究工作在 1935 年后急剧减少，许多在 1929～1933 年进行广泛讨论的话题，在 1935 年之后也不再讨论了。在过渡时期，维特根斯坦阐明了归纳证明和一般算术命题，维特根斯坦坚持普遍性是难以言喻的，这导致了他对一般算术命题采取有限论的

① Feferman S. Between constructive and classical mathematics//Richter M，et al. Computation and Proof Theory. London：Springer，1984：143-162.

解释，因为这种有限命题可以评估真假值。虽然斯科伦的有限论和维特根斯坦提出的有限论之间有着密切关系，但不应被误解为维特根斯坦试图为数学基础提供有限论的解释，这也不是维特根斯坦的本意。正如他在《哲学语法》中所表示的："我们不能说斯科伦把代数系统放在一个较小的基础上，因为在代数中，在使用的相同意义上他还没有给出其基础性。斯科伦不是在形式系统中工作。"①

维特根斯坦强调："'无限'一词在任何情况下都具有一种与数字不同的语法。"②假定张三断言：他完全可以设想一根无限高的电线杆。于是我们问：你如何证实这一点呢？首先，你如何证实它有 10 米高。张三回答说："我用尺子来量。"那继续追问：那你又怎么证实它有 100 米高呢？张三回答说："用同样的方法来量。"可以说"用尺子量"是这根电线杆有几米长的标准。那么我再问：它无限长的标准是什么呢？还是用尺来测量吗？这个人只得承认"不能这么说"。由此可见，"无限"这个词在任何情况下都具有与数字不同的语法。那又如何证实这种看法呢？维特根斯坦认为，可以设想有多种可能性。比如，其中有这样一种可能性：我从经验中发现一条规则，并且注意到，借助于这条规则，我所测量的电线杆越长，我对这个事实的描述就越准确。此时我会说，我做出电线杆无限长这个假定，是因为我已经根据这条规律再现了这种经验。

维特根斯坦强调，无限性的本质就在于它是一种可能性，无限性的东西总是对可能的事物进行进一步的规定，以这种方式出现于语言之中。比如，我们说一条线段无限可分，一个物体可以无限远离，如此等等。这里说的是一种可能性，而不是一种现实性。"无限的"这个词是对可能性的规定。总是不断的可能性相当于相应的命题形式序列总是不断扩展的可能性。当我们说分割的可能性是一种无限的可能性时，这意味着建立描述这种分割的可能性是一种无限的可能性。他说："无限的可能性要通过无限

① Wittgenstein L. Philosophical Grammar. Trans. by Kenny A. Oxford：Basil Blackwell Publisher，1974：420.

② 维特根斯坦. 维特根斯坦全集（第 2 卷）：维特根斯坦与维也纳小组. 黄裕生，郭大为译. 石家庄：河北教育出版社，2003：145.

的可能性来表达。因此，‘无限的’这一概念是对‘可能的’这一概念的一种进一步的规定。无限的可能性本身是作为语言的无限可能性出现的。”[①]他又说：“无限的可能性借助无限的可能性来表现。符号本身只存在可能性而不存在重复的现实性。”[②]这就意味着事实是有限的，事实的无限可能性存在于对象之中。与此相对应，描述事实的数是有限的，而与事实之可能性相对应的可能性却是无限的，这种可能性表现在符号体系的可能性之中[③]。

维特根斯坦还以无限的可分性为例来说明无限的可能性。当人们说“这一线段是无限可分的”，这是否意味着“这一线段被分割为无限多的部分”这个陈述是有意义的？维特根斯坦对此作了否定的回答，认为这个陈述是没有意义的。这是因为：首先，这个陈述无法证实；其次，根本无法在一个正确的记号系统中把这个陈述写出来。他说：“一条线段的无限可分性是一种纯逻辑的东西。这种可能性不可能来源于经验，这也就一目了然了。”[④]

中期维特根斯坦对建构形式主义、算法的可判定性及数学归纳法和有限论等进行了激进的和强反直觉的解释。他拒绝数学命题的意义是提前存在的，即使我们最后在算法上判定了一个数学命题，但算法的判定并不提前存在联结。这意味着我们的数学问题最终是由判定过程来决定的。只有当命题可以被判定时，表达式才有一种确定的意义。在中期甚至后期维特根斯坦看来，在一个新的系统中，一种新的证明给出了命题的证明，它位于整个计算系统中却没有描述演算式的整个系统，但新的证明赋予了命题以意义。在这里，维特根斯坦非传统的立场是一种结构主义，部分地归因于他对数学语义学的拒斥。维特根斯坦认为，我们之所以错误地认为哥德巴赫猜想有一种完全确定的意义，是因为语言表达的方式被错误地表征了数学命题的意义。他强调数学不像或然或经验命题，如果我知道一个像费

① 维特根斯坦. 维特根斯坦全集（第 2 卷）：维特根斯坦与维也纳小组. 黄裕生，郭大为译. 石家庄：河北教育出版社，2003：184.

② 维特根斯坦. 维特根斯坦全集（第 3 卷）：哲学评论. 丁冬红，郑伊倩，何建华译. 石家庄：河北教育出版社，2003：152（§144）.

③ 涂纪亮. 维特根斯坦后期哲学思想研究. 南京：江苏人民出版社，2005：293.

④ 维特根斯坦. 维特根斯坦全集（第 2 卷）：维特根斯坦与维也纳小组. 黄裕生，郭大为译. 石家庄：河北教育出版社，2003：184.

马大定理的命题说的是什么，那么我必须知道它的真理性标准。与经验命题的真理标准不同，在经验命题被确定之前，我们就可以知道数学命题的真理性标准。虽然我们熟悉类似数学命题的真理标准，但我们无法知道一个不确定数学命题的真理标准。

第五章　后期维特根斯坦的数学哲学思想

维特根斯坦的中、后期数学哲学思想是否连续，目前学界存有争议。部分评论家不认为维特根斯坦中期和后期数学哲学思想之间是连续的，例如，弗拉斯科拉（Frascolla，1994）、杰拉德（Gerrard，1991）、弗洛伊德（Floyd，2005）认为，维特根斯坦的后期观点明显不同于中期观点；而另一些学者包括瑞格利（Wrigley，1977，1989）、马里恩（Marion，1998）、罗迪奇（Rodych，1997，2000a）等则认为，维特根斯坦大部分数学哲学思想的发展是从中期向后期逐渐演化的，这种演化过程并无重大变化或完全抛弃了前期观点。除非另有说明，本章将采用第二条研究进路，即维特根斯坦的中后期数学哲学的发展是连续的。

关于维特根斯坦后期的数学哲学，最重要的记录体现于1956年出版的《关于数学基础的评论》（*Remarks on the Foundations of Mathematics*）和《哲学研究》（*Philosophical Investigation*）中，《关于数学基础的评论》共有三个附录，包括《手稿》（MSS1937—1944）中的一部分内容、《大打字稿》（1938）中的大部分内容和三篇《小打字稿》（1938），上述每一部分分别构成了《关于数学基础的评论》附录之一。

维特根斯坦在其后期对数学的性质、对象和任务作了更为深入细致的研究和论述，他承认“数学不是一个有严格界定的概念”[①]，但仍然力求对数学的性质、对象和方法提出一些明确的看法。简言之，他认为数学是知识的一个分支，是各种各样证明技巧的混合体；数学活动不是发现，而是发明；数学的研究对象不是数字，而是数学；数学的任务不是描述，而是提供一些用以进行描述的框架。

在“什么是数学的对象”的问题上，维特根斯坦的观点与古典实在论或数学柏拉图主义者的观点截然对立。在他看来，数学是一种语义上的约定，这种约定能使人们在社会生活中相互交往，而且人们是通过训练、通过生活实践习得的。哲学家应当以这种约定为出发点去考察数学哲学问题，去理解数学家的研究成果[②]。

在对数学任务的看法上，维特根斯坦也与古典实在论或柏拉图主义的观点是对立的。按照古典实在论的观点，数学对象早已是先验地、观念性地存在着，数学家的任务在于发现它们，证明它们的存在。与这种观点对立，维特根斯坦认为数学家的任务不是要发现早已存在的数学对象，如公式、定理、公理等，而是要发明某些数学规则，发明某些计算技巧，甚至发明某种新数学。他反复强调“数学家是发明者，而不是发现者”，“高阶数学也完全像任何一级的数学一样，必须被发明出来”[③]。

早期维特根斯坦十分强调数学和数理逻辑在哲学研究中的作用，后期维特根斯坦彻底抛弃了把哲学全部任务归结为逻辑分析这种传统观点，同时也否定了逻辑的崇高地位，否定了数学和数理逻辑对哲学研究的重大作用，认为数学的任何发现都不能把哲学向前推进。在他看来，数理逻辑的主要问题是数学问题，就像其他数学问题一样，与哲学问题无关。他说：“哲学的任务不是借助于数学或者数理逻辑的发现去解决矛盾，而是使我们看清楚那种令我们感到困惑的数学状况，即矛盾获得解决之前的那种事态。”[④]他接着说：“哲学也让数学保持现状，而任何数学的发现也不能推

① 维特根斯坦. 维特根斯坦全集（第7卷）：论数学的基础. 徐友渔，涂纪亮译. 石家庄：河北教育出版社，2003：223（§46）.

② 涂纪亮. 维特根斯坦后期哲学思想研究：英美语言哲学概论. 武汉：武汉大学出版社，2007：233-234.

③ 维特根斯坦. 维特根斯坦全集（第7卷）：论数学的基础. 徐友渔，涂纪亮译. 石家庄：河北教育出版社，2003：60（§168），69（§2），200（§11）.

④ 维特根斯坦. 维特根斯坦全集（第8卷）：哲学研究. 涂纪亮译. 石家庄：河北教育出版社，2003：71（§125）.

进哲学。‘数理逻辑的主要问题’在我们看来就像其他问题一样，也是一个数学问题。”[①]他在评论数学的基础时也强调说，我们所需要的是描述，而不是说明[②]。

维特根斯坦还主张，对普遍性的追求会导致对个别事物的忽视，仿佛个别事例缺乏普遍性因而是没有价值的。例如，在数学中，有人认为基数算术是某种与普遍之物相对立的特殊之物，因而它是不完备的。但维特根斯坦认为：“如果我想弄清楚什么是算术，那我会十分满足于对一种有限基数算术的事例所做的研究。因为一是这个事例把我引导到一切复杂的事实中；二是有限基数的算术并不是不完备的，它没有任何需要用其余算术加以补充的漏洞。”[③]

海克认为，后期维特根斯坦抓住直觉主义的特点，即数学语句的意义在于其证明之中，并且证明归纳出了命题的全部意义。因此，事实上维特根斯坦从早期的《逻辑哲学论》追寻句法真理条件，转变为后期寻求语义证实条件。一般来说，布劳威尔与后期维特根斯坦的观点存在相似性。无论是否使用因果关系来进行解释，关键在于如何来理解后期维特根斯坦对于语言哲学的讨论，尤其是从形式语义学到交流意向之间的转变[④]。

维特根斯坦《哲学研究》第一部分是在1936～1937年形成的，对应前188小节，而第二部分重点是逻辑和数学哲学。麦克道尔认为，所有这一切都表明维特根斯坦有关数学命题的观点有一个转变。在中期，他认为一个数学命题必须有一个确定的意义；在后期他主张任何解释、指导或训练都涉及提供一个证明，但这个证明不能完全遵循确定的数学规则，如果一个数学命题有意义，那么这必然是由证明给出的，数学证明提供了对一个数学命题的理解[⑤]。

① 维特根斯坦. 维特根斯坦全集（第8卷）：哲学研究. 涂纪亮译. 石家庄：河北教育出版社，2003：71（§124）.

② 维特根斯坦. 维特根斯坦全集（第8卷）：哲学研究. 涂纪亮译. 石家庄：河北教育出版社，2003：71（§124，§125）.

③ 维特根斯坦. 维特根斯坦全集（第6卷）：蓝皮书与一种哲学的考察（褐皮书）. 涂纪亮译. 石家庄：河北教育出版社，2003：189（§27）.

④ Marion M. Wittgenstein and Brouwer. Synthese，2003，137（1/2）：103-127.

⑤ McDowell J. Wittgenstein on following a rule. Mind，1984，（58）：325-364.

第一节 后期维特根斯坦论数学的基本性质

一、后期维特根斯坦论“数学家是发明者”

中期和后期维特根斯坦的数学哲学关注的重点是常数，他一贯认为数学是我们人类的发明，而且数学中一切事实都是被发明的。正如中期维特根斯坦所主张的，是我们产生了数学；而后期维特根斯坦则主张，是我们发明了数学，“数学家不是发现者，而是一个发明家”[①]。没有数学上的存在物，除非我们发明了它。

在论证数学发现时，维特根斯坦认为人类发明了数学演算。他不仅拒绝柏拉图主义，而且也拒绝标准的数学哲学观，即一种演算式是被发现的，我们之后又发现有限多和无限多的可证明的定理。正如维特根斯坦自己问道：“即使没有人运行，难道不能说是规则导致了这种方式？如果有人提出了关于‘哥德巴赫猜想’的证明”，“难道不能说，这种证明的可能性是数学实在领域的事实？为了找到它，在一定意义上它必须存在”——“它必须是可能的结构？”[②]

与许多或大多数数学哲学家不同，维特根斯坦拒绝认同我们发现了一种数学演算式的真理，而是认为我们发明了演算式。维特根斯坦拒绝把模态具体化的可能性当作现实性，他拒绝把可证明性和可建构性当成是实际的事实，因为通过论证“以任意两点之间画直线……甚至在还没开始画之前，直线就已经存在了，这至少是柏拉图主义的错误，即使在原初世界中

① Wittgenstein L. Remarks on the Foundations of Mathematics. Ed. by von Wright G H，Rhees R，Anscombe G E M. Trans. by Anscombe G E M. Oxford：Basil Blackwell Publisher，1978：I（§168），App. II（§2）.

② Wittgenstein L. Remarks on the Foundations of Mathematics. Ed. by von Wright G H，Rhees R，Anscombe G E M. Trans. by Anscombe G E M. Oxford：Basil Blackwell Publisher，1978：IV（§48）.

我们可以说这是有可能的，而几何世界的可能性我们称为现实性”①。数学柏拉图主义认为，数学术语和命题指称了对象和/或事实，并且数学命题为真是由于我们同意这一数学事实。正如在中期一样，后期维特根斯坦反对柏拉图主义，主张数学本质上是句法和非指称性的。维特根斯坦认为柏拉图主义这种观点就如同“象棋只是等待被发现，因为它总是在那里”②。

然而，后期维特根斯坦希望“提醒”我们，算术是作为数字的自然历史。例如，维特根斯坦讨论分数不能按量来排列，分数的命题向我们介绍了神秘的数学世界，数学世界的存在构成了一个完整的整体，等待我们的发现和跟进。事实上，我们把数学命题看成关于数学对象和数学研究，“作为这些对象的‘考察’已经是数学中的炼金术”。维特根斯坦主张，“它不可能诉求数学符号的意义或指称，因为只有数学才赋予它们以意义或指称”。根据维特根斯坦的主张，柏拉图主义是极其具有误导性的，因为柏拉图主义表明了预先存在、预定和发现的图景，这完全与我们真正审视和描述数学的数学活动不相符。维特根斯坦说，“我希望能够描述数学是怎么发生的，对我们来说数学似乎已成为数字领域的自然历史，现在又是一种规则集”③。

维特根斯坦并没有致力于反驳柏拉图主义，他的目标是为了隐式或显式地澄清什么是柏拉图主义及它说明了什么。如果一个命题在一个公理系统中是可证明的话，那么对于该命题便早已存在。维特根斯坦说：“柏拉图主义要么是纯粹的自明之理，要么是一幅由无限的虚幻世界组成的图景。因此，缺乏实用性是因为它什么也没有解释，而且每次都是误导人的。”④

维特根斯坦再次强调，虚假的数学发现与真正的数学发明之间的区

---

① Wittgenstein L. Remarks on the Foundations of Mathematics. Ed. by von Wright G H, Rhees R, Anscombe G E M. Trans. by Anscombe G E M. Oxford: Basil Blackwell Publisher, 1978: I (§21).

② Wittgenstein L. Philosophical Grammar. Trans. by Kenny A. Oxford: Basil Blackwell Publisher, 1974: 374.

③ 以上参阅 Wittgenstein L. Remarks on the Foundations of Mathematics. Ed. by von Wright G H, Rhees R, Anscombe G E M. Trans. by Anscombe G E M. Oxford: Basil Blackwell Publisher, 1978: IV (§11), II (§40), V (§16), IV (§13).

④ Wittgenstein L. Wittgenstein's Lectures on the Foundations of Mathematics. Ed. by Diamond C. New York: Cornell University Press, 1976: 145, 239.

别，没有数学事实，正如这也没有真正的数学命题。在后期，维特根斯坦重复了他中期的观点：数学是由演算式构成的，而不是命题。这种激进的数学建构观促使维特根斯坦主张："这听起来很奇怪，但无理数的进一步扩展就是数学的进一步扩展。"[①]"我现在知道更多关于演算式的内容"，并用"我现在有一种不同的演算式"取而代之。在中后期维特根斯坦同样主张，费马大定理的证明是不能被发现的，却能够被发明。在"人类学"解释和数学解释之间的不同，首先不是我们不想说"数学事实"，而是解释这个事实不会是数学的，从来不会使数学命题为真或为假。

二、后期维特根斯坦论数学的有限性

关于后期维特根斯坦是否仍然是一个有限论者，评论家和批评家意见并不一致。如果说后期维特根斯坦仍然是有限论者的话，那么他是否如他中期一样，同样拒斥有限的数学量化呢？大多数的证据表明，后期维特根斯坦仍然拒绝实无限和拒斥数学的无穷外延，坚持有限论是他持续一贯的主张，即无理数是构建数学有限外延的规则，而不是建构无限数学外延的规则。维特根斯坦说，"在数学命题中的无限小数概念不是概念系列，而是无限外延系列的技术"。我们误解了"外延的函数和实数等的定义"[②]。但是一旦我们把戴德金分割（Dedekind cut）理论当作一种外延的概念，那么就会看到我们不是通过分割的概念而产生了$\sqrt{2}$。在后期维特根斯坦的解释中，没有属性、没有规则、没有系统的方法，而是以内涵的方式来定义每一个无理数，这意味着没有标准判定无理数是否有结尾。

正如他中期的立场，后期维特根斯坦主张"$\aleph_0$"和"无穷级数"是从普通语言的"无限性"使用来获得的。虽然在普通语言中，我们经常使用"无限"和"无限多"作为"有多少的"回答，虽然我们把无限和无限性

① Wittgenstein L. Remarks on the Foundations of Mathematics. Ed. by von Wright G H，Rhees R，Anscombe G E M. Trans. by Anscombe G E M. Oxford：Basil Blackwell Publisher，1978：V（§9）.

② Wittgenstein L. Remarks on the Foundations of Mathematics. Ed. by von Wright G H，Rhees R，Anscombe G E M. Trans. by Anscombe G E M. Oxford：Basil Blackwell Publisher，1978：V（§19，§34，§35）.

与巨大联系在一起，但我们使用“无限”和“无限大”的原则是基于“有无限的技术”[①]。这一事实表明学习“$\aleph_0$”的技术不同于学习数字 100 000 的技术。

例如，当我们说“这是无限的偶数”时，意思是说我们有一种数学技术或规则来产生没有限制的偶数。这明显不同于一个产生有限数字的技术或规则，如产生 1～100 000 000 的有限数字。维特根斯坦说：“我们学习的是一种永无止境的技术，但是问题不在于一些数字的巨大外延。”[②]一个无限的序列不是一个庞大的外延，因为它就不是一种扩展，并且$\aleph_0$不是一个基数。对于“图像如何与演算关联”，考虑到“二者之间不是图画‘||||’与 4 的联系”。即考虑$\aleph_0$与有限外延是不相关的吗？维特根斯坦回答道：“这表明，在数学中我们应该避免使用‘无限’这个词，无论它似乎是给了演算以意义，这不是从演算及其演算的用法中获取其意义。一旦我们发现演算式不含有任何无限的事物，那么我们也不应该失望。但要注意的是，它不是一个真正的必然……来联想无限大的图景。”[③]

一个强有力的迹象表明，在处理“π 的小数扩展中有连续的三个 7”这类命题（以下简称 PIC）时，后期维特根斯坦坚持有限论观。中期维特根斯坦假定 PIC 存在否定式命题¬PIC，即如果在 π 的小数扩展中连续出现三个 7 这种情况不存在，那么 PIC 完全不是一个有意义的数学陈述。中期的维特根斯坦还认为 PIC、费马大定理、哥德巴赫猜想及代数基本定理都不是数学命题，因为在一个特定的数学演算中，我们没有适用的判定过程可以来决定其结果。基于这个原因，关于 π 的外延出现三个 7 这种情况，后期维特根斯坦认为，我们只能说它是有意义的有限命题，如“在 π 的小数扩展中，在前 10 000 位数中存在三个连续的 7”[④]。

---

① Wittgenstein L. Remarks on the Foundations of Mathematics. Ed. by von Wright G H，Rhees R，Anscombe G E M. Trans. by Anscombe G E M. Oxford：Basil Blackwell Publisher，1978：II（§60，V§14）.

② Wittgenstein L. Remarks on the Foundations of Mathematics. Ed. by von Wright G H，Rhees R，Anscombe G E M. Trans. by Anscombe G E M. Oxford：Basil Blackwell Publisher，1978：V（§19）.

③ Wittgenstein L. Remarks on the Foundations of Mathematics. Ed. by von Wright G H，Rhees R，Anscombe G E M. Trans. by Anscombe G E M. Oxford：Basil Blackwell Publisher，1978：II（§58，§60，§59）.

④ Waismann F. Wittgenstein and the Vienna Circle. Ed. by McGuinness B F. Trans by Schulte J，McGuinness B F. Oxford：Basil Blackwell Publisher，1979：71.

后期维特根斯坦在《关于数学基础的评论》中仍然坚持这一立场，即“外延的规则决定了一个系列是否完整”，“它必须隐含地确定有关该系列结构的所有问题”。维特根斯坦回答说：“在这里，你思考的是有限系列。如果 PIC 是一个数学问题——如果这是有限的被限制的问题——这将是算法上可判定的，否则则不是。”正如维特根斯坦所主张的：“这个问题改变它的状态，当它成为可判定的……对于一种已经产生的联系，这种联系以前是不存在的。”此外，如果人们引用排中律来建构 PIC 是一个数学命题的话，那么它必须符合事实。如果我们质疑 PIC 的数学地位，那么我们将不会被“PIC∧¬PIC”的主张所动摇[①]。

如果我们已经有了一种扩展规则，规则可以告诉我们，在第五位数上有一个 2。不通过计算，只是通过纯粹的扩展规则能知道这一点吗？在这里，维特根斯坦主张通过计算发现“777”出现在区间[n，$n+2$]。但是另一方面，可能一直计算下去都永远不会出现“777”。因为 π 不是一个完整的无限外延，人们只能计算 π 的扩展到 n^{th} 的小数位。基于一个标准的解释，后期维特根斯坦说，“在演算式 Γ 中的真”相当于“在演算式 Γ 是可证明的”[②]。因此，演算 Γ 的数学命题是符号联结。并且在原则上，这种符号应该是可证明或可反驳的。对这种解释，后期的维特根斯坦排除了不可判定的数学命题，但他允许让一些计算命题是不可判定的表达式，只要它们在原则上是可判定的，即在不知道适当判定过程的情况下存在。

然而，有相当多的证据表明，后期的维特根斯坦仍然坚持中期的立场，即只有在给定的演算式中，表达式才是有意义的数学命题，当且仅当我们知道有一个适用的、有效的判定过程，凭借这一判定过程我们可以决定它的意义。例如，尽管维特根斯坦在“在 PM 中是可证明”和“在 PM 中已经得到证明”的命题之间犹豫不决[③]，他犹豫的原因是考虑是否存在真的但不可证明的数学命题。然而他拒绝把“演算式 Γ 中的真”等同于

① Wittgenstein L. Remarks on the Foundations of Mathematics. Ed. by von Wright G H，Rhees R，Anscombe G E M. Trans. by Anscombe G E M. Oxford：Basil Blackwell Publisher，1978：V（§11，§21，§9，§10，§12，§13）.

② Goodstein R L. Wittgenstein's philosophy of mathematics//Ambrose A，Lazerowitz M. Ludwig Wittgenstein：Philosophy and Language. London：Allen and Unwin，1972：271-286.

③ Wittgenstein L. Remarks on the Foundations of Mathematics. Ed. by von Wright G H，Rhees R，Anscombe G E M. Trans. by Anscombe G E M. Oxford：Basil Blackwell Publisher，1978：Ⅲ,（§6，§8）.

"在演算式 Γ 是可证明的"[①]。后期维特根斯坦拒绝接受这一观点，即可证实但未经证实的命题是真的。维特根斯坦说，"一种新的证明赋予了命题在一个新系统中的地位"。他断言一种证明"进行了新的联结，而又不能建立这种联结"[②]。此外，维特根斯坦拒绝把 PIC 作为一种命题，理由是它并非算法上可判定的，而之所以承认 PIC 的有限论版本，是因为它在算法上是可判定的。

后期维特根斯坦坚持把算法可判定性作为数学命题的准则，他认为一个数学问题成为可判定的，会有两种不同的判定方式。当这种判定过程发生时就产生了一种之前并不存在的新的联结。事实上，后期维特根斯坦承认命题φ在演算式Γ中是可判定的，当且仅当它在原则上是可证明的或可反驳的。此外，维特根斯坦坚持认为命题必须是可证明的，只是我们还不知道在公理、规则与命题之间已经存在一种联结。然而，维特根斯坦所说的证明和反驳是实在命题的模糊形式。因此，后期维特根斯坦主张数学命题是可判定的，那么在某种意义上，通过适当的可判定过程我们可以知道如何决定它的真假。

后期维特根斯坦的大部分数学哲学观都是反基础主义的，他批评了外延-内涵相结合的方法，也批判了集合论，主张数学是一种"证明的混杂技术"[③]。他认为，创建集合论就是为了给数学提供了一种基础，但数学不需要一个基础，也不能给它一个不言而喻的基础，因为这是不必要的。康托尔使用了"对角线"方法证明了实数集不是可数集。假设实数集是可数集的话，那么在这个可数集上定义一个新的数，如果这个数属于可数集里的某一个数时就会导致矛盾，因此，实数集不可数。

在中期，维特根斯坦认为虽然集合论是不必要的，但仍然认可它可能构成了数学的坚实基础。然而，后期维特根斯坦却否认这一点，认为"对角线证明并不能证明不可数性（non-denumerability），因为不可数的数什么

---

① Hao W. To and from philosophy：Discussions with Gödel and Wittgenstein. Synthese，1991，（88）：229-277.

② Wittgenstein L. Remarks on the Foundations of Mathematics. Ed. by von Wright G H，Rhees R，Anscombe G E M. Trans. by Anscombe G E M. Oxford：Basil Blackwell Publisher，1978：Ⅲ（§31），Ⅶ（§10）.

③ Wittgenstein L. Remarks on the Foundations of Mathematics. Ed. by von Wright G H，Rhees R，Anscombe G E M. Trans. by Anscombe G E M. Oxford：Basil Blackwell Publisher，1978：Ⅲ（§46）.

也不意指”[①]。“对角线证明过程表明，‘实数’概念不太类似于‘基数’概念，我们容易被某些类比所误导，倾向于相信实数概念会有一个好的、实在的意义。”但恰恰相反的是，“人们自己把巨大的实数集合与基数集合进行了比较，并通过阐明一种形式表达式，来表明两个被表征的概念之间是类别差异”[②]。

维特根斯坦批评了对角线法证明。根据对角线方法，依赖于下一行的实数才能确定康托尔数的下一位。这个过程一直处于构造之中，并不是已经完成的状态。并且康托尔证明中出现的矛盾是因为证明中使用了不适当的证明方法。维特根斯坦认为，一个时代的弊病是通过改变人类生活方式而治愈的。对角线证明是依靠内涵与外延的归并，但这种归并并未能正确区分生成的扩展规则和有限扩展。这种混合了无限规则与有限扩展的联结方式，是由形式表达式来扭曲地表征的，即在两种无限外延的基数之间存在差异。根据维特根斯坦的观点，对角线不仅不能证明，而且也无法证明无穷实数集合要大于无穷基数集合，“无限集”不是外延的，所以它不能无限扩展。相反，“在理解康托尔对角线证明时，如果我们采取的证据‘数量大于无限’，那么整个集合将是混乱的，集合论定理会产生一段逻辑障眼法（sleight-of-hand），这是集合论问题产生的主要原因”[③]。

正如维特根斯坦在《关于数学基础的评论》中所说，“证明使数学命题有了意义，特定命题中的数字不同于其他系统中的数字”。也就是说，证据证明了任意给定的实数概念（如递归实数），但人们无法枚举出所有这样的数字，因为人们总是可以构建一个对角数，这个数在同一概念之下却不在枚举之列。因此，维特根斯坦说：“有人可能会说，如果已经规定同一概念的数字，你可以安排成一个系列，对角数也是属于这一系列的同

① Wittgenstein L. Remarks on the Foundations of Mathematics. Ed. by von Wright G H，Rhees R，Anscombe G E M. Trans. by Anscombe G E M. Oxford：Basil Blackwell Publisher，1978：II（§10，§21）.

② Wittgenstein L. Remarks on the Foundations of Mathematics. Ed. by von Wright G H，Rhees R，Anscombe G E M. Trans. by Anscombe G E M. Oxford：Basil Blackwell Publisher，1978：II（§10，§22）.

③ Wittgenstein L. Philosopical Investigations，4th ed. Trans. by Anscombe G E M，et al. Oxford：Basil Blackwell Publisher，2009：§412，§426.

一概念之下。”[①]

根据维特根斯坦的观点，“这是在数轴不同系统中找到的不合理的地方”，每一个都可以用递归规则来给出，但是“没有无理数系统”，并且“没有超级系统、没有‘无理数集合’的高阶无穷性”。康托尔已经表明，我们可以构建“无限多的”不同无理数系统，但是我们不能构建所有无理数系统。正如维特根斯坦指出，“现在，如果你把康托尔式过程看成产生了一种新的实数的话，那么你将不再倾向于言说所有的实数系统”[②]。

然而，从康托尔的证明出发，集合论者得出了错误的结论，“无理数”集合的多样性比任何枚举的无理数或有理数集合都要大。因此，这里没有所有无理数的集合。“实数不能安排在一个系列中”，并且“集合不是可数的命题”，它们形成了发明的概念，“看起来像一个自然的事实”[③]。我们有一个“实数”的模糊概念，拥有概念并不意味着拥有所有递归实数的集合。

三、结论

维特根斯坦从中期到后期的数学著作，最主要和最显著的变化是他重新引入了另外一种数学应用标准来区分纯粹的“符号游戏”与数学语言游戏。“对于数学是重要的，其符号是着便服来使用的”，维特根斯坦指出，因为“它的使用是在数学之外的，所以符号的意义使得符号-游戏转变为数学”，即一种数学语言游戏。正如维特根斯坦所说，“在必然命题中必须出现的，并且在非必然性命题中也必须有意义”。维特根斯坦主张，如果两种证据证明了相同命题，这意味着“相同目的的两种命题都可以作为适

① Wittgenstein L. Remarks on the Foundations of Mathematics. Ed. by von Wright G H, Rhees R, Anscombe G E M. Trans. by Anscombe G E M. Oxford: Basil Blackwell Publisher, 1978: II (§1, §29, §10).

② Wittgenstein L. Remarks on the Foundations of Mathematics. Ed. by von Wright G H, Rhees R, Anscombe G E M. Trans. by Anscombe G E M. Oxford: Basil Blackwell Publisher, 1978: II (§33, §29).

③ Wittgenstein L. Remarks on the Foundations of Mathematics. Ed. by von Wright G H, Rhees R, Anscombe G E M. Trans. by Anscombe G E M. Oxford: Basil Blackwell Publisher, 1978: II (§16, §37).

当的工具的话，那么命题针对的是数学之外的事物”[①]。

中期维特根斯坦强调，在数学中一切都是句法，这是没什么意义的。因此，他批评了希尔伯特的“内容”数学，也批评了布劳威尔依赖于直觉来判断，尤其是“不可判定的数学命题有意义”。维特根斯坦用他的强形式主义表达了他的有限论观，并强调数学演算不需要额外的数学应用[②]。

后期维特根斯坦又重新引入了额外的数学应用来作为数学语言游戏的一个必要条件。一方面，后期维特根斯坦对使用自然和形式语言兴趣更大。在不同“生活形式”中，如果它是一个实证的数学命题的话，“形式化”的数学命题就变成了一个规则，在许多形式的人类活动中，如科学、技术、预测等，都起着不同的实际作用。另一方面，这种数学应用标准缓解了中期维特根斯坦对集合论的批判与他强形式主义之间的张力[③]。通过区分数学语言-游戏与非数学符号-游戏，维特根斯坦主张“随着时间的推移”，集合论只是一种形式的符号-游戏。

这些因素可能导致我们说 $2^{\aleph_0}>\aleph_0$。后期维特根斯坦批评了集合论，认为集合论已没有更多的数学应用，我们应该将关注的重点放在计算、证明和主体的计算旨趣。后期维特根斯坦认为，集合论是无趣的，实数的不可数性同样是无趣和无用的，我们应该关注的是证明的错误解释。但这个命题在实践中怎么才能确定呢？这个数学架构看起来就好像房屋的横梁一样，悬挂在空中，没有什么能支撑它，它也不支撑任何其他事物。更重要的是，一旦我们把集体合看作“思想的错误，我们将看到，如‘$2^{\aleph_0}>\aleph_0$’的命题不是通过另外的数学实践来确定的，‘康托尔的天堂’不是天堂，我们将得到的是与我们自己意见的一致性”[④]。

然而必须强调的是，后期维特根斯坦仍然坚持认为数学演算中运算是纯粹形式的句法操作，并受句法规则的支配，即完全的形式主义。对数学家来说，“玩游戏”是要按照一定的规则来行事的。说“数学是一种游

① Wittgenstein L. Remarks on the Foundations of Mathematics. Ed. by von Wright G H，Rhees R，Anscombe G E M. Trans. by Anscombe G E M. Oxford：Basil Blackwell Publisher，1978：Ⅴ（§2，§41），Ⅶ（§10）.

② Wittgenstein L. Philosophical Remarks. Oxford：Basil Blackwell Publisher，1975：§109.

③ Wittgenstein L. Philosophical Grammar. Trans. by Kenny A. Oxford：Basil Blackwell Publisher，1974：334.

④ Wittgenstein L. Wittgenstein's Lectures on the Foundations of Mathematics. Ed. by Diamond C. New York：Cornell University Press，1976：103.

戏”的意思应该是说，在证明中，我们不需要诉诸符号的意义或指称，也就是说，不需要它们额外的数学应用标准。在中期的时候，维特根斯坦把“算术当作一种几何”[①]。在后期，维特根斯坦同样说“几何证明”、“几何力量”的证据和“几何应用”是根据“符号的转换”[②]，符号的转换是按照规则转换的。这表明当数学抛弃所有内容时，它仍将保留某些符号可以按照一定的规则来建构其他内容。因此，一个给定的数学演算命题，仍然是一个内部的句法问题。

第二节　后期维特根斯坦论哥德尔定理

一、后期维特根斯坦论不可判定的命题

1931 年，哥德尔发表了《PM 及有关系统中的形式不可判定命题》一文，提出了著名的不完备性定理，其包括两个方面的内容。第一不完备性定理是指：一个包括初等数论的形式系统 P 如果是一致的，那么就是不完全的；即如果系统 P 一致，则总可以给出一语句 A，A 和非 A 在 P 中都不可证；第二不完全性定理是指：如果这样的系统是一致的，那么其一致性在本系统中不可求证。或许在《关于数学基础的评论》中最为著名论述，是维特根斯坦在其中处理了哥德尔“真的但不可证明”的数学命题。

早期有评论家指出，维特根斯坦的“论证是粗野的”[③]，特别是在论述“哥德尔定理……质量不高或含有明确的错误”[④]，并且“他没有阐明

① Wittgenstein L. Philosophical Remarks. Oxford：Basil Blackwell Publisher，1975：§109，§111.

② Wittgenstein L. Remarks on the Foundations of Mathematics. Ed. by von Wright G H，Rhees R，Anscombe G E M. Trans. by Anscombe G E M. Oxford：Basil Blackwell Publisher，1978：Ⅲ（§14，§34），Ⅵ（§2）.

③ Kreisel G. Wittgenstein's remarks on the foundations of mathematics. British Journal for the Philosophy of Science，1958，9（34）：135-157.

④ Dummett M. Wittgenstein's philosophy of mathematics. The Philosophical Review，1959，（68）：324-348.

哥德尔的工作”①。安德森说，“维特根斯坦似乎想要通过确立法则来质疑完备性的存在……事实上，通过混淆真理性与可能性，维特根斯坦当然不能处理哥德尔的说明”②。此外，伯奈斯也主张，维特根斯坦没有看到“哥德尔相当明确的前提是考虑形式系统的一致性”③。因此，部分评论者主张，维特根斯坦没有理解哥德尔的第一不完备性定理，尤其是其前提条件。另一些评论者认为，维特根斯坦没有理解哥德尔定理，是因为他没有理解哥德尔的证明方法，并且他错误地认为他可以反驳或破坏哥德尔证明，只是通过简单地把在罗素的《数学原理》（*Principia Mathematica*，PM）中为真的命题等同于是被证明/可证明的命题。

1937～1938 年，维特根斯坦研读了关于哥德尔定理非正式的、偶然的介绍之后，他一直把“真的但不可证明的命题”作为自我指称的命题来使用，可能是基于哥德尔的非正式陈述，即“不可判定的命题[*R*(*q*)；*q*]陈述了……，[*R*(*q*)；*q*]是不可证明的”，并且“命题[*R*(*q*)；*q*]是说它本身是不可证明的”④。令人费解的是，只有伯奈斯和安德森提到了维特根斯坦在《关于数学基础的评论》中对哥德尔第一不完备性定理的评论，维特根斯坦的评论虽有瑕疵，但他对哥德尔命题的数论本质和哥德尔数学功能的理解是正确的⑤。

后期维特根斯坦认为：①哥德尔证明了有真的但不可证明的 PM 命题。事实上，当哥德尔从句法上证明如果 PM 是 ω-自洽的话，那么哥德尔的命题在 PM 中是不可判定的；②哥德尔证明使用一个自我指涉的命题，这从语义上表明了有真的但不可证明的命题。

为此，维特根斯坦在《关于数学基础的评论》中有两个主要目标：①就其本身而言，反驳或拒斥所谓哥德尔证明是“真的但无法证实 PM 命题”；②表明“在演算式 Γ 中是真的”这等同于“在演算式 Γ 中得到证

---

① Goodstein R L. Critical notice of remarks on the foundations of mathematics. Mind，1957，(66)：549-553.

② Anderson A. R. Mathematics and the “language game”. The Review of Metaphysics，1958，(Ⅱ)：446-458.

③ Bernays P. Comments on Ludwig Wittgenstein’s remarks on the foundations of mathematics. Ratio，1959，2(1)：1-22.

④ Gödel K. On formally undecidable propositions of principia mathematica and related systems I//van Heijenoort. From Frege to Gödel. Cambridge：Harvard University Press，1931：596-616.

⑤ Rodych V. Misunderstanding Gödel：new arguments about Wittgenstein and new remarks by Wittgenstein. Dialectica，2003，57(3)：279-313.

明”，“真的但不可证明的演算 Γ 命题”是毫无意义的。

因此，维特根斯坦在《关于数学基础的评论》的命题§8 中（以下简称§8）开始了他的阐述。他所使用的正是哥德尔证明。“有人说，我已经建构了一个命题（我将使用‘*P*’来指定它），在罗素的符号系统中通过一定的定义和转换，它可以这样来解释：‘*P* 在罗素的系统是不可证明的。’”①也就是说，维特根斯坦对哥德尔的解读建构了一个命题在语义上是自我指涉的，它本身在 PM 中是不可证明的。维特根斯坦认为，在《关于数学基础的评论》中所提出的自我指涉命题 *P* 非常类似于哥德尔非形式的语义证明。

“我是否可以说，一方面这个命题是真实的，另一方面是不可证明的呢？如果假设这一命题是假的，那么它是真的，并且是可证明的。这肯定是不可能的！如果这一命题能被证明，那么可以证明的是它是不可证明的。因此，它只能是真的，但无法证实。”①

这里的推理是一种双向归谬法。假设：①*P* 必须在罗素系统中或者为真或者为假；②*P* 在罗素系统中必须被证实或证伪。首先，在①中 *P* 一定为真的话，如果我们假设 *P* 是假的，那么 *P* 本身是不可证明的，“*P* 是真的，且它必须是可证明的”。如果 *P* 是可证明的，则它必须是真的。因此，*P* 是真的但 *P* 是不可证实的，这是一个矛盾。其次，如果在②中，假设 *P* 必须是不可证明的，如果 *P* 是可证明的那么它是不可证明的，这也是一个矛盾。意思是说，*P* 是可证明的，但在 PM 中却是不可证明的。因此，结论是 *P* 只能是真的，但无法证实。

为了反驳或削弱这一证据，维特根斯坦主张，如果已经证明了¬*P*，并且证明了 *P* 是可证明的，那么 *P* 在罗素系统是不可证明的。这种情况是不可能的，“你现在可能会放弃它是不可证实的解释”，即 *P* 在罗素系统中是不可证明的。因为如果我们使用或保留这种自我指涉的解释，那么将证明出了矛盾。另外，维特根斯坦认为，如果你假设命题在罗素系统中是可证明的，这意味着它在罗素意义上是真的，并且“*P* 是不可证明的”解释再

① Wittgenstein L. Remarks on the Foundations of Mathematics. Ed. by von Wright G H, Rhees R, Anscombe G E M. Trans. by Anscombe G E M. Oxford: Basil Blackwell Publisher, 1978: III（§8）.

次被放弃了。因为它是唯一自我指涉性的解释，但产生了矛盾。因此，维特根斯坦“对哥德尔证明的反驳”在于，如果我们不把 *P* 理解为在罗素系统中是不可证明的话，那么没有矛盾产生——事实上，没有这种解释，*P* 的证明并没有产生$\neg P$ 的证据，而$\neg P$ 的证明也没有产生 *P* 的证据，错误的证明是假设了数学命题“*P*”可以这样来解释：“在罗素系统 *P* 是不可证明的”[①]。正如维特根斯坦所说，“正是这构成了这些句子的来源”[②]。

对哥德尔证明的反驳与维特根斯坦的数学句法概念完全一致，即数学命题没有意义，因此不会有“必然的”自我指称的意义，并且维特根斯坦之前和之后都说过，他的主要目的是想表明，“在演算式 Γ 中为真”就等同于“在演算式 Γ 中是可证明的”，一个真的但无法证实的演算式 Γ 命题是一个矛盾的用语。

为了说明上述观点②，维特根斯坦开始询问：“在罗素系统中这是真命题，但这一真命题在其系统中不能证明吗？”为了解决这个问题他进一步追问：“罗素系统中所谓的真命题是什么？”然后，维特根斯坦给出了这一问题的答案：“‘*P*’是真的 = *P*”。通过将②再次用形式表示为“在什么情况下，一个命题在罗素游戏（即系统）中可以被断言呢？”维特根斯坦回答说：“答案是，在他证明结束时，或者是作为基本法则（*Pp.*）时。”简言之，这是维特根斯坦的“数学真理”概念：PM 为真的命题是一个公理或已被证明的命题，即“*P* 在 PM 中为真”可以由“在 PM 中是可证明的”来取代[③]。

维特根斯坦在§8 中阐明了“在 PM 中为真，我决不说这个命题是真的，但不可证明”。在§5～§6 中，维特根斯坦自己又把“在 PM 为真”概念表述为“在 PM 中是被证实/可证明的概念”。在罗素系统中为真意指：在罗素系统中被证实；而“在罗素系统中为假”意味着在罗素系统中命题

① Wittgenstein L. Remarks on the Foundations of Mathematics. Ed. by von Wright G H，Rhees R，Anscombe G E M. Trans. by Anscombe G E M. Oxford：Basil Blackwell Publisher，1978：App. III（§8）.

② Wittgenstein L. Remarks on the Foundations of Mathematics. Ed. by von Wright G H，Rhees R，Anscombe G E M. Trans. by Anscombe G E M. Oxford：Basil Blackwell Publisher，1978：App. III（§11）.

③ Wittgenstein L. Remarks on the Foundations of Mathematics. Ed. by von Wright G H，Rhees R，Anscombe G E M. Trans. by Anscombe G E M. Oxford：Basil Blackwell Publisher，1978：App. III（§5-6）.

的否定面已经得到证实。在§7 中，维特根斯坦以稍微不同的方式问道："被写在罗素符号系统中的可能不是真实的命题，但在罗素系统中不可证明？""因此'真命题'是在另外系统中为真，即该命题在另一种游戏中能被断言。"维特根斯坦在§7 中的观点是，如果一个命题在罗素符号系统中得到了充分表述，那么该命题为真。因此它必须在另一个系统中也是被证实/可证明的，这是数学真理所在。与§8 类似，"如果命题被认为在一些不是罗素意义的其他系统中是错误的话，那么它并不矛盾，命题只是在罗素系统意义上得到了证明"，因为"所谓的在象棋中'输棋'可能构成了在另一种游戏中是赢棋。正如安德森所说，维特根斯坦拒绝了一个真的但不可证明的数学命题，并把它当作是自相矛盾的。原因在于"在演算式 Γ 中为真"只不过意味着"在演算式 Γ 中是可证实的"。[①]

早期的评论家认为，维特根斯坦根本不懂得哥德尔的论证方法是合理的。首先，维特根斯坦错误地认为哥德尔的证明本质上是语义的，它使用并且需要一个自我指涉的命题。其次，维特根斯坦似乎认为，"一个矛盾式对于预测是没有用的"，"这样那样的建构是不可能的，即 *P* 在 PM 中是不可证明的"[②]，至少从表面上看似乎表明，"维特根斯坦未能理解哥德尔证明的一致性假设"[③]。

事实上，维特根斯坦在假设 *P* 的一致性时，他把哥德尔的证明理解为至少在 PM 中 *P* 的证明是不可判定的。考虑他的数学句法概念，即使有了额外的数学应用标准，维特根斯坦还是认为 *P* 在语法上独立于 PM 的表达式，*P* 不是一个 PM 命题。如果它在句法上独立于所有存在的数学语言游戏的话，那么它不是一个数学命题。此外，似乎 *P* 也没有令人信服的非语义因素——要么是内部系统的原因，要么是额外的数学原因——维特根斯坦通过把 *P* 包容在 PM 中或采用一种非句法的数学真理概念，如塔斯基的真理来理解 *P*。事实上，在讨论哥德尔的遗著时，维特根斯坦质疑 *P* 的内

---

① Wittgenstein L. Remarks on the Foundations of Mathematics. Ed. by von Wright G H, Rhees R, Anscombe G E M. Trans. by Anscombe G E M. Oxford: Basil Blackwell Publisher, 1978: III (§5, §6, §7, §8).

② Wittgenstein L. Remarks on the Foundations of Mathematics. Ed. by von Wright G H, Rhees R, Anscombe G E M. Trans. by Anscombe G E M. Oxford: Basil Blackwell Publisher, 1978: III (§14).

③ Rodych V. Wittgenstein's inversion of Gödel's theorem. Erkenntnis, 1999a, 51 (2-3): 173-206.

部系统和额外数学的可用性，并且在《关于数学基础的评论》中强调说："一个人不能做出真理性的断言['*P*'，因此 *P*]，你完全可以不使用它，因为除了诡辩之外，什么也没有。"[①]

在过去的 11 年里，评论家们对《关于数学基础的评论》的观点进行了尖锐的评论，对维特根斯坦关于哥德尔的评论提出了各种解释，对维特根斯坦的观点持赞同态度，如弗洛伊德、罗迪奇及马克·斯坦纳（Mark Steiner）等提供了一种综合性的评价。在此之后鲜有人关注维特根斯坦对哥德尔第一不完备性定理的讨论。直到最近，尚克尔（Stuart Shanker）等重新唤醒了人们对维特根斯坦观点的关注。关于维特根斯坦对不可判定性、数学真理和哥德尔第一不完全性定理的沉思，弗洛伊德和普特南及斯坦纳的讨论引发了人们对维特根斯坦评论新的研究旨趣[②]。

二、后期维特根斯坦论对 GIT 的评论（一）

维特根斯坦在《关于数学基础的评论》中对哥德尔第一不完备定理[③]（Gödel's First Incompleteness Theorem，GIT）进行了评论，这一评论在后来受到了广泛的批评、嘲笑甚或驳斥。维特根斯坦的评论得到这么多负面评价的主要原因，与其说是他完全拒斥哥德尔对 GIT 的标准解释，还不如说他在讨论 GIT 时出现了一些错误。维特根斯坦一再地申明，如果哥德尔可以建构一些矛盾证明（如 *P* 在系统是可证明的，那么"～*P*"也是可证明的），假定有一些另外的系统可以对为真但不可证明的命题 *P* 进行自然语言解释的话，那么 *P* 在罗素系统中不是可证明的。这致使维特根斯坦在

---

① Wittgenstein L. Remarks on the Foundations of Mathematics. Ed. by von Wright G H，Rhees R，Anscombe G E M. Trans. by Anscombe G E M. Oxford：Basil Blackwell Publisher，1978：III（§19）.

② Floyd J. On saying what you really want to say：Wittgenstein，Gödel，and the trisection of the angle//Hintikka J. From Dedekind to Gödel：Essays on the Development of Mathematics. Dordrecht：Kluwer Academic Publishers，1995：373-425. Floyd J. Prose versus proof：Wittgenstein on Gödel，Tarski，and Truth. Philosophia Mathematica，2001，9（3）：280-307. Floyd J，Putnam H. A note on Wittgenstein's"notorious paragraph"about the Gödel Theorem. The Journal of Philosophy，2000，97（11）：624-632. Steiner M. Wittgenstein as his own worst enemy：The case of Gödel's Theorem. Philosophia Mathematica，2001，9（3）：257-279.

③ 任意一个包含一阶谓词逻辑与初等数论的形式系统都存在一个命题，它在这个系统中既不能被证明也不能被否定。

许多场合中都认为，我们应该“收回”或“放弃”哥德尔的这种解释，就因为其内容矛盾而应该被放弃。

维特根斯坦对GIT进行了不同进路的研究。首先，维特根斯坦的评论是为了表明：①他自己的观点，即不可能有“是真的但无法证实的”数学命题；②哥德尔式命题*P*的意义非常值得怀疑；③即使能够对GIT进行标准解释，但哥德尔并没有证明这一系统的一致性问题。因为在系统中，“无法证实的命题”可能是可证明的，也可能是不可证明的。

考虑其有限论思想，维特根斯坦将数学命题的意义看作算法的可判定性。为了更好地理解上述的①和②的论点，接下来我们将建构维特根斯坦对GIT的回应。上述③中的观点独立于①和②，与保罗·伯奈斯和格奥尔格·克赖泽尔的主张相反。维特根斯坦并没有忽视或低估GIT中的“前提”或“一致性的假设”，而是彻底地颠覆了GIT，表明哥德尔的“是真的但无法证实的”命题与罗素证据系统之间的矛盾无法被排除。

王浩认为，“人们可能会说，维特根斯坦数学的不足之处阻碍了他所发展的思想，关于基础数学更甚，尤其非常有名的关于哥德尔证明的讨论”[①]。然而，王浩也指出，“在任何固定的有限范围内或者在一些无限范围内，并没有隐含哥德尔式的建构，这种可能性是不可能实现的”。几年之后王浩又认为，维特根斯坦反对哥德尔证明，即反对“‘真的但不可证明的’的命题假设了正整数或*P*(1)、*F*(2)等的无穷集合是作为一个完整的整体，而不是潜在的整体”[②]。正如要量化全称自然数学领域一样，只有具有相应的归纳基础和可证明的步骤，*P*才是有意义的，但这是不可能的。

在《关于数学基础的评论》及《维特根斯坦剑桥讲演录》中，后期维特根斯坦更加重视他的中期主张。他认为，我们是在制造或发明数学——“一个人不能发现任何数学或逻辑部分之间的连接，如果这种连接已经存在却没有人知道的话。”[③]“数学家是一个发明家，而不是一个

① Hao W. Wittgenstein’s and other mathematical philosophies. Monist,1984，(67)：26.
② Hao W. Reflections on Kurt Gödel. Cambridge：The MIT Press，1988：63.
③ Wittgenstein L. Philosophical Grammar. Trans. by Kenny A. Oxford：Basil Blackwell Publisher，1974：481.

发现者。"[①]后期维特根斯坦认为，每种新的数学证明都进一步扩展了数学，我们不是在发现数学真理或数学对象，而是在一点一点地发明数学。

在早期《逻辑哲学论》中维特根斯坦认为，唯一真正的命题是一个偶然的命题，我们使用惯例来断言事实的状态。因为只有为真或为假的偶然命题才是对应于事实的。"如果基本命题是真的，那么事物的状态是存在的；如果基本命题是假的，那么事物的状态就不存在。"[②]这意味着真实的、真正的命题是"符合真理"的。所有其他公认的命题都是伪命题，包括重言式、矛盾式及数学方程。在中期，维特根斯坦认为，数学命题并不是符合真理的，它们只是在形式上或句法意义上为真或为假。维特根斯坦把这种数学命题看成"发明的真理"。而在后期，他进一步强化了这一观点。

正如维特根斯坦在《关于数学基础的评论》中所说："对计算结果的差异取得一致意见，这是什么意思呢？它肯定意味着达到一种没有差异的计算。如果人们没有取得一致意见，那么其中一个人就不能说另一个人只是在得出另一种计算结果。"[③]在中期时，维特根斯坦认为，只有在一个给定的演算式中，一个表达式才是有意义的命题，当且仅当我们可以有一个适用的、有效的判定过程，即算法是可判定的。在后期，尽管维特根斯坦仍然认为可判定性适用于所有有意义的数学命题，但这并不意味着每一个这样的命题都是真的或假的，而是说通过正确运用相关的判定过程，我们可以让命题为真或为假。维特根斯坦强调，证明是做出新的联结，它们本来并不存在，但我们可以制造它们。因此，维特根斯坦的"真"相当于"被证明"，而"假"则相当于"被反驳"。我们可以在数学语境中如用"brue 和 balse"取代"真"和"假"，或用"+"和"-"来替代"真"和"假"，而没有任何损失。

中期及后期维特根斯坦都认为"真"相当于"可证明性"，而"假"

① 维特根斯坦. 维特根斯坦全集（第 7 卷）：论数学的基础. 徐友渔，涂纪亮译. 石家庄：河北教育出版社，2003：60（§168）.

② Wittgenstein L. Tractatus Logico-Philosophicus. London：Routledge，1922：§4.25.

③ 维特根斯坦. 维特根斯坦全集（第 7 卷）：论数学的基础. 徐友渔，涂纪亮译. 石家庄：河北教育出版社，2003：281（§9）.

相当于“可反驳性”[1]。不可否认，后期维特根斯坦在评论 GIT 的“证明”和“可证明性”时存在着犹豫，但正是这种犹豫反映了维特根斯坦自己的观点（详见《关于数学基础的评论》附录Ⅲ中§6 和§8 的观点）。有时，维特根斯坦是基于自己的条件来考虑 GIT 的观点（详见《关于数学基础的评论》附录Ⅲ中§7 和§17 的观点）。因此，接下来有必要具体看维特根斯坦在《关于数学基础的评论》附录Ⅲ中是如何具体分析论证 GIT 的。

三、后期维特根斯坦论对 GIT 的评论（二）

后期维特根斯坦对 GIT 的评论，从《关于数学基础的评论》附录 Ⅲ 的一开始，他就被“陈述”（statement）和“断言”（assertion）这两个概念所困扰。例如，在附录Ⅲ中[2]

§1：“很容易想到的一种语言不是一种问题或命令形式，而是说问题和命令是通过陈述来表达的形式。例如对应于形式中：‘我想知道如果……’和‘我的愿望是……’没有人会说这是真的或假的问题。当然，英语是这样来说话的，如‘我想知道是否……’但假设这种形式总是被用于相反的问题中？”

维特根斯坦在这里的焦点是说，仅仅因为一个表达式或符号的连接无法表明这样一个表达式是真的还是假的。在相同意义上，偶然命题也有真或假。因此，在§2 中，维特根斯坦进一步补充道：

§2：“我们说的、写的、读的绝大多数的句子都是陈述句。并且，你说这些句子是对或是错。或者就像我也会说，真值函数的游戏是与这些真和假的句子一起的。因为这一断言不是被添加到某一命题，而是我们玩游

① Goodstein R. L. Wittgenstein’s philosophy of mathematics//Ambrose A，Lazerowitz M. Ludwig Wittgenstein：Philosophy and Language. London：Allen and Unwin，1972：279.

② 下述内容节选自 Wittgenstein L. Remarks on the Foundations of Mathematics. Ed. by von Wright G H，Rhees R，Anscombe G E M. Trans. by Anscombe G E M. Oxford：Basil Blackwell Publisher，1978：App. Ⅲ（§1～§20）.

戏的本质特征。比如说，通过输棋和赢棋来对国际象棋进行描述，获胜者是吃了对方的国王。当然，可能在某种意义上会有一种游戏非常类似于象棋，包括与国际象棋的走棋方式也是一样，但是这种类似的游戏不存在任何胜负，或者获胜的条件是不同的。”

在日常语言中，即使是在自然语言中，我们使用的陈述句是依情况而定的命题。维特根斯坦指出，我们不需要增加任何事物来说明我们的陈述句，并做出断言。在做断言时，我们玩“真值函数的游戏”，这意味着：首先，在现在或过去时态中说出这样的句子时，它们有“真和假”；其次，逻辑真值函数也适用于偶然命题。一旦我们拥有关于偶然命题的使用惯例，那么每一次这种命题的真或假只是当下可断言的。当然，如果这样的偶然命题是真的，当且仅当它对应于一个事实，否则为假。但这不是关键，关键的问题是说：在哪里？我可以肯定这个答案。维特根斯坦想告诉我们，当我们在数学语境说“真理”和“虚假”时，当我们说偶然命题适用于所有数学命题时，它不对应真理（truth-by-correspondence）。而是说在传统上，我们把数学命题当作断言，正如我们与这些数学命题玩真值函数游戏一样。有意义的数学命题和有意义的偶然命题之间的关键区别在于偶然命题当下必须是真的或假的，而有意义的数学命题可以写下来或被思考。如果一个数学命题没有真或假，是因为它尚未被证明或被反驳。在某种意义上，当我们知道如何掌握一个适用的、有效的判定过程时，偶然命题适用于所有数学命题；当我们知道如何遵循判定过程的规则后，我们也将知道如何使命题为真或为假。

在§4中，维特根斯坦总结并进一步澄清附录Ⅲ中§1～§3小节的观点。

§4：“我们可能不是在做算术，没有说出算术命题的想法，并且通过乘法和命题之间的相似之处来进行证明。当有人错误地向我们证明一个乘法做错了时，难道我们不应该摇头吗？就如当有人告诉我们外面正下雨，而实际上并没有下雨时的情况一样。这是一个联结点。但是当狗的行为是我们不希望看到的时候，我们也会通过做手势来阻止它……我们习惯于说‘2 × 2是4’，其中动词‘是’使得这个式子成为一个命题。显然，我们称之为‘命题’的一切事物，都可以建立密切的关系，但问题是这只是一个表面上的关系。”

在偶然命题和数学命题之间的联结只是一个很表面的关系，这种关系类似于我们镜像了偶然命题真和假的二分法与数学命题真和假的二分法，因为我们想玩真值函数和数学命题的游戏。然而，我们不需要数学真理的概念。当问及是否能够做算术而不用说出算术命题时，维特根斯坦强调，我们所需要的是“+”与“-”的二分法，“正确的”或“好的”（小狗）与“不正确的”或“坏的”（小狗），因为这是数学真理和偶然真理之间的表面关系。我们被“2 × 2 是 4”中的“是”所误导了，从而认为“2 × 2 = 4”是符合真理的，认为“3245 × 9983 = 2 286 725”为假，因此，乘法命题的真或假是我们之前已经决定了其真值，即之前我们已经给出它们的真值，现在只是符合之前的决定而已。维特根斯坦认为，“我们应该避免同时使用真和假等词，然后弄清楚，说 P 是真的，只是断言了 P，说 P 是假的，只是否定了 P 而肯定了 $\neg P$” [①]。

基于附录Ⅲ的§1～§4 小节中已经奠定的基础，维特根斯坦接着又提出了一个关键性的问题：

§5：“在罗素系统中为真的命题，在罗素自己的系统中却无法证明吗？”

维特根斯坦立即跟进这一点：“在罗素系统中所谓的真命题是什么？”显然，第一个问题是问，GIT 是否表明在罗素的系统中存在是真的但却无法证实的命题[②]？在第二个问题中，维特根斯坦问道：“在罗素系统中所谓的真命题是什么？”并补充了“然后”这一词，这可以充分说明他要表达的第三个问题，即在罗素的系统中，如果这是真的但却是无法证实的命题的话，那么在罗素系统中的真命题是什么？

在§6 中维特根斯坦回答了这些问题，说“‘p’是真的 = p。这就是答案。”维特根斯坦认为这个问题是真实的：“在什么情况下我们可以断言一

---

① Wittgenstein L. Lectures on the Foundations of Mathematics. Ed. by Diamond C. New York：Cornell University Press，1976：188.

② 维特根斯坦把“真的”相当于“被证实的”。在考虑用自己的方式来说明 GIT 时，他使用“可证明的”（provable）而不是“被证实的”（proved）。

个数学命题呢？”换句话说：“在语言游戏中如何断言肯定命题呢？”维特根斯坦开始阐明他已经给出的答案：“在这里，肯定命题与说出的句子是相对照的，如练习辩论术或其他命题的一部分等。”这意味着我们可以说出一个如“2 + 2 = 4”的数学命题来练习我们的辩论术，或者我们可能会说，如张三告诉我“2 + 2 = 4”。在这种情况下，我们不是在数学语言游戏中主张一个数学命题，而是在罗素的游戏中维护一个命题。维特根斯坦继续说道：“在什么情况下，一个命题在罗素系统中得到了断言？”“在罗素证明的结尾，或者命题作为一个基本定律（*Pp.*）时。”也就是说，在罗素系统中一个命题是真的，当且仅当它是被断言的，它只是被主张作为公理（即作为基本定律）或在罗素的游戏规则中被证明是一致的命题。维特根斯坦强调，“在罗素符号论这个系统中，而没有在其他的方式中使用了这一肯定命题”。

正如维特根斯坦所言：“很清楚，算术中的否定与句子的真正否定是完全不同的。一个数学命题只能与计算结果的方法是一致的。当然这一点也是清楚的，凡是对算术的否定基本上就相当于一个选言判断……”[①]因此，维特根斯坦对§5 中问题的回答是以他自己的方式来描述的。一个真的但无法证实的数学命题是一个自相矛盾的概念，对于一个真的数学命题必须在某些特定演算中是被证实的，或者至少是可证明的。

如斯图亚特 · 尚克尔认为[②]，维特根斯坦讨论 GIT 的核心观点是，“这有不一致的断言，即‘*P*’是无法证实的且是真的”。然而尚克尔似乎认为，维特根斯坦对哥德尔定理的评论只有在他早期反驳休伯特元数学概念的语境中才有意义。虽然尚克尔使用中期维特根斯坦对元数学批评的观点，但这没有证据表明，维特根斯坦中期的这种立场在他评论 GIT 时起了任何的作用。

在对§6 中的问题进行回应时，维特根斯坦在§7 中以不同的方式表述了哥德尔问题：

§7：“但是在符号论中，这可能不是可以写下来的真命题，在罗素系

① Wittgenstein L. Philosophical Remarks. Oxford：Basil Blackwell Publisher，1975：§202.
② Helm L，Stuart S. Gödel’s Theorem in Focus. Netherlands：Routledge，1988：224.

统中也是不可证明的吗？——因此，‘真命题’是在另一个系统也为真的命题，即在另一个游戏中也可以被正确地断言。当然，为什么不存在这样一个命题？或者说为什么不是物理命题？例如——可以在罗素符号论中写出来的物理命题呢？问题非常类似于：在欧几里得的语言中，这可能有真命题吗？这种命题在欧几里得的系统中是不可证明的，但是却为真？为什么在欧几里得系统中这些命题是可证明的命题，但在另一个系统却是错误的。在另一个系统，三角形可能不是三角形，非常类似于等角三角形不是三角形？但这只是一个笑话！在这种情况下，它们不是在相同的意义上来说的，而是在彼此相似的意义上来说的！当然不是这样的，在罗素系统中不同于 PM 意义上，命题不能被证明是真或假。”

在这里，维特根斯坦将“真理”等同于“被证实性”。在§8 中，维特根斯坦又将“罗素系统的真”等同于“在罗素系统是可证明的”。

命题§7 中的一些评论已经表明，维特根斯坦误解了 GIT。他认为哥德尔定理是想说明，这有真的命题但在罗素系统中却是不可证明的；或者这有绝对无法证实的，但却为真的命题。但事实上，哥德尔定理是说，如果系统ω是一致的话，那么存在是真的但无法证实的命题。然而，这是维特根斯坦对哥德尔定理的一种错误的解读。因为在命题§6 中，已经论证了在罗素系统中为真的命题并在罗素系统中也是可证明的。因此，维特根斯坦认为，“好吧，如果这有真的命题，但在罗素系统中却是不可证明的话，那么这些命题在另一个系统中也必须是真的，这意味着它们必须在另一个系统中已经被证明或是可证明的”。例如，最明显的方式是使哥德尔式命题 P 是可被证实的或可证明的，只需将其添加到皮亚诺算术（PA）公理组，这样我们就创造了一种新的演算，称之为“PA + P”。现在，P 在 PA 中是不可证明的，但它在 PA + P 中却是可证明的。正如维特根斯坦在§7 中所说，真或假是在不同命题意义上而言的。

虽然命题§8 在许多方面是对命题§7 的自然延续，但维特根斯坦进一步表明，解释“P”和“$\sim P$”时，哥德尔需要自然语言。

§8：“我想象有人问我的建议，他说：‘我已经在罗素的符号论中建构了一个命题，我将使用 P 来指称这个命题，并且通过明确的定义和转换可以这样解释：*P* 在罗素系统中是不可证明的。’我是不是必须说这个命题一方面是真的，但另一方面却是无法证实的？假设它是假的，那么它是真的，且是可证明的。当然，这是不可能的！如果它是可证明的，那就证明它不是可证明的。因此，只能是真的，但无法证实。”

不可否认的是，人们可能认为这是用一种建构 *P* 的方式来使我们承认，在罗素的系统中它既是真的同时又无法证实。维特根斯坦的评论基本上使用了两种反证法，假设：①在罗素系统中 *P* 必须是真的或假的；②在罗素系统 *P* 必须是可证明的或可反驳的。首先，人们必须证明 *P* 是真的。因为如果我们假设 *P* 是假的，那么 *P* 本身是无法证实的，因为它必须是可证明的；如果我们假设 *P* 是可证明的，那么它必须是真的，这是一个矛盾。其次，人们必须证明 *P* 是无法证明的。因为如果 *P* 是可被证实的话，那么我们又陷入 *P* 所表述内容的矛盾之中。维特根斯坦以下列方式对这个论证做出了回应。

§9：“就像我们问：‘在什么系统中是“可证明的”呢？所以我们也必须问：在什么系统中命题才是“真的”呢？在罗素系统为真意味着正如我们所说：如果在罗素系统中是可证明的，那么在罗素系统就是假的。意思是说在罗素的系统中已经证明是相反的。现在，“假设它是假的”是什么意思呢？在罗素意义上，它意味着在罗素系统中相反观点是可证明的’，如果这是你的假设，那么你现在可能会放弃它是无法证实的解释。通过这种解释，我把这理解为翻译成英文的句子。如果你假设在罗素系统中，命题是可证明的，这意味着在罗素意义上它是真的，并且‘*P* 是不可证明的’解释又一次被放弃。如果你认为在罗素意义上命题是真的，情形也是一样的。进一步来讲：如果在其他意义上命题被认为是错误的，那么与罗素意义上的命题是可证明的观点并不矛盾（就如象棋中所谓‘输棋’，可能在另一种意义上却构成了赢棋）。”

然而，在这里可能维特根斯坦的一些错误使得一些哲学家们如克赖泽尔、伯奈斯和达米特等对此提出了批评意见。并且维特根斯坦在§10 再次重复表述了这种观点。

§10：“肯定 P 是不可证明的。假设它是可证明的话，那么不可证明的命题本身将是可证明的。但如果命题是可证明的，或者我已经证明了一种错误，为什么我不让可证明的立场来驳回无法证实的解释呢？”

维特根斯坦的错误在于 GIT 不需要解释 P 在罗素系统是不可证明的。我们不需要假设自然语言意义上的 P 有某种矛盾，因为它只是一个数论事实，一个有关 P 的实际证据，使得我们能够计算哥德尔相关数字，从而通过存在量词推广规则（existential generalization）获得 $\neg P$。因此，维特根斯坦在§8 中说道，如果“假设 P 是假的，意指假设在罗素系统中可以证明 P 的相反观点”，那么 GIT 和支持者可能会立即回答：“是的，我现在大概想放弃这是无法证实的解释。”[①]哥德尔不仅不认可这一点，他还主张罗素系统中的“真”不是由罗素系统中的可证明性来获得的，这样的命题如 $\neg P$ 可以是假的，但并不是可论证的，即其“相反性”在系统中不是可证明的。

尤其是在命题§8 中，维特根斯坦似乎假设了哥德尔的论证需要证明 P 的真实性，这源于“P 是假的”这一矛盾假设。维特根斯坦认为，可以表明的是在罗素系统中 P 是假的，意味着在罗素系统中相反假设是可证明的，前者意味着假设 P 是真的，但它是可证明的，那么在罗素意义上它是可证明的，这里并不存在矛盾，因为在其他意义中，命题应该也是假的。但是哥德尔不会接受这一点：一个真的或假的命题不是可证明的或者可反驳的；如果一个命题是可证明的，那么它就是真的。因此，P 的证明是建立在它的真理性上，这与它的虚假性相矛盾。

维特根斯坦认为，我们必须或应该放弃在罗素系统中 P 是不可证明的这种解释，因为这种解释只是无关紧要的，唯一重要的解释是标准的数论对 P 的解释。然而，在§8、§10、§11 中，维特根斯坦都假设了命题是可以证明的，正如“假设我们已经证明了 P 的不可证明性”。

§11：“让我们假设我证明了在罗素系统中 P 的不可证明性，然后通过这个证明，我现在已经证明了 P。如果这个证明是在罗素系统中——在这种情况下，我应该证明它既属于、同时又不属于罗素系统。——但这是一

① Rodych V. Wittgenstein's inversion of Gödel's theorem. Erkenntnis，1999，51（2/3）：173-206.

个矛盾。这么做有任何害处吗？”

在这一段落中维特根斯坦认为，有证据表明，“P 既属于同时又不属于罗素系统”。维特根斯坦在附录Ⅲ §17 中说明了这一点。

§17：“然而，假设¬P 是可以证明的。——那如何证明呢？说 P 可以直接证明，因为根据它是可证明的，因此¬P。我现在说什么呢，P 或¬P？为什么不是两者兼而有之呢？如果有人问我，在什么情况下，是 P 或¬P？那么回答是：P 代表罗素式证明的结束，所以你在罗素系统中写 P；然而另一方面，P 是可证明的这是由¬P 来表述的，但这个命题并不代表了罗素证明的结束，所以不属于罗素系统。”

当解释“P 是不可证明的”时，P 的直接证明是未知的，所以我们不能说不存在 P 的证明。一旦已经建构了这种证明，那么这是创造了一种新的情形：现在，我们必须决定是否将其称为一种进一步的证明，或者我们是否仍把这称为不可证明性陈述。“不可证明的陈述”似乎是维特根斯坦的一个错误事例。

本质上，这是命题§11 中的第一部分内容。在命题§11 中，维特根斯坦假设 P 是直接可证明的，通过对 P 进行元数学的理解，我们推断出“～P”。根据维特根斯坦的观点，这存在两种可能性：首先，如果我们承认元数学的解释，例如，翻译成英文句子的 P 在罗素系统中是不可证明的，那么我们被迫说 P 属于或不属于罗素系统；如果我们只承认直接的句法证明，那么 P 达到了罗素证明的结尾处，尽管“～P”没有达到。其次，正如在§8 中维特根斯坦又似乎认为，对 P 的自然语言解释，例如，哥德尔最初的“不可判定命题[$R(q)$；q]说明……[$R(q)$；q]不是可证明的”，[①]这是不可证明的至关重要证据。如果维特根斯坦的依据仅仅是哥德尔的最初论文的话，那么这种错误的责任似乎并不完全在维特根斯坦，因为哥德尔本人也说：“从这句话[$R(q)$；q]来说，其本身是不可证明的，同时，它遵循的

① Gödel K. On formally undecidable propositions of principia mathematica and related systems//van Heijenoort Jean. From Frege to Gödel：A Source Book in Mathematical Logic，1879-1931，Cambridge：Harvard University Press，1967：598.

[*R*(*q*); *q*]是真的。”[1]然而，这也正是维特根斯坦所犯的错误。因为在元数学上，如果 *P* 是无法证实的话，那么它是真的。我们只需要表明，一个特定的数论命题，说[*R*(*q*); *q*]是真的，当且仅当它是一个特定的数论命题，[*R*(*q*); *q*]在罗素系统中是无法证实的。这里完全不必要为[*R*(*q*); *q*]的自然语言解释建立双条件关系。

当然，我们也不能忽视维特根斯坦评论中的优点。在§6～§8 小节中，维特根斯坦反对的只是这种隐式的用法，即哥德尔使用两种充分条件："罗素系统的真"和"罗素系统的假"。维特根斯坦真实的观点是，既然哥德尔只证明了一种条件，他并没有表明如在罗素系统中，一个数学命题既是真的又是无法证实的；他也没有表明，证明只是数学真理的一个充分条件。此外，基于§11 的第三点内容，如果我们以某种方式设法得到了一个矛盾式，并通过证明 *P* 和"～*P*"，那么这个矛盾式是无害的。在§12 中，维特根斯坦得出类似于"说谎者悖论"，"我们的自然语言不是那么有用吗"？他的答案是"不是"，因为"命题本身是与众不同的"。如果有人问，为什么不进行这些推断并且使用这个命题？维特根斯坦再次重复他的观点：这是一种无益的属性。我们不应该使用这种命题，因为它是无用的。

在我们的自然语言中存在着一种异常情况，一般哲学家们会为§13 的评论感到困扰，或者说哲学家们对说谎者难题感到困扰。因为悖论的产生来源于语言问题，而且他们想要找出这一矛盾的根本原因，即他们想知道我们在哪里出了错。与说谎者论证类似，维特根斯坦在§19 中继续考虑哥德尔的"如果 *P* 是真的，则 *P* 是无法证实的"。维特根斯坦问道："你是因为什么目的才写下这一主张呢？"此外，"你如何能让我相信你的主张具有真理性，因为除了玩弄这些花招（legerdemain）之外，你无法使用它"。维特根斯坦的观点显然是这样的，像说谎者论证一样，这个句子结构在演算中是不可用的。

从维特根斯坦的立场来说，最好先回到§1～§6，即他主张有一些事物

---

① Gödel K. On formally undecidable propositions of principia mathematica and related systems//van Heijenoort Jean. From Frege to Gödel：A Source Book in Mathematical Logic，1879-1931，Cambridge：Harvard University Press，1967：599.

只是一种数学的“主张”，如果事物是一个公理或者在句法上其演算性可以被证明，这使得我们能够在其他句法证明中使用这一“主张”。如果演算是一致的，并且没有其他方式使得 *P* 的真理性成为可信的话，那么我们必须承认在演算中 *P* 不能用于其他证明中。事实上，如果 *P* 在演算中是不可信的，那么在维特根斯坦式的形式和句法中 *P* 不具有系统的真理性。

现在，我们回到§11 中的第二点。就像上述所说，中期的维特根斯坦拒斥了可以量化一种无限数学领域的所有表达式，包括费马大定理这样的表达式都不是有意义的数学命题。因为它涉及无限的数学领域，存在量化表达式不是无限的“逻辑总和”，“因为它们不能被假定为全部数字，正如量化普遍命题不是无限的逻辑产物，因为所有自然数并不是一个有界的概念”[①]。虽然后期维特根斯坦没有做出关于量化的明确主张，但毫无疑问的是他仍然是一个有限论者。在《关于数学基础的评论》中，“无限序列”或“无限集”还只是一种生成的有限扩展的递归规则，“无限序列”或“无限集”本身不是无限扩展的。那么无限小数概念是数学命题吗？维特根斯坦认为，“无限小数不是系列的概念，但拥有无限扩张的技术。说技术是无限的并不意味着它不会停止，它只是可以扩展到无法测量；但它缺乏制度性的结束，这并不是结束”[②]。

我们会说有理数的无限集，因为它们是可数的；但我们没有无理数的无限集，即使所谓的递归无理数也不是递归可数的。维特根斯坦认为，像“π 的小数扩展中有连续的三个 7”这类 PIC 的表达式，当把它们限制在“有限系列”时它们是有意义的，这正是他在中期的立场。关于量化一个无限数学领域表达式，维特根斯坦后期立场与中期的立场似乎没有变化：

“是不是说一个人不懂费马大定理的意义就是荒谬的呢？人们可能的回答是：当数学家面对这个命题，他们并不完全是不知所措的，毕竟他们尝试用某些方法来证明它；只要他们尝试各种方法，他们就能理解命题。但这是正确的理解吗？难道他们不能充分理解这一命题就像人们可能充分

---

① Wittgenstein L. Philosophical Remarks. Oxford：Basil Blackwell Publisher，1975：§126.

② Wittgenstein L. Remarks on the Foundations of Mathematics. Ed. by von Wright G H，Rhees R，Anscombe G E M. Trans. by Anscombe G E M. Oxford：Basil Blackwell Publisher，1978：Ⅱ（§45）.

理解这一命题一样吗？”[①]

维特根斯坦对此的回复是：如果我知道像费马大定理的命题说的是什么，那必须知道命题为真的标准是什么。维特根斯坦赞同，我们会熟悉相似命题的真理性标准，但这种命题的真理性没有任何标准。这意味着如果我们知道如何确定费马大定理，那么我们就会知道真理的标准性；如果我们知道一个适用的判定过程，那么我们就会知道费马大定理将是真的，如果判定过程给出了结论，那么在结论之外的其他方面就是假的[②]。

维特根斯坦在《关于数学基础的评论》中对 GIT 的评论，尤其是在评论量化无限领域时，并没有明确解决数学表达式的意义问题。然而，在《关于数学基础的评论》§11 中，维特根斯坦只是隐含地质疑了这类表达式的意义。哥德尔的证明表明，我们有一个命题属于或不属于罗素系统——或者，更准确地说，在某些情况下，如果我们可以证明这个命题本身的话，那么我们可以证明该命题的否定句法。维特根斯坦下面的观点经常被引用，并且经常被错误地理解。

“通常对数理逻辑来入侵数学诅咒的理解是说：任何命题都可以用数学符号来表征，这让我们觉得有必要理解它。当然这种写作方法只不过是对普通散文的模糊翻译。”[③]这一著名的段落中讨论了“建构性存在”和“非建构存在”的证明。

“因此，这个问题是说，是否不存在一种建构的证明，而是存在一种真正的证明。也就是说所产生的问题是：我理解了这一命题‘这是……’，我就不可能找到它在哪里存在？并且这里有两种观点：作为一个普通句子，例如，我理解了它，也就是说我可以解释它。但我能做些什么呢？我能做的不是去建构一种证据，而是理解它的标准。因此，到目前为止尚不清楚是否以及在多大程度上我可以理解它。”[②]

尽管这里的主张明显地比中期维特根斯坦对量化无限域的拒斥更加柔

① Wittgenstein L. Remarks on the Foundations of Mathematics. Ed. by von Wright G H, Rhees R, Anscombe G E M. Trans. by Anscombe G E M. Oxford: Basil Blackwell Publisher, 1978: Ⅵ (§13).

② Rodych V. Wittgenstein's inversion of gödel's theorem. Erkenntnis, 1999, 51 (2/3): 173-206.

③ Wittgenstein L. Remarks on the Foundations of Mathematics. Ed. by von Wright G H, Rhees R, Anscombe G E M. Trans. by Anscombe G E M. Oxford: Basil Blackwell Publisher, 1978: Ⅵ (§46).

和，但推理的方式并没有什么不同。“数学逻辑入侵数学是灾难”，我们现在没有任何已知的方法来决定如何使用量词。维特根斯坦正确地认识到，这种“写作方法只不过是普通散文的模糊翻译”，即使之前我们使用短语，“存在一个这样的数”和在“所有自然数”之间我们有量词，但还是存在含糊不清的问题。维特根斯坦觉得，我们倾向于更少地使用某些命题结构（如多个嵌套量词），使用量词、逻辑运算和算术符号来建构有意义的数学命题。我们相信自己可以建构各种各样有意义的算术命题，这些算术命题量化了自然数的无限域。然而，维特根斯坦认为，这些建构的算术命题与哥德尔式理论一样会导致矛盾。维特根斯坦在§11 的第二个观点中阐述了这一思想。在§20 中，维特根斯坦重新回到了对这个主题的讨论。

§20："这里需要记住的是命题逻辑如此建构，就如在实践中信息没有应用一般。它很可能是想说它们完全不是命题；并且人们写下来的命题是需要理由的。现在如果我们把这些命题添加到另一种句子结构中，那么在符号组合系统中应该具有什么样的应用，我们都处于茫然之中；因为仅仅由句子不够给出任何有意义的符号联结。"

正如维特根斯坦在《逻辑哲学论》中所论述的，重言式和矛盾式的逻辑命题是毫无意义的，它们没有丰富的内涵，这意味着关于世界它们什么也没说。在§20 中，维特根斯坦的观点更普遍、更具体化。人们一般认为，如“$p \vee q$”的简单真值函数只是一个命题框架，但通过这个真值函数的变量，我们无法直接断言这是关于某些事物的命题。要使它成为一个命题，我们必须用偶然命题替换“p 和 q”。从狭窄的观点来看，在§20 中，维特根斯坦的观点存在更为严重的问题：如果在一个逻辑命题“$(\exists x)(Px \& Ex)$”中，我们必须附加另一种像“算术”的句子结构，然后得到如 $(\exists x)$（x 是一个完美的数量，并且 x 大于 9 000 000 000）。在这种情况下，我们“只有一个句子来回应，但却不能够给这些符号的联结以任何意义。这意味着即使我们提出初等数论公式的完美形式，但也不一定意味着我们已经构建了一个有意义的算术命题或数学命题。正如维特根斯坦所说：符号“$(x) \cdot \varphi x$”及符号“$(\exists x) \cdot \varphi x$”在数学中肯定是有用的，只要我们熟悉相关的证明技巧。如果这些符号是开放式的，那么这些逻辑概念是具有误导性的。

维特根斯坦再次质疑了哥德尔证明的前提。如果 P 是真的但无法证实，那么它必须在两种意义上为真：①P 是真的，因为在现有的自然数无限集中不存在一个自然数满足正在讨论的关系问题，或②P 是真的，因为任何必要系统不可能构造一个自然数来满足正在讨论的关系问题。从某种意义上说，①对任何这样系统，都存在无穷多个真的但无法证实的命题。正如我们所知，中期维特根斯坦反对柏拉图主义和数学的无限扩展。维特根斯坦在《哲学评论》中说："如果数学在自然科学中无限扩展的话，我们永远不能有详尽的知识。在原则上可设想这个问题是不可判定的，但这是不可设想的，在真理中不可能讨论'所有 x 恰好拥有某种属性'，'(x)……在算术中不能被扩展为支持者'。"[①]

后期维特根斯坦同样拒斥了柏拉图主义。因为柏拉图主义要么是一个纯粹的真理，要么会导致无穷多的模糊世界。此外，如果我们成功地证明了适当的归纳基础和归纳步骤的话，那么命题的意义只可能是所有自然数的真；如果在某些实际的真正系统中不能被证明的话，那么一个命题在所有自然数中不可能都是真的。后期维特根斯坦还是坚持他中期的观点，我们必须摆脱这一想法，即可能性只是一种模糊的现实，因为这种想法是哲学中最根深蒂固的错误。然而，在《关于数学基础的评论》中，维特根斯坦考虑用建构论或形态论（modalism）来描述②，即便我们已经建构了一个哥德尔式的命题 P，但哥德尔并没有表明建构一个自然数来满足正在讨论的关系是不可能的。

四、后期维特根斯坦论 GIT 的一致性

维特根斯坦评论 GIT 的第三个主题集中在 GIT 的一致性。许多评论家已经主张，维特根斯坦只是未能认识到 GIT 是一个条件命题，即如果 PMω是一致的，那么 P 在 PM 是不可判定的。伯奈斯和其他人对维特根斯坦在§14 中的评论感到很困惑。伯奈斯在评论《关于数学基础的评论》时说："人们质疑维特根斯坦的观点，即推理的一致性在理论证明中所起的

① Wittgenstein L. Philosophical Remarks. Oxford：Basil Blackwell Publisher，1975：§174.

作用。而维特根斯坦对哥德尔定理的讨论尤其要忍受了这一点，即哥德尔非常明确地忽略形式系统的一致性。”①

§14：“证据的可证明性是一个几何证明；证明是有关几何学的证明。这是非常类似的，如果用尺子和圆规来建构这样一种证明是不可能的。现在，这样一种证据包含了一个预测元素和一个物理元素。因为这样一种证明的结果，我们会对其他人说：不要自己费力去找到一种建构（如建构三等分一个角），因为这种证明不能以这样的方式来完成。也就是说：它是至关重要的，不可证明性的证明应该能够以这种方式来应用。我们可以说，它必须有一个强制的理由来放弃寻找证明……对矛盾式来说，这样的一种预言是无效的。”②

伯奈斯认为，最后一句话是非常奇怪的，“事实上，这种证明的不可能性总是通过演绎来处理矛盾的”①。同样，克赖泽尔在评论《关于数学基础的评论》时主张，“即使有不一致也没什么问题，人们不能基于结果来讨论系统中假设的一致性”③。

维特根斯坦认为这样一个关于矛盾式的预言是没什么用的，当然，他并不是说矛盾式不能用反证法作为标准来进行证明。正如维特根斯坦所说：“如果你想要证明这一点，那么你不能假设，不是要放弃相反的观念，而是要结合这一点。例如，无理数 $\sqrt{2}$ 的反证法表明，如果我们想要获得 PA 公理，那么我们就不能假设‘(3a，b)($a^2=2b^2$)’，因为这些公理的否定命题与自身是相容的。因此，如果我们坚持 PA 公理集合的话，那么我们通常可以预测，我们将无法得出 PA 中‘(3a，b)($a^2=2b^2$)’。”④在维特根斯坦的术语中，对于任何特定的“a”和任何特定的

① Bernays P. Comments on Ludwig Wittgenstein's remarks on the foundations of mathematics. Ratio, 1959, 11 (1): 1-22.

② Wittgenstein L. Remarks on the Foundations of Mathematics. Ed. by von Wright G H, Rhees R, Anscombe G E M. Trans. by Anscombe G E M. Oxford: Basil Blackwell Publisher, 1978: App. Ⅲ (§14).

③ Kreisel G. Wittgenstein's remarks on the foundations of mathematics. British Journal for the Philosophy of Science, 1958, (9): 135-157.

④ Wittgenstein L. Remarks on the Foundations of Mathematics. Ed. by von Wright G H, Rhees R, Anscombe G E M. Trans. by Anscombe G E M. Oxford: Basil Blackwell Publisher, 1978: V (§28).

“b”来说，我们将无法得出“$a^2 = 2b^2$”。这种“假设”的命题也将被改变，通过反证法证明的标准，我们得出“假设命题是假的”这样的结论，这在我们的系统中是无法证实的，因为其否定命题也包含在系统的公理之中。然而这当然不是哥德尔证明的情况。哥德尔并不是证明 P 是真的，而是说一个矛盾的产生可能是结合了罗素系统的公理和¬P 的假设。

维特根斯坦在§14 中的最后一句话表明，矛盾式 P 的直接证据是无法预测的，它在罗素系统中 P 不是可推导的。哥德尔并没有表明 P 在罗素系统中是无法证实的，因为其否定式“¬P”已经被包含在了罗素公理中，他建立了“$P\rightarrow\neg P$”。哥德尔证明了条件命题“如果这个系统是一致的话，那么‘P’不是可推论的”，但他不能证明该系统是一致的。维特根斯坦的观点是，我们必须同时研究“假设 GIT 是可证明的”和“假设 P 是可证明的”。当我们考虑 P 是可证明的，我们会立即看出，如果 P 是可证明的，那么系统是不一致的。维特根斯坦试图表明，因为哥德尔假设认为像 PA 这样的演算才是有意义的演算表达式。哥德尔已经证明了这一条件不是一个强制预测的理由，维特根斯坦对哥德尔的回应是，根据系统规则，P 是不可证明的证据，在逻辑上或语法上都不可能获得 P。因此，很可能的情况是，如果我们建构一个算式，并且承认这个算式所建构的这些句子是有意义的命题的话，那么算式在句法上是不一致的，因为 P 是可推导的。我们可以从逻辑或者句法上甚至物理上进行预测。根据哥德尔不完备性定理，如果我们已经证明了系统是一致的，那么 P 不能在系统中被证明，不只是哥德尔没有证明了这一点，它甚至是不可证明的。因此，维特根斯坦认为，这将承认这样建构的句子在句法上是不一致的。正如维特根斯坦在§17 中所说：“如果是这样的话，那么，这将如何是可能的？”①

五、弗洛伊德对维特根斯坦评论的解读

在最近的一篇论文中，朱丽叶 · 弗洛伊德（Juliet Floyd）提出了一种

① Wittgenstein L. Remarks on the Foundations of Mathematics. Ed. by von Wright G H，Rhees R，Anscombe G E M. Trans. by Anscombe G E M. Oxford：Basil Blackwell Publisher，1978：App. Ⅲ（§17）.

完全不同的理解。她认为维特根斯坦是把哥德尔证明转换为意愿的理由，将哥德尔定理称为“一个句子无法证实或不可证明的”。如果接受哥德尔的句子“不可证明性”的证据，那么这澄清了我们所说的一个事物是无法证实的。弗洛伊德告诉我们，“维特根斯坦认为，哥德尔给我们带来了一种新的理解方式来证明一个算法陈述的真”[①]。

维特根斯坦对哥德尔数学证明的解释最终确实与哥德尔的解释是一样的。从维特根斯坦的观点来讲，哥德尔证明不是一个逻辑悖论，而是一篇数学论文，其结果是适用了数学，但产生了一个需要澄清的问题，即在PM中是否有“是真的但无法证实的”陈述，并且维特根斯坦做了肯定的回答。弗洛伊德认为，维特根斯坦同意哥德尔的观点，即在罗素的系统中，这是真的但无法证实的命题。不过弗洛伊德认为：“维特根斯坦关于哥德尔的研究工作既没有过多地解释数学的本质，也没有说明其他严格的不可能证据。显然，维特根斯坦希望缩小哥德尔定理的意义；对他来说，这既然不涉及数学证明的性质，因此也不关注数学的本质。这仅仅是许多数学证明中的一个例子——尽管人们更有可能在哲学上被误导。”[①]

在此之后，弗洛伊德认为，维特根斯坦拒绝承认哥德尔证明的重要哲学地位。弗洛伊德解释说：“维特根斯坦关于哥德尔证明的根本观点是他展示了某种建构的不可能性——就像用尺子和圆规不可能三等分一个角的情形一般。证明包含一种物理元素，我们不会接受这一目标，即在哥德尔所陈述的原则中建构形式证明。维特根斯坦警告人们不要试图找到这些句子的可推导性。事实上，我们将坚持认为，这样一个句子的可推导性不是相关意义上的可推导性。”[①]

弗洛伊德的解释表明，在某种意义上维特根斯坦至少接受了数学证明。因为有了证明我们才能坚持主张，这样一个派生句子不是相关意义上的派生物。但是，在§14的最后，“矛盾式是不是一种有效的预测？”这一句问话正是维特根斯坦所要坚持的观点，“证据的不可证明性”必须……放弃搜寻证明的强制理由。似乎是说，不像三等分一个角是不可能的证明那样，哥德尔的证明不构成“强制性埋由”。虽然弗洛伊德使用了维特根

---

① Floyd J. On saying what you really want to say：Wittgenstein，Gödel，and the trisection of the angle. Hintikka，1995，(251)：373-425.

斯坦在§14 中的观点来说明自己的主张，但她没有解释清楚关键的一句话，而且这句话似乎直接和她的解读相矛盾。她在解读维特根斯坦的观点时，认为哥德尔证据中有矛盾，是无法进行这样的预测的。事实上，这是一个有力的理由来放弃寻找证据 P。此外，为什么维特根斯坦认为这种句子的衍生物不是相关意义的上派生物呢？如果有人给我们提供了 P 的直接证明，那么我们就可以一步一步地来确定它是否是一个“相关意义的派生物”。正如我所说，在 GIT 中没有什么可以阻止人们成功地实现这样的派生。

鉴于哥德尔式命题 P 既不是一个基本定律，也不是罗素系统中可证明的命题，这是哥德尔对数学证明的解释。维特根斯坦否认哥德尔已经澄清了这个问题，因为维特根斯坦否认 P 或者否认 PM 中有是真的但无法证实的陈述，他反对这一点。显然，正如维特根斯坦在§19 中所认为的，哥德尔这种主张的真理性不可信，因为除了诡辩，人们无法使用它。

六、贝斯和斯坦纳对维特根斯坦评论的解读

“如果 PM 被证明是ω-矛盾的话[①]，那么这是如何可能的？”弗洛伊德和普特南在 1937 年《对维特根斯坦关于哥德尔定理评论的“著名段落”的注解》(*A Note on Wittgenstein's "Notorious Paragraph" about the Gödel Therem*，简称《注解》) [②]一文中，评论了维特根斯坦关于哥德尔定理的观点，质疑维特根斯坦是否完全理解了哥德尔定理。他们认为，当维特根斯坦写下关于哥德尔的相关言论时，他可能一直在思考这个问题[③]。

弗洛伊德和普特南从非标准模型的角度来解读维特根斯坦的评论。用 P 来指称哥德尔构造出来的那个公式，P 本身是不可证明的。根据哥德尔第一不完备性定理：如果一阶算术是一致的，那么 P 在一阶算术下是不可证的；如果一阶算术是 ω-一致的，那么 $\neg P$ 在一阶算术下是不可证的。现

① 一个形式系统 L 是 ω-不矛盾的，如果存在一些符合语法规则的公式 $P(v)$来表示自然数的谓语，并且没有自由变量，除了 v 之外，这样$\exists(v)Pv$ 在 L 中是可证明的，因此这是所有公式 $\neg P(\underline{0})$、$\neg P(\underline{1})$、$\neg P(\underline{2})$……（其中 0，1，2……是 L 中自然数的形式表达）。如果没有这样符合语法规则的公式的话，L 是 ω-矛盾的。

② Floyd J，Putnam H. A note on Wittgenstein's "notorious paragraph" about the Gödel Theorem. The Journal of Philosophy，2000，97（11）：624-632.

③ 维特根斯坦关于哥德尔定理的评论是在 1937 年秋季写的，发表在维特根斯坦的《关于数学基础的评论》(Cambridge：MIT，1978)，第一部分附录Ⅲ§8 中。

在，假设¬P在一阶算术下是可证的，那么一阶算术是 ω-矛盾的。当然前提依然要假设一阶算术是一致的。从而得出的推论是一阶算术是一致的，但 ω-是矛盾的[①]。

对这一问题“如果 PM 被证明是 ω-矛盾的话，那么这是如何可能的？”我们已经给出了一个哲学式的答案，即基于一个不充分的论证，这个问题的回答几乎被确定为假。针对弗洛伊德和普特南的解读，贝斯（Timothy Bays）专门写了一篇文章《论弗洛伊德和普特南评维特根斯坦对哥德尔的解读》（*On Floyd and Putnam on Wittgenstein on Gödel*）对他们的观点进行了批判。根据贝斯的说法，首先，弗洛伊德和普特南对假设¬P在一阶算术下是可证的没有给出适当的理由；其次，他们不承认自然数系统满足一阶算术。贝斯主张，我们应该放弃标准算术模型 $\mathbb{N}$[②]。我们希望得到一阶算术在$\mathbb{N}$上的完备性，自然数系统中为真的语句都可以在一阶算术中得以证明。然后，“哥德尔不完备性定理却使这样一种期望破灭”[③]。贝斯提出了一种真理概念观，即对哥德尔定理的证明是简单的真理：①这有一个明确的“数学真理”概念适用于 PM 中的每一个公式；②如果 PM 是不矛盾的，那么一些“数学真理”在 PM 是不可判定的。

受维特根斯坦言论的启发，假设 PM 是不矛盾的，则在 PM 中可以发现哥德尔句子的否定证据“¬P”。众所周知，哥德尔定理的结果为 PM 是 ω-矛盾的。正如可以检查 ω-矛盾的定义，这意味着 PM 的每个模型都必须包含不属于自然数的单位。事实上，在这样的模型中，每一个数值谓词与无限外延都将会“过剩”，即包含一些不是自然数的元素。但是，因为我们把原有的句法概念严格应用于英语句子，对 PM 公式的翻译是指“P 在 PM 中是不可证明的公式”[④]。在这样的背景下，公式变得更加微妙和复杂，必须“放弃”其原来的形式，正如维特根斯坦所观察到的那样。贝斯认为，维特根斯坦试图论证根本不存在这种情况，即我们可以合理地把 P

① 庄朝晖. 基于直觉主义对哥德尔不完全性定理的评论——从维特根斯坦的评论开始. 厦门大学学报（哲学社会科学版），2008，（2）：77-87.

② Bays T. On Floyd and Putnam on Wittgenstein on Gödel. The Journal of Philosophy，2004，（4）：197-210.

③ 庄朝晖. 基于直觉主义对哥德尔不完全性定理的评论——从维特根斯坦的评论开始. 厦门大学学报（哲学社会科学版），2008，（2）：77-87.

④ Gödel K. Collected Works. Volume I. Solomon Feferman et al. New York：Oxford University Press，1986：145-195.

翻译成英语句子“*P* 不是可证明的”或者说 *P* 本身是真的但不可证明的情况[①]。与贝斯的解释不同，我们完全不考虑所有适当的或可能的对 *P* 的翻译或解释。事实上，维特根斯坦已经探讨了意义的语境依赖性，在一个特定的哲学和历史语境中，“这真的但不可证明的算术句子”既适用于 PM，又适用于我们的自然语言。维特根斯坦放弃对 *P* 的解释，并且他拒绝解释相关联的概念，因为对概念的解释完全取决于形式化的数学语言：维特根斯坦“否认一个形式系统可以为我们提供一个标准的真理或明确性，在原则上，这种形式系统对于自然语言是不可访问的”[②]。

贝斯认为我们的解释与所设想的标准算法模型 ℕ 和 Th(ℕ)甚至每个理论都是数学家研究的可行对象。贝斯主张，我们不可避免地导致了“放弃ℕ，也放弃弗洛伊德及普特南对我们的叮嘱，导致了对形式系统语义分析的原则性排斥，导致了疯狂的立场，这是提供原则的原因，让我们后退一步来做出句法概括，而不许我们退一步来进行语义概括”[①]。

虽然贝斯说，他将不会对维特根斯坦的观点提出建构性的解释观点，他依赖于维特根斯坦一些著名段落的假设来进行诠释。首先，贝斯的灵感来自维特根斯坦关于哥德尔的反实在论、反实证主义、反形式主义的观点。我们确定了一个先验概念，“数学上的真”和“证明”。或许不太严格地说，是指“可证明的”或“在一些形式系统或其他系统中是可证明的”。遵循这一原则就不会有真的但不可证明的算术句子。但相反，贝斯认为出现的争论既不取决于也没有被用于提倡这样一种哲学观点。贝斯把维特根斯坦看成“在原则上，对哲学主张的反对来源于数学上的论证”[①]。

此外，斯坦纳也对维特根斯坦的评论进行了解读。斯坦纳拒绝承认维特根斯坦是一个实证主义者[③]。根据贝斯和斯坦纳对维特根斯坦著名段落的解释，维特根斯坦是想表明，“这有真的但不可证明的算术句子”这一主张是假的。贝斯和斯坦纳认为，维特根斯坦的这种哲学解读是错误的。他们解释说，塔斯基的概念分析表明我们可以在一个形式语义学中给出哥

---

① Bays T. On Floyd and Putnam on Wittgenstein on Gödel. The Journal of Philosophy, 2004,（4）: 197-210.

② Floyd J, Putnam H. A note on Wittgenstein's "notorious paragraph" about the Gödel Theorem, The Journal of Philosophy, 2000a, 97（11）: 624-632.

③ Steiner M. Wittgenstein as his own worst enemy: The case of Gödel's Theorem. Philosophia Mathematica, 2001,（ix）: 257-279.

德尔定理的证据，即句子在一个形式语言中是真的，但通过证明可以表明存在“真的但不可证明的”算术句子。正如斯坦纳写道，“这是一个数学定理（集合论），在塔斯基意义上哥德尔的句子 P 是真的，当且仅当它在皮亚诺算术（PA）中是不可证明的。这意味着，如果哥德尔的命题 P 是错误的话，那么它在皮亚诺算术中就是可证明的，因此，我们会有一个虚假的 PA 定理。但贝斯认为这是不可能的，因为我们有另外一个数学定理，即在塔斯基的意义上所有 PA 定理都是真实的。换句话说，我们可以安全地假设 PA 是合理的，这意味着 PA 是真的但却是不可证明的算术句子”①。

维特根斯坦对哥德尔的这种解释是要避免ω-矛盾问题。哥德尔表明，如果 PM 是不矛盾的，那么 P 是不可证明的。但他没有表明：如果 P 是不可证明，那么 PM 是不矛盾的。哥德尔意识到，后一论证需要更强的假设，即 PM 是 ω-矛盾的话，他的证明不是关于 P 与 $\neg P$ 的对称性问题。1936 年，罗瑟（J. B. Rosser）表明这种不对称性和哥德尔关于 ω-矛盾的假设，对于 PM 的不完备性证明是没有必要的。因为我们可以在 PM 建构一个句子“R”，这样在 PM 中 R 的证据可以被转换为算法上的$\neg R$ 证据，反之亦然。假设只有 PM 是不矛盾的，通过自由转换，R 表达了“对于所有 n，如果 n 是哥德尔的 R 证据，那么$\neg R$ 的证据比 n 更小；如果 n 是哥德尔的 R 证据，那么甚至可以说明$\neg R$ 是可证明的”②。

然而，在维特根斯坦的著作中，所观察到的 R 不是 P 句子。贝斯转移到一个新的语境中，在这个语境中维特根斯坦和哥德尔都考虑了 PM 句子，遗留下的问题是句子本身是真的但无法证实。因为正是这一句子才是哥德尔和维特根斯坦问题的症结所在。

贝斯关于哥德尔定理的说明，用 PA 来替代了 PM。在考虑哥德尔定理应用的情况下，我们可以想象，$\neg P$ 的证明是贝斯所明确承认的。但用 PA 来替代了 PM，也让我们回避了维特根斯坦已经提出的问题。贝斯假设说，我们采用形式化的塔斯基真理论，PA 的合理性可以在任何系统中得到证明。但这是不一样的假设，即要证明 PM 的合理性。如果我们对维特

① Steiner M. Wittgenstein：Mathematics，regularities and rules//Morton A，Stephen S P. Benacerraf and His Critics. Cambridge：Basil Blackwell Publisher，1996：190-212.

② Rosser J B. Extensions of some theorems of Gödel and Church. The Journal of Symbolic Logic，1936，1（3）：87-91.

根斯坦的观点理解正确的话，假设可以在罗素系统中证明相反的命题，那么他的整个观点都是在问我们是否会坚持我们对 P 的解释是认为“P 是不可证明的”，如果 $\neg P$ 被证明的话，那么我们发现 PM 是不合理的。因此，没有理由认为，贝斯用 PA 替换 PM 同样是合理的。

贝斯最终引用塔斯基语义证据来反对维特根斯坦对哥德尔定理的评论，即使用集合论中的非建构性证据。实际上，塔斯基本人并没有给出这样的一种证明，他的定义仅仅满足了这样一种模式，即算法上为真的句子在形式化的算术集合论中是一阶可定义的①。在形式化的算术理论中，算术中的真理是不可定义的，但正如哥德尔所指出的，算法是可证明的。因此两者不能共存②。哥德尔在 1931 年发表的论文中通过建构一个明确的不可判定的句子，部分地接受了不完备性论证。当他得知维特根斯坦评论他的不完备性定理之后，哥德尔写信给卡尔·门格尔（Karl Menger），认为他的不完备性结果是数学定理中的一个绝对没有争议的部分③。

如果我们假设算法是二价的，那么哥德尔定理表明：①要么在 PM 中存在一个真实的但不可证明的数论句子；②要么数论句子在 PM 中是难以表达的。如果 PM 是不矛盾的，但我们已经证明了 $\neg P$。然后哥德尔定理告诉我们 PM 是 ω-不自洽的，那么模型理论家将没有办法来定义 PM 中自然数的集合④。

普特南主张，我们对维特根斯坦著名的解释可以自然地扩展到维特根斯坦那令人困惑的言论中，即“象棋中所谓的‘输棋’在另一种游戏中可能是赢棋”⑤。贝斯和斯坦纳认为，这句话表明维特根斯坦拒绝“真的但不可证明的”命题思路。通过对维特根斯坦言论的解读，在罗素意义上，

---

① 对于一阶语言 L，用一种$\mathbb{M}$结构来解释 L，L 的一个公式 Ψ 和自由变量 κ，以及$\mathbb{M}$结构 M 领域的元素 $\alpha_1, \cdots, \alpha_\kappa$，其中公式“$\mathbb{M} \vDash \Psi[\alpha_1 \cdots \alpha_k]$”被用来断言公式 Ψ 在$\mathbb{M}$被满足，当自由变量 κ 按顺序被分配为 $\alpha_1, \cdots, \alpha_\kappa$。塔斯基定义了结构（或模型）的满意度。他对“解释中的真理性”的分析，相当于对这一概念进行一个精确的集合论的定义。适用于特定的算法结构，模型理论家将这称之为“$\mathbb{N}$”。它提供了一种对句子的概念分析，这个句子在算术运算中为真。

② Hao W. Reflections on Kurt Gödel. Cambridge：The MIT Press，1988：84.

③ Gödel K. Collected Works. Volume V. Feferman et al. New York：Oxford University Press，2003：133.

④ 算法是二阶的假设，本身可以给出两种不同的解释：可以说（1）$p \vee \neg p$是作为算术的演绎公式来接受的，或者是（2）算术中的每个句子可以确定真或假。

⑤ Putnam H. A note on steiner on Wittgenstein，Gödel，and Tarski. Iyyun the Jerusalem Philosophical Quarterly，2008，(57)：83-93.

如果 P 是假的，即在 PM 中是不可证明的话，那么 PM 将在 ω-矛盾中是不矛盾的，如果我们想象集合论另一体系 S 的话，这足以证明 PM 的不矛盾性，那么 P 将是 S 的一个定理。这种方式表明，所谓一种游戏中的“输棋”在另一种游戏中可以称为“赢棋”，形式论证如下：

假设（1）$\mathrm{PM} \vdash \neg P$，并且 PM 是不矛盾的。

假设一种体系 S 是（2）$S \vdash \neg \mathrm{PM}$

那么通过（1）和（2）及哥德尔定义表明：

（3）$S \vdash \neg(\mathrm{PM} \vdash P)$

如果，我们假设 S 使用相同的自然数来定义原始递归谓词，那么（3）蕴涵着：

（4）$S \vdash P$

这里在一种意义上说，在 PM 中“输棋”意味着在 S 中“赢棋”。

最后，我们来考虑贝斯关于所谓的标准算术模型和真理概念的推理。在论文中，贝斯假设自然数概念和真理解释都应该单独地从模型理论中来确定。贝斯称之为参照规范的集合或模型ℕ。贝斯从来没有定义ℕ，但在模型理论家的意义上ℕ是一个集合结构。也就是说，集合被设想为我们配备了两个不同的元素——0 和 1，并且区别加法和乘法的功能。ℕ通常被视为对应于包含量化理论的一阶语言 L 和两个二进制函数符号和两个常量符号。ℕ和第ℕ次的充分理论，被定义为一组 L 句子，L 句子在塔斯基意义上被满足，有时被模型理论家称为“真正的算术”。因此，Th(ℕ)是递归性被定义的，并且在结构中是通过塔斯基的概念来满足的。

通过这种建构，我们得知每一个 L 句子是或者不是 Th(ℕ)。然而，这种定义并没有告诉我们如何来确定任意给定的特定 L 句子，无论 L 句子是不是 Th(ℕ)的一个元素(ℕ)。事实上，原则上即使建立第ℕ次也不能被划入递归公理系统，哥德尔表明没有有效的办法确定这一点。因此，哥德尔表明，Th(ℕ)没有分类的公理化。换句话说，它必须是同构的非标准模型。

贝斯试图消除 ω-矛盾的问题，通过重申ℕ是一个“核心”或“完美典范”，在解释数学真理时适用于 PM 中的每一个公式，并且以同样的方式适用于我们的自然语言。但贝斯认为我们没有说明为什么应该假设解释概念可还原为模型-理论家的ℕ概念，他也没有解释他所说的“完美典范”意指什么。没有一种特定的模型来说明，一个给定的 PM 句子受限于 PM 是 ω-矛盾的特定假设。除了这一假设之外，还取决于在什么程度上我们可以把一个非形式的 PM 句子翻译成或解释为自然语言句子。某种 PM 句子翻译成自然语言句子是可能的，如果自然语言句子原来没有模型的话，将不允许把 PM 本身解释为一个整体[①]。

贝斯在他的论文中承认以下几点是合理的：①关于算术真理的哲学问题是存在的；②模型理论的存在将解决这些哲学问题。事实上，贝斯认为诉求于$\mathbb{N}$的证明，不仅哥德尔的句子有真值，而且算术中的每个句子都有真值。换句话说，贝斯认为算术中应该坚持二阶原则。

七、古德斯坦对维特根斯坦评论的解读

在《维特根斯坦的数学哲学》中，古德斯坦写道，维特根斯坦在《关于数学基础的评论》中对 GIT 评论的核心是，“唯一有意义的是数学命题可以说是真的，它在一些不一定是完全形式化的系统中是可证明的，数学的真意指是可证明的”[②]。出于这个原因，按照维特根斯坦的思路，这里的“真”意味着在其他系统中是可证明的。因此哥德尔的句子被认为在一些 A 系统中是可证明的，但不是说在另一个 B 系统中也是可证明的。维特根斯坦把“真”意指是“可证明的”。古德斯坦认为“维特根斯坦的观点被误解了，事实上维特根斯坦认为一个词是否为真在于其使用”。古德斯坦说，在标准解释中我们可以解释“真”，即“$(\forall x)\ G(x)$是真的，是因为它的每个实例 $G(0)$、$G(1)$、$G(2)$……都是可证明的，因此是真的”[②]。或者我们可以通过排中律来解释“真”。根据古德斯坦的观点，维特根斯坦忽略的是后一种解释。

我们可能只是诉诸排中律来肯定$(\forall x)\ G(x)$，$\exists x\neg(Gx)$是真的，因为这些句子在 PM 中都是不可证明的，即无法说明在 PM 中一个句子既真的又是可证实的。古德斯坦认为，首先，“$(\exists x)\neg G(x)$”不是真的。如果它是

① Floyd J, Putnam H. A note on Wittgenstein's “notorious paragraph” about the Gödel Theorem. The Journal of Philosophy，2000a，97（11）：624-632.

② Goodstein R L. Wittgenstein's philosophy of mathematics//Ambrose A，Lazerowitz M. Ludwig Wittgenstein：Philosophy and Language. London：Allen and Unwin，1972：271-286.

真的话，那么就应该存在$(\forall x)G(x)$的证据；如果有相关证据的话，那么我们可以证明“$(\exists x)\neg G(x)$”为真。在这种情况下，系统是不一致的。其次，如果系统是一致的话，那么命题是独立于系统的。然而，对维特根斯坦来说，这条论证思路是问题乞求的。正如维特根斯坦所说：“我们认为，我们已经有了固定的排中律，无论如何不能怀疑它。而事实上当我们质疑‘P’还是‘$\neg P$’的情况时，这种重言式在某种意义上是不可靠的。”[①]接着，维特根斯坦提出了类似的观点：“当有人苦恼于研究我们的排中律是不能被否认的，很明显这是有问题的。当有人设立了排中律，他是在我们面前放了两张可供选择的照片，然后说一张照片必须与事实相对应。但让人质疑的是，这两张照片可以应用于这里的事例吗？”[②]

假设系统是一致的，无论是“P”还是“$\neg P$”，在每个独立的系统中都是不可证明的。古德斯坦认为“P”或者“$\neg P$”都必须真的。然而，根据维特根斯坦的观点，排中律适用于系统中的所有数学命题。这意味着古德斯坦已经正确地指出了维特根斯坦支持句法上的两种否定表达式，在系统内一种表达式必须是可证明的，另一种表达式必须是真的或是假的。然而，如果我们承认在一个特定的系统中，一种表达式是不可证明的话，那么这个系统中的其他命题也是不可证明的，所以我们几乎不可能用排中律来坚持至少其中一种表达式在系统中是真的。换句话说，如果有任何理由去质疑一个表达式是否是一个有意义的演算命题，那么排中律的观点也不能解决这一问题。

古德斯坦说，“在哥德尔的工作中，新的事物是什么呢？是一种发现的方法，在任何足够丰富的形式化算术中，该方法可用来产生不可判定的句子，这表明没有算术公理的递归集是完全的”[③]。根据古德斯坦的观点，在任何系统足够丰富的形式化运算中，我们可以建构真的但不可判定的命题。维特根斯坦的观点是，在这两种情况下意义的建构是模糊的，也

---

① Wittgenstein L. Remarks on the Foundations of Mathematics. Ed. by von Wright G H，Rhees R，Anscombe G E M. Trans. by Anscombe G E M. Oxford：Basil Blackwell Publisher，1978：V（§12）.

② Wittgenstein L. Remarks on the Foundations of Mathematics. Ed. by von Wright G H，Rhees R，Anscombe G E M. Trans. by Anscombe G E M. Oxford：Basil Blackwell Publisher，1978：V（§10）.

③ Goodstein R L. Wittgenstein's philosophy of mathematics//Ambrose A，Lazerowitz M. Ludwig Wittgenstein：Philosophy and Language. London：Allen and Unwin，1972：280.

就是说建构的意义远未被确定。鉴于 P 独立于我们的算术演算，我们如何知道或者为什么我们应该说这是一个真的或假的数学命题呢？维特根斯坦主张，这种符号建构只是一串句子，并不足以给出这些符号联结的意义。

现在重新考虑维特根斯坦的系统立场，关于“系统的真”和“在系统中证明或可证明的”立场。对维特根斯坦来说，这两种立场是共外延的（co-extensive）。然而，这里存在的误读是维特根斯坦绝对不会支持它们是共延的这一观点，因为这隐含了真理性和可证明性是不同的事物，进而数学命题或事实的“真”是通过证明这些数学命题来发现它们的真。维特根斯坦对数学的主要看法是，一切都是句法的，没有什么是语义的。真正的数学命题是特定的演算式，或者可以用演算式来证明它，或者可以用演算式来说明它是可证明的。“在实在论者-形式主义者之间的争议中，维特根斯坦对数学哲学的评论提供了一种解决方案：数学命题是真的，是因为它们在演算式中是可证明的；它们被形式规则的公理推论出来，这些数学命题是真的，是由于有效地应用了推理规则，并且没有什么能归因于数学之外的世界。”①

古德斯坦支持维特根斯坦的形式主义观点，同时拒绝了达米特和克里普克的“遵守规则的怀疑主义”解读，通过演算式的真命题来推论出形式规则，并且“真”是由于有效地应用了规则。在《关于数学基础的评论》附录Ⅲ的§4 表明，在“2 + 2 = 4”和“张三站在草坪上”之间只有一种非常浅显的关系。我们说数学建构了一个命题，不是说它是可能命题，而是指称了一个事实领域。因为我们使用这样的表达式来断言数学演算和数学命题是二分的，即它们有真假。我们说数学命题有“真”和“假”，但不意味着数学中有‘真理’和‘谬误’——它们完全是可消除的。我们所说“可证明的”和“可反驳的”是指当我们用一个特定的演算来证明一个命题时，我们是从句法的否定方面来反驳它的。

事实上，古德斯坦认为，维特根斯坦的数学不是一个纯粹的游戏，因为数字也应该用于日常生活之中。古德斯坦似乎忽视或忘记了后期维特根斯坦也强调对数学演算进行语义解释。但对维特根斯坦来说，把真理和证

---

① Goodstein R L. Wittgenstein's philosophy of mathematics//Ambrose A，Lazerowitz M. Ludwig Wittgenstein：Philosophy and Language. London：Allen and Unwin，1972：280.

据进行分离是外在于数学的。

八、结论

在《关于数学基础的评论》中，维特根斯坦评价 GIT 的一个主要目标是想提醒我们，根据罗素系统的规则，GIT 绝没有排除了 P 的可推导性。因为哥德尔只表明了如果罗素的系统是一致的话，那么 P 不是可推导的。在罗素的演算或其他演算中 P 可以被建构，并且 GIT 证明了元数学（T 演算）中 P 是可推导的，如 P 可被直接证明。从这一点来看，要么①所有这类系统是不一致的；或者②P 在任何此类系统中不是可证明的。鉴于哥德尔没有证明系统的一致性，那么 P 是可证明的，在这种情况下得出的结论在所有这类系统中都是不一致的。这里的问题在于，PA 的一致性是否超出了合理性的怀疑呢？众所周知，哥德尔第二不完全性定理指出，如果 F 是一致的，这种不一致性不能以某种方式来证明，只能通过 F 数论的方式来表征。那么，GIT 如何可以用来说明与维特根斯坦的观点相反、数学是句法加语义的呢？许多数学家和逻辑学家认为，可以通过存在绝对一致性来说明 PA 的一致性。然而这里的困难在于，采用如超限归纳法（transfinite induction）和“休伯特统一观”（Hubert's unitary standpoint）的弱扩展方法，这是强于 PA 的证明方法，那么至少看起来 PA 本身的一致性是成问题的。因此，王浩认为，“从哥德尔的工作可以很清楚地看出，休伯特的想法即数学的基础可以通过一致性证明获得一劳永逸的保证，这种证明是通过使用某些透明方法。相反，哥德尔寻找相对一致性的证明，这是具有更少的误导性和接近真实情况，所有一致性证明是相对的一致性证明”[①]。无疑，王浩的观点并不是所有人都同意的，如一些学者质疑非透明性、抽象方法，例如，超限归纳法等方法可以用来作为证明 PA 一致性的方法。至少作为强有限论者，维特根斯坦不会接受这样的证明，对他来说，上述方法不能用于联结 GIT 来建立数学中的句法和语义之间必要的区别。事实上，哥德尔承认如果古典数论的一致性被证明的话，那么像维特根斯坦一样强有限论无法通过 PA 一致性的证明来满足。

① Hao W. Reflections on Kurt Gödel. Cambridge：The MIT Press，1988：281.

维特根斯坦数学理论的优势在于他迫使我们去质疑所建构的句子 P 的意义。维特根斯坦这种观点并非偶然，因为自 1928～1929 年重新回归哲学研究开始，他就开始质疑数论表达式是否能够量化无限数学领域。因为这样的一些表达式将是不可判定的，它们也不是有意义的数学命题。维特根斯坦首先指出了在这种联结中没有一个适用的、有效的算法，我们只能希望或预感如 GC 和 FLT 的表达式在给定演算式（如 PA）中是可确定真假的。如果我们真的有一个判定过程来确定符号之间的连接都是一种给定演算命题 F 的话，那么我们可以使用判定过程来决定所有这些命题 F。

维特根斯坦观点的第二点是，人们普遍相信数学家有直观能力来确定部分的符号联结是有"真或假"的数学命题。他们不仅可以说明一些表达式是有意义的数论命题，而且他们坚持这一点独立于条件证据。但维特根斯坦可能追问，连续统假设（CH）是独立于 ZF 和 ZFC（Zermelo-Fraenkel with Choice）的吗？CH 是真的吗？在 ZFC 中答案显然是否定的。也许是真或是假要在特定系统中来判定，因为有人说"是"有人说"否"[①]。数学家不同意 CH 是有意义的，或是有真假的数学命题。

当然，CH 和 P 之间的区别是 P 是真的当且仅当它在 F 中是无法证实的，事实上是不可判定的。哥德尔希望 GIT 不仅仅表明在数学的句法和语义之间有必然的区别，而且它还支持柏拉图主义的主张，在 F 中 P 是真的但无法证实，意味着 P 在 F 中是无法证实的，但同意数论的事实是真的[②]。

对 GIT 的柏拉图主义式解释并不是说如果有事物存在，那么 P 是真的，而是说 P 是真的当且仅当有一个特定类型的对象或事实不存在。这里产生的问题是，GIT 是如何支持数学柏拉图主义的？柏拉图主义认为一个为真的数学命题对应于或同意一个存在的事物，难道 P 是正确的时，不存在这样一个特定的事实来描述它吗？事实上，P 有意义是真的，其真理似乎与柏拉图主义真理性完全不同，因为如果我们拥有所有为真的数学命题的话，那么这将不需要这种形式的表达式：$(5 \times 5 = 30)$及$(\forall n)\sim(Fn)$。试考虑"你可能会说，'在数字 11 和 17 之间有一个质数，如果不依据事实

---

① Maddy P. Naturalism and ontology. Philosophia Mathematica，1995，3（3）：249.

② Rodych V. Wittgenstein's inversion of Gödel's Theorem. Erkenntnis，1999，51（2/3）：173-206.

的话，这指的是虚假的方程式”。维特根斯坦得出的结论是：“算术不需要建构假的方程式。”[①]

维特根斯坦的这一想法与“不存在定理”的观点是相关的，维特根斯坦补充道：“这与这一事实是相关的。即在使用方程的演算中，我不能依其本身使用否定的方程式。”[②]在～(5 × 5 = 30)情况中，维特根斯坦说：“我们应该写‘5 × 5≠30’，因为我们是不否定任何事情，但想要建立一种关系，即使有无限的算式介于 5 × 5 和 30 之间，如析取的形式(5 × 5) + 1 = 30∨(5 × 5) + 2 = 30∨(5 × 5) + 3 = 30…∨(5 × 5) + n = 30∨(5 × 5)−1 = 30∨(5 × 5)−2 = 30∨(5 × 5)−3 = 30…∨(5 × 5) + n = 30，一个足够大的 n，其中 n 是一位数函数。”[③]这种取消式的操作不适用于“(∀n)～(Fn)”的情况。因为我们不需要一个不可接受的无限的逻辑产物，如“¬(F_1)”命题本身是否定的，所以它不能与事实相对应。这表明数学不需要否定式，而且否定式的使用对于数学可能是危险的，因为我们需要用否定式来构建 P 和类似的命题。当我们承认数学中有这种句子时，维特根斯坦可能会说，我们正是通过这种方式形成或建构了毫无意义的句子 P。

根据维特根斯坦的观点，哥德尔式句子 P 类似于 CH，这种数学命题的意义是被高度质疑的。维特根斯坦挑战数论对 P 的解释，认为我们应该“放弃”对 P 的自然语言解释。因此，大多数数学家和哲学家把维特根斯坦的反直觉结论看成是一种建构数学的激进归谬法[④]。当然，也不能笼统地评价维特根斯坦对哥德尔 GIT 的评论。事实上，维特根斯坦对 GIT 评价的真正价值在于，他会迫使我们质疑所建构句子 P 的意义。不管人们关于 GIT 的哲学倾向如何，正如维特根斯坦指出的那样，P 在数学证明和计算中是不可用的。很难想象在另外一个应用系统中，它是如何被用于如物理的现实世界中的。

① Wittgenstein L. Philosophical Remarks. Oxford：Basil Blackwell Publisher，1975：§203.

② Wittgenstein L. Philosophical Grammar. Trans. by Kenny A. Oxford：Basil Blackwell Publisher，1974：373.

③ Wittgenstein L. Philosophical Remarks. Oxford：Basil Blackwell Publisher，1975：§200.

④ Hao W. To and from philosophy-discussions with Gödel and Wittgenstein. Synthese，1991，(8)：256.

第三节 后期维特根斯坦论数学证明与数学真理的客观性

维特根斯坦后期的作品尤其是他的《哲学研究》及《关于数学基础的评论》中都包含了对数学客观性观点的持续批判。然而，从《维特根斯坦的数学哲学》来看，达米特恰恰是通过这一点将维特根斯坦与其他数学哲学家的观点进行了区分。也就是说，维特根斯坦拒斥把证明当作一种逻辑上强制接受的概念，而几乎所有柏拉图主义者和建构主义者都接受证明在逻辑上是强制性的[①]。

对“数学证明是否是客观的”的争论最终产生了一种二元对立的立场：一方以维特根斯坦为代表，拒绝把数学证明当作客观的，同时也否认逻辑强制性概念；另一方是以数学柏拉图主义者和建构主义者为代表，他们似乎又都能够接受数学证明的客观性。在传统上，人们一般把维特根斯坦看作一位约定主义者或严格有限主义者，这种解读是否正确呢？或者我们能否用一种全新的视角来重新解读后期维特根斯坦的数学哲学观点呢？接下来，我们将分别从四部分来考察后期维特根斯坦论数学证明的客观性、对维特根斯坦的“建构主义”的解读、对维特根斯坦的“严格有限论”解读，以及对维特根斯坦数学哲学观的澄清。

一、后期维特根斯坦论数学证明的客观性

在维特根斯坦的数学哲学思想中，数学证明问题占有非常重要的地位。他说：“数学哲学就是对数学证明的一种精确的研究，而不是用空想

① McNally T. Wittgenstein, constructivism, and mathematical proof. Hermathena, Philosophy and Mathematics II, 2011, (191): 25-51.

包围数学。”[①]因此，无论在 20 世纪 30 年代所写的《哲学评论》《哲学语法》等，还是在 40 年代所写的《关于数学基础的评论》等著作中，维特根斯坦都用了大量篇幅来谈论数学证明的问题。

所谓数学的客观性，是指数学公理的自明性与数学公理和定理之有用性都是基于一些客观的原因，而不是基于我们的主观喜好、任意选择等[②]。

首先，对什么是数学证明，或者说数学证明有哪些基本特征，维特根斯坦没有作过系统的说明。不过，从他关于数学证明的论述中可以看出，他认为数学证明具有以下基本特征：数学证明必须是显而易见的、确凿无疑的、可重复的，数学证明具有规范性，它所显示的是内在关系，而不是外在关系等。根据维特根斯坦的观点，数学证明必须是显而易见、一目了然的，这是数学证明的一个基本特征。他说：“证明必须是显而易见的。”“证明必须是一种显而易见的程序，或者说证明就是那种显而易见的程序。”[③]

其次，维特根斯坦认为数学证明必须是确凿无疑的。如果人们怀疑数学证明的正确性，那么这种证明就会失去作为指导者的作用。维特根斯坦之所以认为数学证明应当是确定无疑的，是因为我们把数学证明看作语法规则。他说：“我要说，承认一个命题为确定无疑的，即意味着把它用作语法规则，这就去除了它的不确定性。”[④]

最后，数学证明的另外一个重要特征是数学证明必须是可重复的，也就是可以被再度一模一样地推演出来。维特根斯坦在其后期的主要著作如《哲学研究》和《关于数学基础的评论》中都直接讨论了关于数学证明的客观性这一议题，他明确否认数学证明及逻辑强制性的概念。例如，他在《关于数学基础的评论》中写道：“确实有一门关于条件计算反射的科学，这就是数学。这门科学将依赖于实验，这些实验就是计算。但是，万一这

① 维特根斯坦. 维特根斯坦全集（第 4 卷）：哲学语法. 程志民，涂纪亮译. 石家庄：河北教育出版社，2003：344（§23）.

② 叶峰. 二十世纪数学哲学：一个自然主义者的评述. 北京：北京大学出版社，2010：40.

③ 维特根斯坦. 维特根斯坦全集（第 7 卷）：论数学的基础. 徐友渔，涂纪亮译. 石家庄：河北教育出版社，2003：133（§55），121（§42）.

④ 维特根斯坦. 维特根斯坦全集（第 7 卷）：论数学的基础. 徐友渔，涂纪亮译. 石家庄：河北教育出版社，2003：118（§39）.

门科学变得十分精确，以至成为‘数学’科学，那又怎么办呢？现在，这些实验的结果是人类在其计算一致抑或在其所谓的‘取得一致’方面得到了一致？如此等等。”[①]

一般地，关于数学证明和数学真理客观性的论断，其基本原则表述如下[②]：①数学证明的客观性，即特定符号结构（sign-configuration）是否是一种独立认可的证明；②数学真理的客观性，即一种特定的数学命题是否是一种独立认可的真。

不同的数学哲学流派对上述两条原则持开放的态度。数学柏拉图主义者同时赞同上述两条原则。因此，如果要反驳数学柏拉图主义，那么只要反驳上述两条原则之一就可以否定其基本立场。数学建构主义者否认原则②而接受原则①，即他们接受数学证明的客观性，但拒斥数学真理的客观性。这可以称之为一种温和的建构论观。但维特根斯坦采取了一种比温和建构主义更加极端的版本，他同时否认了原则①和②，既不赞同数学证明的客观性，同时也否认数学真理的客观性。达米特认为，这正是维特根斯坦数学哲学受人非难之处，他在拒绝数学证明的客观性这条路上走得太远了。维特根斯坦主张数学证明本身只是语句符号约定的结果。据此，达米特认为维特根斯坦是激进的反柏拉图主义者和彻底的建构论者[③]。

维特根斯坦之所以拒斥数学真理的客观性，是因为他否认数学证明的客观性。他认为数学证明不应是强迫人们去接受的，数学符号只不过是我们所建构的产物，这就是当前数学证明的图景。维特根斯坦在论证数学证明的客观性时是与逻辑拒绝强制性概念联系在一起的。当我们进行推论或者完成一种数学证明或逻辑推论时会很自然地认为，我们是被迫以某种方式在遵守推理规则，或者我们是被强制地接受这种特定的命题规则，抑或说我们被迫认同某种特定符号结构就是一种数学或逻辑证明。在维特根斯坦看来，在某种意义上数学概念是数学对象的构造，即同一词语在不同的场合完全可以有不同的用法。而且，在各种不同的用法之间也未必有内在

① 维特根斯坦. 维特根斯坦全集（第 7 卷）：论数学的基础. 徐友渔，涂纪亮译. 石家庄：河北教育出版社，2003：54（§141）.

② Dummett M. Wittgenstein's philosophy of mathematic. The Philosophical Review，1959，68（3）：346.

③ Dummett M. Wittgenstein's philosophy of mathematic. The Philosophical Review，1959，68（3）：329.

的联系。因此，与所谓的确定性和连续性相比，我们就应当更加强调数学的可变性和不确定性。维特根斯坦认为，不能脱离具体的数学活动去谈及数学概念的意义，而应注意观察数学词语在日常生活中的用法，亦即应注意具体的数学证明和计算[①]。

维特根斯坦在《关于数学基础的评论》中用了大量的篇幅来反驳强制性概念。维特根斯坦认为，当反思强制性概念时，它并没有与我们有相关的基础。维特根斯坦写道："如何知道数学证明的强制性让我们得出这样的结果呢？好吧，事实上一旦我们已经以这样或那样的方法获得了这种结果，那么就会拒绝任何其他的方法。我进一步想说的是，对于那些不想以这种方法得出得数的人来说，作为最后反对这些论证的人将会说：'为什么？难道你没有看到吗？'——这没有论证。"[②]

"'但是如果我不是被迫得出得数的话，那么我是在做推理吗？'——强迫？毕竟我可以假装我在做选择！——'但是，如果你想保持与规则的一致性的话，你就必须以这种方式来行进'——没关系，我称为'一致性'——'那么你已经改变了一致性这个词的意义，或者改变了规则的意义'。不是——人们说的'改变'和'保持'是什么意思呢？然后你给出了许多规则——我给出一种规则来证明我使用规则的正确性。"[③]

维特根斯坦明确地否认了数学证明的客观性与强制性。据此，达米特把维特根斯坦的上述观点理解为"在每一步骤中，我们都自由地选择去接受或拒绝数学证明"[④]。他认为维特根斯坦是用"决定"（decision）的概念来替代强制性概念，即我们或共同体随时随地可以"决定"接受或不接受某种数学证明或逻辑证明。强制性概念把一种特定的符号结构看成一种证明，或者接受一种特定的命题是另一种命题逻辑推理的结果。因此，达米特认为，维特根斯坦的观点是主张共同体的一致性建构了数学证明的客观

① 郑毓信. 维特根斯坦《关于数学基础的意见》述评. 自然辩证法通讯，1987，(6)：19-27.

② Wittgenstein L. Remarks on the Foundations of Mathematics. Ed. by von Wright G H, Rhees R, Anscombe G E M. Trans. by Anscombe G E M. Oxford: Basil Blackwell Publisher, 1978: 50 (§33, §34).

③ Wittgenstein L. Remarks on the Foundations of Mathematics. Ed. by von Wright G H, Rhees R, Anscombe G E M. Trans. by Anscombe G E M. Oxford: Basil Blackwell Publisher, 1978: 79 (§113).

④ Dummett M. Wittgenstein's philosophy of mathematic. The Philosophical Review, 1959, 68 (3): 330.

性，即共同体的“决定”和“一致性”使得任何特定的符号结构成为一种数学证明。

二、后期维特根斯坦论数学证明的实践性

现在，设想我们要计算一道之前从未计算过的算术题，我们暂且以“400 + 400 = 800”为例。虽然我们之前有过许多加法经验，但从未遇到过这种特定的计算式子“400 + 400”。我们用之前使用过的加法计算方法来处理这个算术式子，然后得出了“800”的和数。但反思一下我们是如何完成这个计算过程的呢？然后就说“800”是正确的答案而不是其他数字呢？是否可以说我们已经证明了“400 + 400 = 800”呢？如果是的话，那么基于什么原则我们得出了“800”就是正确答案的呢？维特根斯坦认为，在计算过程中人们总是通过加总数来证明这样那样的得数是正确的结果，因此对数学证明来说，似乎强制性概念是必不可少的。“证明向我们表明，我们应该得出什么样的得数。——并且因为这种证明的重复出现必须说明相同的事物，一方面证明必须自发地再现相同的结果，而另一方面它也必须再现得出这种数学结果的强制性。”[①]“现在我想问，如果借助某种符号系统的证明，我们是否能确信命题 7 034 174 + 6 594 321 = 13 628 495 是正确的呢？对这个命题有某种证明吗？回答是没有。”[②]

维特根斯坦在其后期著作中也论述了规则本身并不会强迫我们来接受这一点，也不会强制让我们把特定的应用规则当成正确无疑的。原则上，对相同事物我们可以采用不同的规则。例如，当老师教学生如何进行加法运算时，培训过程要处理大量的算术式子，但无论是做算术的人还是教算术的人，在计算过程中都不可避免地会遇到无限性问题。

如果我们之前从未遇到过“400 + 400”的算术式子，那么，虽然我理解了一般的加法规则，但是一般的加法规则并没有提及该特定式子的应用

① Wittgenstein L. Remarks on the Foundations of Mathematics. Ed. by von Wright G H，Rhees R，Anscombe G E M. Trans. by Anscombe G E M. Oxford：Basil Blackwell Publisher，1978：87（§55）.

② 维特根斯坦. 维特根斯坦全集（第 7 卷）：论数学的基础. 徐友渔，涂纪亮译. 石家庄：河北教育出版社，2003：98（§3）.

方法。或者说我如果理解加法规则的话，那么就不用再去费力思考这种特定的算法过程。在这种情况下，我们应该如何来使用加法规则呢？答案似乎是我们需要进一步的加法规则，即需要应用规则的规则，通过它来告诉我在这种特定情况下应该怎么做。然而，即使我理解了加法规则，可或许还会有多种不同的加法规则，每一种加法规则既不需要也不强迫我们来接受任何特定的推论或应用规则。

例如，一位数学教师在黑板上写出了一个数列："1，4，9，16，…"，那么接下来该写什么呢？有学生可能回答说是25，所运用的计算规则是自然数的平方，即"1^2，2^2，3^2，4^2，5^2，…"。也有学生说：25不对，而是27。因为他所运用的方法或规则是加奇质数列：3，5，7，11，13，17，…，

1

4 = 1 + 3

9 = 4 + 5

16 = 9 + 7

27 = 16 + 11

所以……[①]

那么，这两种算法哪个正确呢？这是否意味着我们从来不会被迫地去接受某种推论或应用规则呢？我们可以一直"自由地做选择"吗？关于推论的问题就如证明的问题一样，我们可以应用推论规则，或者我们可以计算总和，但问题在于在推论和计算时似乎我们是被迫地去接受某种推论结果及得数。在这里，强制性必须对应计算技巧和规则的必然性，我们在必然地应用这些技巧与规则。虽然在原则上我们可以以不同的方式来应用这些技巧与规则，但是我们只能必然地接受某种不同的计算结果，而非其他结果。这种所谓"必然性"可以归结为某种逻辑强制性。

维特根斯坦在许多段落中都论证过强制性概念是个空概念。例如，在《关于数学基础的评论》中，维特根斯坦采取了某种反实在论的论调，认为实在论是通过隐含式地被迫接受某种数学证明直至结果有某种意义。

① Brown J R. Philosophy of Mathematics：A Contemporary Introduction to the World of Proofs and Pictures. 2nd ed. London：Routledge，2008：140.

“你所说的话似乎会得出这样的结论：逻辑属于人类的自然史，这与逻辑的‘必定’的坚定性是不一致的。可是逻辑‘必定’不是逻辑命题的一个组成部分，而是人类自然史的命题。逻辑命题说的是人们以这种或那种方式取得了一致认识，而此时它的对立面却说这里缺乏一致认识，不，这是另一种类型的一致认识。作为逻辑现象的前提条件，人们的一致认识并不是意见的一致认识，更不用说是关于逻辑问题的意见的一致认识。”[①]

“现在，我们来谈论逻辑的必然性，并且思考为什么逻辑法则是必然的，甚至比自然法则更加必然。逻辑法则是与我们日常经验事实相对应的，日常经验事实使得我们可以以一种简单的方式来说明一些法则，这就如同用尺子进行测量一样是方便而且高效的。而逻辑法则则是要说明逻辑推理的法则可以确定其用法，现在我们也是在必然地应用这些逻辑推理法则，因为我们都在进行‘测量’（计算），而且每个人都有相同的测量结果。”[②]

“假设我们有两种测量长度的系统，在这两种系统中每种长度都用数字符号来表述。例如，一种方式是用‘*n* 英尺’来表示计量的长度。在日常生活中英尺是长度单位；而另一种测量长度系统中是用“*n*W”来表示，并且设定的初始条件是 1W = 1 英尺。但问题在于，2W = 4 英尺，3W = 9 英尺……。因此，在这种情况下是否可以说“这根棍子长 1W”就相当于“这根棍子长 1 英尺”呢？问题是在这两种系统中，“W”和“英尺”的意义是相同的吗？[③]

回想之前达米特把维特根斯坦的数学证明概念当作“决定”概念。维特根斯坦本人并不希望人们把意义概念误解为“决定”概念：“但是如果这是我的决定的话，为什么我要说‘我必须’呢？好吧，可能不是我必须决定的，难道这不是一个自发的决定而仅仅意味着这是我行动的方式？不需要问理由！当我说‘我自发地决定’时并不意味着我认为这确实是最好

① 维特根斯坦. 维特根斯坦全集（第 7 卷）：论数学的基础. 徐友渔，涂纪亮译. 石家庄：河北教育出版社，2003：270（§49）.

② Wittgenstein L. Remarks on the Foundations of Mathematics. Ed. by von Wright G H，Rhees R，Anscombe G E M. Trans. by Anscombe G E M. Oxford：Basil Blackwell Publisher，1978：82（§118）.

③ 维特根斯坦. 维特根斯坦全集（第 7 卷）：论数学的基础. 徐友渔，涂纪亮译. 石家庄：河北教育出版社，2003：65（§12）.

的一个数字，然后选择……我应该说我不需要在每一步都有直觉，而是需要决定。——实际上这都不需要，这是某种实践的问题。我们说一种证明就是一幅图画，但是这幅图画需要认可，即当我们研究时我们给出了这种证明。这是真的，但如果真只是来自人们的赞同而不是其他人的认同，就不会得出任何理解——我们是在做计算吗？所以这不是证明认可本身使得计算成为计算，而只是承认一致性。承认一致性是承认我们语言游戏的一致性，而不是确认它。”①

人们对维特根斯坦的误解，在于似乎是个人或集体决定了什么应该算作一个适当的证明，并在此基础上人们“决定”一个命题已经被证明。传统上，数学柏拉图主义认为当运用一个规则时需要一些像直觉般的事物，而维特根斯坦引入的“决定”概念似乎破坏了这一点。反之，如果说在运用数学或逻辑规则时只需要直觉之类的事物的话，那么维特根斯坦的“决定”概念也就失去了任何意义。

维特根斯坦所谓的“决定”并不是指说话者深思熟虑后的意识。恰恰相反，规则的应用或数学的证明是自发的、本性的，是经过充分的语言训练从而拥有了共同的社会倾向，或者说是分享了一种特别的生活形式。通过使用“决定”概念，语法规则决定了计算程序的正确性。对维特根斯坦来说，事物中一些必要的联系就是一种创造，服从于集体决定或者是服从于生物本性，但没有逻辑强制性。“机械式的程序是通过规则在事例中的正确应用而建立起来的，其过程包括人的意向作用，但不是人的智力。人的意向是不受逻辑强制性干扰的。”②

维特根斯坦认为，“在根据规则训练的过程中人们运用了‘正确的’和‘错误的’这两个词，当说‘正确的’这个词时学生可以前进，当说出‘错误的’这个词时学生可能就要后退”。那么换言之，我们是否可以用下面的方式来向学生解释这两个词，人们不要直接说正确的与错误的，而只是说这词与规则相一致……那个词与规则不一致？“如果学生掌握了‘一致’这个概念后就可以这么做。可是如果学生没有掌握这个概念或这个概

① Wittgenstein L. Remarks on the Foundations of Mathematics. Ed. by von Wright G H，Rhees R，Anscombe G E M. Trans. by Anscombe G E M. Oxford：Basil Blackwell Publisher，1978：365（§9）.

② Frascolla P. Wittgenstein's Philosophy of Mathematics. London：Routledge，1994：128-131.

念尚未形成又会怎样呢？在这种情况下就要依据这个学生如何对'一致'这个词所作出的反应。如果该学生以正确的方式对规则做出了反应，那么这个学生业已掌握了以如此之类的方式来解释规则。""然而，重要的是从我们已经对规则有些理解从而做出理解了证明的那些反应，是以一定的环境、一定的生活形式和语言形式作为环境前提的。"[①]

人类的实践，无论是现实的还是可能的都只能在有限范围内扩展。即使我们说我们能够"连续不断地计数"这也是不可能的。如果我们的实践有若干可能的不同范围，那么即使对自然数也有若干可能的不同诠释——我们的实践或我们的心理表征等，也并不选取一个独一无二的自然数列的"标准模型"。我们之所以常常以为它们会做这样的选择是因为我们很容易从"我们能够连续计数"转为"一台理想机器能连续计数"（或"一个理想的心灵能够连续计数"）；但是，谈论理想机器（或心灵）与谈论实际的机器和人是根本不同的。谈论一台理想机器能做什么是在数学之内进行的，它并不能确定对于数学的诠释[②]。

从上述对维特根斯坦的文本分析中我们可以推论出，维特根斯坦的主要观点是这里没有数学证明的一致性，因而消解了数学真理的客观性。如果我们以一种宽容的方式来解读维特根斯坦的观点，那么维特根斯坦只是在提醒我们：数学证明是一种实践，像所有其他实践活动一样，一致性是数学实践活动的"前提条件"。

三、后期维特根斯坦论数学证明的可观察性

正如在本章第一节中提到的，维特根斯坦的数学哲学通常被人们认为是一种严格有限论。严格有限论的观点与人类实际的局限性相关，它人为地限制了合理的数学实践范围，认为是我们有限的生命和精力等因素限制了数学计算或证明的无限性。

"严格的有限主义者"认为我们不仅应当坚持数学证明和计算在理论

---

① 维特根斯坦. 维特根斯坦全集（第7卷）：论数学的基础. 徐友渔，涂纪亮译. 石家庄：河北教育出版社，2003：164，315，324.

② 希拉里·普特南. 理性、历史与真理. 童世骏，李光程译. 上海：上海译文出版社，1997：74.

上的“可行性”，而且应当要求它们在实际上也是可行的。任何形式都不能涉及无限，甚至也不能涉及“足够大”的数①。

为了便于理解，我们引入伯奈斯的“可能数字”概念来具体说明什么是严格有限论观点。设想有一个非常大的数字如 $88^{1\ 234\ 567}$，实践中经常会有一些事物来阻止我们写出如数字 $88^{1\ 234\ 567}$。因此伯奈斯认为严格有限论也与直觉主义形式相关，不过两种观点是彼此对立的，因为直觉主义允许如 $88^{1\ 234\ 567}$ 这样大的数字存在，而严格有限论则否认在计算中能运算或使用这样大的数。直觉主义在做出肯定性断言的同时向严格有限论提出了挑战：是什么主张存在上述如 $88^{1\ 234\ 567}$ 一样大的阿拉伯数字，而在实践中我们并不能获得这一数字②？

马里恩认为，尽管 $88^{1\ 234\ 567}$ 几乎不可能用来进行计算，但可以假设这个数字在原则上是可能的。直觉主义认为，一个巨大的数字在实际上存在的可能性与原则上存在的可能性之间是没有区别的，虽然在相应的十进制系统中这样的数字实际上可能永远也无法写出来，但这里只是强调在原则上有可能，所以这样的数字也有其合理性。当然，严格有限论者非常拒斥这一观点，并否认马里恩在实际上能计算和原则上能计算之间所做的区分。从严格有限论的观点来看，$88^{1\ 234\ 567}$ 这样的数字没有什么具体内涵，或者说在实际生活中没有什么意义。因为在实践中几乎不可能获得这么大的数字，也没有必要去计算这样大的一个数字，它也不是一个切实可计算的数字。此外，严格有限论者拒斥所有数字都可以通过下面的方式来定义。假设 F 代表的是可能的数字，10^{12} 是可能数字的上限③。

（1）$F(0)$（数字 0 是可能的）；

（2）$F(n)\rightarrow n<10^{12}$（如果 n 是可能的，那么 n 小于 10^{12}）；

（3）$F(n)\rightarrow F(Sn)$（如果 n 是可能的，那么 Sn 也是可能的）。

我们权且把这称为 F 系列。F 系列不同于自然数系列 N。因为 N 包含了数字 10^{12}，而 F 系列没有包含。因此，我们现在有两个自然数系列

---

① 郑毓信. 数学哲学：数学方法论与数学教育哲学. 南京大学学报（哲学·人文科学·社会科学），1995，(3)：71-78.

② Bernays P. On platonism in mathematics//Benacerrafand P，Putnam H. Philosophy of Mathematics：Selected Readings. 2nd ed. Cambridge：Cambridge University Press，1983：265.

③ McNally T. Wittgenstein，constructivism，and mathematical proof. Hermathena，2011，(191)：25-51.

F和N。

严格有限论认为，算法是唯一与数字定义或数字系统相关的，符号结构的大小或范围是有限制的。维特根斯坦似乎也赞同这一点，他把数学证明的范围限制在可观察范围之中，从而导致了人们把他看成严格有限论者。没有必要更详细地探究严格有限论的特征，关键在于为什么众人会认为维特根斯坦是严格有限论者。严格有限论的支持者并不多，并且严格有限论的观点也普遍不受人欢迎。原因或许是由于严格有限论挑战了基本的数学原理，如皮亚诺算术的归纳图式（皮亚诺公理）等。维特根斯坦在后期的数学哲学著作中频繁地阐述了数学证明必须是可观察的，他写道“可观察性是证明的一部分。如果我得出结果的过程不是一目了然的话，那么我可能确实需要记下得数——但是事实上是什么来支持我得出这样的得数呢？我不知道我是怎么得出的”[①]。

那么维特根斯坦关于“数学必须是可观察的”的论述为什么就蕴涵了严格有限论思想呢？首先，严格有限论不诉求于任何不可计算的数学实体，如不诉求于像10^{12}、$88^{1\ 234\ 567}$这样大的数字。其次，关于可观察性的考虑必然会导致对实际数字的限制。在可观察的证明中，为了确定$88^{1\ 234\ 567}$这个数是否是素数，可以考虑埃拉托斯特尼筛法（Sieve of Eratosthenes）。虽然我们不能确定$88^{1\ 234\ 567}$是素数还是复合数，但我们可以用一些算术谓词来定义这个数。然而对严格的有限论者来说，算术谓词“素数”不能用来定义这些非常大或“不可能”的数。关于可观察性的考虑最终会导致严格有限论者否定一个非常大的自然数是素数或者是复合数的可能性，他们只允许陈述可计算的数，或者证明一个数的素数性，但要求我们对数的证明是可观察的。一般来说，正是对数学证明可观察性的考虑导致了对数学实践的限制，并以此来描述严格有限论的观点。

关于维特根斯坦是否是一个严格有限论者，马里恩做出了一个重要的论断，他为维特根斯坦的观点辩护，并反对达米特对维特根斯坦观点的解读。达米特认为维特根斯坦是一个激进的建构主义者。但马里恩通过讨论维特根斯坦对计算与经验的区分，为维特根斯坦的观点进行辩护：“假设

① Wittgenstein L. Remarks on the Foundations of Mathematics. Ed. by von Wright G H, Rhees R, Anscombe G E M. Trans. by Anscombe G E M. Oxford: Basil Blackwell Publisher, 1978: §95.

我们让大数相乘，上千位数相乘，假设在某个点之后人们得出的结果彼此不一致，这就没有办法来阻止这种偏差的产生，即使我们通过检查发现他们的得数偏离了正确的结果，那正确的得数又是多少呢？有人会得出正确的结果吗？或者说这有正确的结果吗？"[①]

上述情况说明，两个大数相乘与确定一个非常大的数是否是素数的情况是一样的，实际上许多人应用不同的规则或方法得到了不同的答案，因而关于正确的结果根本就没有一致性。在这种情况下，维特根斯坦所面对的难题是，这是否仍然会有一个正确的得数或结果。马里恩指出，达米特倾向于把维特根斯坦的答案理解为"没有"，因为维特根斯坦认为通过"素数"这个谓词并不能确定一些大数是否是素数。而马里恩认为，在两个大数相乘的情况下维特根斯坦会倾向于说，这已经不再是一种计算。

马里恩认为，维特根斯坦只是在强调数学实践的一个不可否认的事实，即计算非常大的数会失去计算的确定性。马里恩接着指出，"这并不是说在原则上不能获得正确的答案"[②]。然而马里恩同时也认为，通过维特根斯坦关于数学证明可观察性的言论而将其归类为严格有限论者可能还需要更多的证据，因为维特根斯坦关于数学证明可观察性的言论应该放在更宽泛的语境中来理解，例如，维特根斯坦反对的是逻辑学家把数学还原到逻辑语境中。

为了更好地理解维特根斯坦的观点，我们回顾一下之前的算术式子"400 + 400 = 800"这是一个缩写符号，因为它包含了某些算术术语。这个式子是用纯粹的算术符号来表述的，因此要求我们有足够多的变量。维特根斯坦的观点是，对数学证明来说可观察性是必要的，如果写出的一个算术式子完全不是可观察的表达式，那么这个算术式子也不是一目了然的，证明也就是无的放矢了。在这种语境中，维特根斯坦虽然反对逻辑学家的还原论，但从认识论来看，我们也还需要数学知识，需要一种把计算方程式看成罗素重言式一样有说服力的知识。但维特根斯坦坚持认为，重言式

---

① Wittgenstein L. Wittgenstein's Lectures on the Foundations of Mathematics. Ed. by Diamond C. New York：Cornell University Press，1976：101.

② Marion M. Wittgenstein and Brouwer. Synthese，2003，137（1/2）：103-127.

只是一种应用，而不是算术的证明。

马里恩认为，把对算术概念的运算转化为逻辑的观点，刺激维特根斯坦产生了证明可观察性的言论。但是马里恩的回应并不是令人完全信服的，尽管他认为在辩护的语境中，通过维特根斯坦关于可观察性的言论，不应该把他看成数学的严格有限论者。而在反对逻辑主义的语境中，马里恩又认为，我们无法查明算术证明是否可以用纯粹逻辑符号来表达，因为这仍然是一个悬而未决的问题。因此，对把维特根斯坦看成有限论者的人来说，关于证明的可观察性的考虑是有意义的，毕竟对维特根斯坦来说，只有接受严格有限论才是反对逻辑主义的唯一方式。

为此，马里恩给出了一个更有说服力的辩护，他在早期的著作中探讨了维特根斯坦对经验和语法的区分。他指出，维特根斯坦承认实践的局限性，但是这种局限性只存在于经验范畴或不重要的领域中。他引用《哲学评论》中的一段话："数字系统的规则，即十进制系统包容了一切事物，这些事物说明数字是无限的。在数字左边或右边，这些规则集没有限制，这就也包含了表达的无限性。也许有人会说：真的，但数字仍受限于它们的使用，受限于书写材料和其他因素。但这并不是说数字的用法是由规则来表达的，而是说数字的本质就是被表达的。"①

尽管《哲学评论》是维特根斯坦中期思想的表现，但上述评论回应了严格有限论的观点。严格有限论在埃拉托斯特尼筛法方法中没有做出实际的限制，但其应用存在局限性。然而，在维特根斯坦后期的著作中，他更强调实践的重要性。在这个意义上，应用规则或规则本身并不指示或强迫我们应该如何做。只有在训练的语境中，在遵守规则者的共同体中才能谈论以某种方式来应用规则，我们才可以谈论规则的要求。如果把维特根斯坦强调实践观点的重要性理解为他引入了严格有限论的话，这似乎是言过其实的。

事实上，维特根斯坦对规则的回应类似于他对一致性的回应。一个逻辑命题陈述了有某种一致性，但逻辑命题的内容不是由这种一致性来确定的，语言才是确定逻辑命题内容的先决条件。在当前语境中，维特根斯坦的主张是人类的某种局限性（如关于生命的有限性或可观察的局限性）不

① Wittgenstein L. Philosophical Remarks. Oxford：Basil Blackwell Publisher，1975：§141.

是通过对数字使用的规则来表达的，即人类的局限性在我们实际应用数字中所起的作用是不重要的。这似乎意味着我们可以考虑人类的局限性和经验因素来扩展我们的数学系统。

因此，维特根斯坦对证明可观察性的评论不需要致力于严格有限论，实际上他所给出的评论源自哲学的力量，而不是源自他所给出的某些偶然因素，包括我们如何使用字词，或使用字词的特定习惯。我们话语的内容和这些偶然因素共同构成了我们对字词的实际用法，这是维特根斯坦后期著作的主要观点，这一观点很微妙并且也难以理解。让我们回到符号结构是有限的情形中，我们可以研究相同的算术符号，例如，我们大家都一致同意以一种特定的方式来使用“+”这个符号。在实践上，这一事实构成了我们对规则的应用和证明，但没有什么能够确定规则的内容，或者确定什么是正确的应用，或者确定什么是重要的证据。对这一问题的不同解读方式最终导致了人们对后期维特根斯坦数学哲学观的误解。

四、后期维特根斯坦的数学哲学观

我们先来回顾一下维特根斯坦独特的数学哲学观点。前文所述达米特论点中存在的主要问题是，他把维特根斯坦的彻底建构主义和温和建构主义（如直觉主义）的立场进行了比较，因为温和建构主义放弃了逻辑强制性的概念，也放弃了把一个特定的证明概念抑或一个特定的应用规则当成正确无疑的观点。据此，达米特认为，维特根斯坦的立场比温和建构主义形式更极端且更加令人难以接受。因为维特根斯坦不仅拒斥“逻辑强制性”，而且还否认“证明的客观性”。但维特根斯坦的观点显然不同于建构论者，他认为我们“决定”了什么是命题的证明或者什么是正确地应用了规则，因此当我们进行证明或应用一种规则时，我们不是逻辑上被迫去完成的，也不是说逻辑决定了我们应该怎么做。在阐明数学证明和遵守规则时，我们不需要诉求于这些逻辑概念。通过维特根斯坦对逻辑强制性概念的否定，我们不应该简单地把他归类为一位彻底的建构主义者或严格有限论者，这是对维特根斯坦观点的一种常见误解。

另一种误解是彻底的建构主义者把“决定”标签错误地贴给了维特根斯坦，认为维特根斯坦的“决定”概念在证明中起了重要作用，他把特定的符号结构当成一种证明。而严格有限论者对维特根斯坦的误解在于，虽然维特根斯坦把证明的可观察性限制在可计算的数字实体域范围内，但问题的关键在于可观察性也只是证明的必要前提，只是告诉我们数字的适当范围。

这些解释不仅误解了维特根斯坦关于数学客观性的论证，也误解了维特根斯坦关于意义和遵守规则的阐述。在《哲学研究》中，维特根斯坦指出“一致性”“规律”“习惯”等概念是必要的，因为必须通过一个词或遵守一种规则才能理解事物的意义。关于维特根斯坦的上述观点，人们通常可以采取两种研究进路来解释，一种是把维特根斯坦的观点看成一致性、习俗等使得特定的应用规则是正确的；另一种是将其观点理解为，一致性、习俗等只是使用字词或遵守规则的先决条件。从分析来看，后一种解释进路似乎更可取。因为在数学中，“决定”“一致性”“可观察性”“实践”等概念只是证明的前提条件，而不是说这些概念就建构了证明，也不代表维特根斯坦就把任何特定符号结构当成了一种证明。

综上所述，证明和遵守规则作为一种实践概念很容易让人误解，让人误以为维特根斯坦另辟蹊径地提供了关于遵守规则的推断或证明的极端解释，而没有采用洞察力、直觉等概念来解释遵守规则和证明等概念。关于数学证明和遵守规则有两种主要的观点：一种是唯心主义者和建构主义者的立场，另一种是维特根斯坦的立场。前者试图解释什么样的应用规则或特定证明是正确的。例如，在解释命题证明的模型中若要证明 11 103 是素数，唯心主义者认为证明过程是根据规则来指导理解“素数”的一种心理活动；而建构主义者模型认为要证明 11 103 是素数，可根据我们的“决定”来解释它，并且最终取决于我们把它看成素数。维特根斯坦试图澄清的是，使用的一致性和证明的可观察性只是证明的前提条件，而不是决定性条件。他并没有具体说明是什么让一种特定的符号结构成为一种证明，而只是说就证明这个命题而言，其证明过程要得到大多数人的认可，并且这些人都经过了这样那样的训练。这是他后来哲学方法的核心信念，即使是哲学家也不能超越这一点来给出某种解释。

通过把维特根斯坦的数学哲学观与其他数学哲学观进行比较后发现，维特根斯坦的立场是独特的，他把强制性当成虚假的概念。正因如此，达米特才认为维特根斯坦的概念过于极端而难以接受。同时，维特根斯坦否认必然性命题，他认为这样或那样的命题只是我们采用惯例的结果，并没有什么真正的必然性命题。通过对遵守规则的反思，维特根斯坦得出了逻辑强制性概念似乎只是一些数学哲学家、建构主义者和非建构主义者的某种武断的假定。当然，维特根斯坦本人并没有预设逻辑强制性。应该说，维特根斯坦后期的数学哲学是直接与逻辑强制性概念相矛盾的。因为维特根斯坦认为逻辑强制概念是有问题的，拒斥逻辑强制性概念至少不会威胁到数学的实践。

五、结论

建构主义和严格有限论都将维特根斯坦数学哲学解读为一种极端激进的立场，即否认数学证明的客观性和逻辑的强制性。这两种解读方法都犯了类似的错误，即未能正确地区分数学实践证明的必要条件与先决条件。达米特对维特根斯坦彻底建构主义解读的错误在于，他把维特根斯坦的观点归因于在进行任意命题证明时“决定”要起必然性的作用。而事实上，在实践证明中“决定”最多只是起先决条件的作用。同样，对维特根斯坦进行严格有限论解读的错误在于，把维特根斯坦的“证明需要可观察性”的言论看成是限制了数学证明的范围，而实际上这些因素属于实践证明的先决条件（表 5-1）。

表 5-1 维特根斯坦的数学哲学观与其他观点的比较

达米特式的建构论式解读观	严格有限论的解读观	维特根斯坦的观点
共同体的“一致性”或共同体的“决定”建构了命题或证明的客观性和强制性	计算或证明的可观察性限制了数学命题或证明的严格性和有限性	“一致性”“决定”“可观察性”只不过是数学实践或证明的先决条件。数学证明是一种描述性活动
		数学是知识的一个分支，是各种各样证明技巧的混合体；数学这种活动不是发现，而是发明；数学的研究对象并非数字，而是数学；数学的任务是提供一些用以进行描述的框架

虽然维特根斯坦反对数学柏拉图主义，但我们不应该把他的观点解读

为某种版本的数学建构主义学说，原因在于目前很难定位维特根斯坦的数学哲学与其他数学哲学之间的关系。维特根斯坦认为，可以通过阐明命题证明的先决条件来获得适当的数学图景。也就是说当我们进行证明时，我们只是在进行描述。因此，虽然后期维特根斯坦对数学哲学的评论是比较激进的，但也有着其积极的作用和意义，而不应该以偏概全地把他看成一位数学的建构主义者或严格有限论者。

第六章 维特根斯坦数学哲学的影响及意义

在维特根斯坦中期和后期的数学哲学中，他认为自己提供了哲学上的明确性，提供了关于数学哲学概念上的明确性。如果数学哲学概念缺乏明确性和一致性的话，那么数学家们需要构建一种新的数学游戏。维特根斯坦经常把数学（特别是数学计算、数学证明）与游戏（尤其是象棋游戏）相比较，明确表示数学就是一种语言游戏。他说："数学不是简单地教会你对问题做出回答，而且用提问和回答教会你整个语言游戏。"[①]

当然，后期维特根斯坦的最终目的是想测试在研究哲学时理想逻辑概念的界限。他批判这种把形式逻辑作为阐释明晰性的首要目标的观点，也批判把逻辑作为语言运作的基本模式，同时还批判把逻辑作为解释哲学问题的关键工具[②]，这些观点与早期的逻辑原子论明显是背道而驰的。在数学的对象上，后期维特根斯坦的观点与古典实在论或数学柏拉图主义者的观点是截然相反的。在维特根斯坦看来，所谓的数学并不具有实在性，而只是一种语义上的约定，这种语义约定是人们在相互交往的日常生活中建

① 维特根斯坦. 维特根斯坦全集（第 7 卷）：论数学的基础. 徐友渔，涂纪亮译. 石家庄：河北教育出版社，2003：294（§18）.

② Floyd J. Wittgenstein on 2，2，2...opening of remarks on the foundations of mathematics. Synthese，1991，78（1）：143-180.

构起来的，而且也是人们通过相关训练、生活实践而习得的。因此，哲学家们应当以这种语义约定为出发点，来考察数学哲学问题，从而去理解数学家的研究成果[①]。

根据古典实在论的观点，数学的对象早已先验地、观念性地自存着，而数学家们的任务就是去发现这种先验存在的公式、公理、定理等，并证明它们的存在。与这种古典实在论观点相左，维特根斯坦认为，数学家们的任务不是发现早已存在的数学对象，而是去发明某些数学规则，发明某些计算技巧，甚至发明某种新的数学。维特根斯坦在《维特根斯坦剑桥讲演录》《哲学研究》《哲学语法》《关于数学基础的评论》等著作中都对"数学客观性"这一观点进行了反驳。他明确提出，"数学家是发明者而不是发现者，数学是各种思想创造的、概念方法形成的和证明技巧所掺和而成的一种大杂烩"[②]。他反复强调"数学是发明，而不是发现……这进一步维度的数学完全像任何一门数学一样，必须被发明出来"[③]。

在维特根斯坦看来，数学不是对柏拉图理念世界的描述，而是对人类生活形式及语言规则的约定。维特根斯坦强调语言使用的社会性，因而一些哲学家认为，把他的数学思想诠释成数学哲学的建构主义更为合适。维特根斯坦指出，规则在数学命题中具有重要地位，这赋予了它特别的稳定性、与众不同的不容置疑的地位。所以，数学不是一种自然科学，也不为自然科学提供客观基础，它只不过是历史上形成的各种各样的数学方法。数学的基础是基于心理学的知识结构、社会事实及经验事实而建构的。柏拉图主义者把逻辑规则作为数学的基础，是因为他们用逻辑的先天性概念来说明演绎的正确性，从而证明数学的合理性。维特根斯坦进一步认为，数学和逻辑只不过是人类直觉产物的两类相似的语言游戏。如果我们继续采用一种真正的描述性方法，我们将会看到数学只不过是一种人类学现象，这样后期维特根斯坦就剥离了数学的神秘性。

与早期强调数学和逻辑在哲学研究中的重要作用不同，后期维特根斯

---

① 涂纪亮. 维特根斯坦后期哲学思想研究：英美语言哲学概论. 武汉：武汉大学出版社，2007：233-234.

② Wittgenstein L. Remarks on the Foundations of Mathematics，2nd ed. Ed. by Wright von G H，Rhees R，Anscombe G E M. Oxford：Basil Blackwell Publisher，1967：§16.

③ 维特根斯坦. 维特根斯坦全集（第 7 卷）：论数学的基础. 徐友渔，涂纪亮译. 石家庄：河北教育出版社，2003：60（§168）.

坦彻底地抛弃了这种观点，他认为数学中的任何发现都不能推动哲学的进步。因为数理逻辑的主要问题是数学问题，而数学问题就像其他问题一样，是与哲学问题无关的。因此，维特根斯坦认为，哲学的任务不是借助于数学或者数理逻辑的发现去解决矛盾，而是使我们看清楚那种使我们感到困惑的状况。他在评论数学的基础时也强调，我们所需要的是描述，而不是说明。数学证明并不是一种理解活动，而是一种决定行为。

维特根斯坦对数学的思考体现了他关于哲学的基本思想。数学是一种特殊的“语言游戏”，要理解数学的本性，必须体会到数学语言和数学活动的本真状态。不理解数学的本性，任何理论都是无用的；而理解了数学的本性，则任何理论都是多余的；人们不能通过等待一种数学理论来获得对数学的根本理解。弗雷格和罗素为数学寻找逻辑基础，其实是在建立新的语言游戏。希尔伯特的形式主义“元数学”，其实也是在建立一种新的语言游戏。然而，对一种游戏的理解却不能依赖于构造另一种游戏。康德通过解剖理性的结构追溯数学之可能性的源头，维特根斯坦则多方、具体、细密地考察作为一种“语言游戏”的数学活动。

在维特根斯坦看来，数学是特定生活形式的规则体系或语言游戏。数学的可靠性建立在生活形式一致的基础之上。首先，在数学演算中使用了什么公式，就事先决定了演算的各个步骤。那么又如何确定是否正确地使用了公式呢？维特根斯坦认为，这需要根据实践经验，根据以往使用的经验来决定演算的各个步骤。其次，维特根斯坦指出，数学演算本身并不揭示数或形式上之本质一类的事物，它只是一种约定而已。比如，在几何图形中看到的东西，如果要询问它们的本质，我们就只能是询问人们通常使用它们来指什么，也就是通常对它们的约定是什么。在维特根斯坦的理论中，遵守规则的强制性并不是由逻辑和数学的强制性来保证的。比如，一种演绎逻辑的推论来自遵守规则中的人类一致性，这是由语言游戏来约定的。这里并没有一种独立于人类的或客观的力量去强迫人们遵守一种逻辑规则，或是去接受一种演绎逻辑。而是说人们参与某种确定的语言游戏就必须接受某种确定的规则。如果拒绝某种规则就是拒绝其他人所理解的和参与的游戏。

自然数是一种着眼于实际应用的“约定”。自然数对应个体的量，如两个苹果、五个人……我们小时候正是用这种方式学会自然数的。而“个体”是一个哲学概念，个体作为整体的一部分乃是与整体相互转化的。个体首先是整体中的部分，其次是部分中的整体。为什么不将部分的人，比如，不将1/3个人看作是一个完整的人，而将整体的人算作一个人呢？维特根斯坦关于“个”量词的用法有过讨论：①“个”不是物体的客观情况，而是人们参与构建的；②“个”是约定俗成的，但它并不绝对清晰准确，一个苹果和一个观点之间同样是用“个”，但两者之间存在很多过渡状态；③“个”是一种量词的语言游戏，其中只具有非本质的家族相似特征，确定性来自生活形式。

在《哲学语法》一书中，维特根斯坦专门以一节的篇幅对数学和游戏进行了比较，以说明数学是一种游戏的含义。他强调数学是一种游戏，并不是说数学所起的作用与游戏所起的作用相同，都是为了确定输赢；也不是说使用数学符号时伴随的心理过程与移动棋子时伴随的心理活动相同，而是说无论是进行数学计算还是玩游戏，都必须遵守一定的规则，遵守规则是进行数学计算或者玩游戏的必要条件。维特根斯坦主张：“我们在游戏中所做的，必须和我们在计算中所做的相一致。（我的意思是：一致性一定存在于其中，或者说两者一定相互有关。）”[①]他所说的这种一致之处就是指两者都必须遵守一定的规则。

维特根斯坦举了一个例子来说明数学和游戏之间的关系。假设我们随便写下一个四位数，如8765，我们想要通过8、7、6、5互相以任何顺序相乘，使得数尽可能接近这个四位数。游戏者用笔和纸进行计算，而且把那个以最少的步骤算出最接近这个数的人作为赢家。可以说这是一种算术游戏，因为它通过运用算术来玩游戏。但不能说算术本身只不过是一种游戏，因为算术的目的不在于最后决定谁赢谁输。“因此，我们必须说，不，‘算术’这个词的意义可以用算术和一种算术游戏之间的关系，或者用一个象棋问题和象棋游戏之间的关系来加以说明。”[①]

维特根斯坦认为，“遵守规则是一种特殊的语言游戏”。按照维特根斯坦的观点，既然数学是一种游戏，而玩任何游戏都必须遵守一定的规则，

---

① 维特根斯坦. 维特根斯坦全集（第4卷）：哲学语法. 程志民，涂纪亮译. 石家庄：河北教育出版社，2003：270（§11）.

因此遵守规则在数学这种特殊的游戏中也起着重大作用。他有时把数学设想为一架机器，一架按照规则而运转的机器。他说，“在这里，我们看见了数学的机器，它由规则本身驱动，它只服从数学定律而不服从物理定律”。规则并没有运转，但根据规则而发生的一切都是对规则的解释。因此，他认为数学机器的转动只是机器运转的图像。如果计算在我们看来就像是机器在活动，那么可以说那些从事计算的人就是机器。“在这种情况下，计算就像是由机器的一部分画出的图表。”①

既然数学作为一种游戏必须遵守一定的规则，那么什么是规则呢？对这个问题，维特根斯坦巧妙地把规则比做一条两边隔有坚实围墙的通道，人们在这种场合下必须沿着这条道路前进。他说：“‘如果你接受这条规则，你就必须这么做。’这可能意味着规则没有在这里为你开辟两条道路。我的意思是，规则像一条两边隔有坚实围墙的通道那样引导着你。”这就是说规则在这里像一道命令，而且它像命令那样发挥作用。他认为规则的作用是一种强制性的作用，“如果规则没有对你施加强制，那你就不会遵守规则”。他还把规则比做一个路标、一条线，“这条线是否强制你跟着它走？不是。不过，如果我已经决定以如此方式把那条线当作模型加以使用，那它就对我有些强制”。他还进一步解释说：“‘这条线向我建议我应当如何走’；我只能把这句话解释为，对于我应当如何走，这条线是我的终审法庭。”②

按照维特根斯坦的观点，为了能够遵守规则首先必须理解规则，然后对之做出正确的解释。他说：“为了能够执行命令，我必须知道什么？是否有一种使规则只能如此被遵守的知识？在我应用规则之前，有时必须知道某件事，有时必须对规则做出解释。”③为了有资格使用某条规则，人们必须重复地使用这条规则吗？同理，维特根斯坦提出这样一个问题：“为了有权谈论一条规则，必须多么频繁地实际使用这条规则吗？——为了能够说一个人掌握了加法、乘法、除法这几种计算方法，这个人必须多么频

---

① 维特根斯坦. 维特根斯坦全集（第7卷）：论数学的基础. 徐友渔，涂纪亮译. 石家庄：河北教育出版社，2003：326（§52），183（§48），171（§20）.

② 维特根斯坦. 维特根斯坦全集（第7卷）：论数学的基础. 徐友渔，涂纪亮译. 石家庄：河北教育出版社，2003：316（§39），323（§47），324（§48）.

③ 维特根斯坦. 维特根斯坦全集（第7卷）：论数学的基础. 徐友渔，涂纪亮译. 石家庄：河北教育出版社，2003：260（§38）.

繁地去使用这几种方法吗？”[①]对这个问题，维特根斯坦没有明确的回答。一般来说，由于个人的数学能力不同，为了掌握不同的计算方法，每个人究竟需要使用它们多少次并不一致，但都必须经过一定数量的重复使用。可以说如果没有重复，也就没有规律性[②]。

对教师如何向学生解释规则的问题，维特根斯坦认为，除了使用话语和通过训练之外，还可以用其他方式，特别是要注意学生们听过这些解释后所做的反应。如果学生以某种方式对规则做出反应，那就表明学生已掌握了以如此方式解释的规则。他还指出：“重要的是，对于我们已经对规则有所理解这一点做出证明的那些反应，是以一定的环境、一定的生活形式和语言形式作为环境和前提的。”[③]既然任何表达式的使用规则均植根于语言游戏和生活形式之中，那么其是否得到了遵守，或者说在特定的情形中人们是否正确地使用了它们，这当然也只能从相关的语言游戏和生活形式来得到判定[④]。

维特根斯坦认为，通常情况下遵守规则活动是特定生活形式中的特定技术、制度、习惯、习俗和实践。这些概念之间的关联是这样的：有了特定的规则，便会有如何遵守它们的技术，进而便会有保证其遵守的制度；遵守规则的活动是一种一再地进行的有规则的活动，是一种实践。因此，它们必定构成了其所属的语言游戏和生活形式中重要的习惯和习俗。按照维特根斯坦的理解，没有相关共同体的技术、制度、习惯和实践，就不会有相关个体的技术、制度、习惯和实践。任何技术、制度、习惯和实践都以行动的齐一性、进而相关的规则性以及人们之间的一致性为基础。遵守规则也不例外：遵守规则以对规则表达的知觉所引起的行动齐一性、进而这种知觉与行动之间的规则性关联为基础，同时也以人们之间的一致性为基础。

试想如果人类历史上从来没有规则和遵守规则之事，那么有一天一个人能突然发明了如此这般的规则吗？维特根斯坦认为这样的情形是不可能

---

① 维特根斯坦. 维特根斯坦全集（第 7 卷）：论数学的基础. 徐友渔，涂纪亮译. 石家庄：河北教育出版社，2003：260（§38），254（§32）.

② 樊岳红. 维特根斯坦与语境论. 北京：科学出版社，2016：242-247.

③ 维特根斯坦. 维特根斯坦全集（第 7 卷）：论数学的基础. 徐友渔，涂纪亮译. 石家庄：河北教育出版社，2003：324（§47）.

④ 韩林合. 维特根斯坦《哲学研究》解读（上）. 北京：商务印书馆，2010：1171-1176.

的。因为人类的社会性存在本身就预设了共同体这样事情的存在。在特定的语言游戏和生活形式的相关实践之中，一条规则及其被遵守之间的关系本质上说来是一种内在关系——语法的关系。也即一条规则的意义就在于告诉人们应当以如此这般的方式行动，或者说以如此这般的方式行动构成了其遵守规则，并构成了规则的意义。比如，在我们的语言游戏和生活形式中，作为一条规则的运算“+1”来说，如果你在100后写101，那么你便遵守了它；否则，你便没有遵守它。这点并不是一个经验事实，而是构成了这条规则的意义，可以说是我们用以表现和判断的经验范型。但是，“人们恰恰经常将一条规则与其遵守之间的关系看成一种外在的关系，甚至看成为一种经验的、因果的关系。这显然混淆了两种完全不同的关系：一是规则与遵守之间的关系；二是对规则的知觉与其导致的特定行动之间的关系”①。

在维特根斯坦的理论中，规则是一个很重要的概念。那么对规则进行语境分析又会产生什么样的结果呢？对维特根斯坦来说，规则就如同路标。按路标行驶就是一个遵守规则的事例。遵守规则类似于服从命令，通过后天的训练，人们以特定的方式对命令做出反应。在我们的日常活动中，怎样来遵守规则呢？也许是受过某种训练，从而能以特定的方式对规则做出一定的反应。“只有存在着对路标的固定用法已经形成一种习惯的情况，一个人才能按照路标行走。”可以把路标比作数数的最初指令，或者看作规则的最初陈述。当路标指示“请走这边”时，老师发出的指令是“+2”。正如接着数出序列一样，我们也按路标指示方向前进。虽然已经没有路标指引了，可是我们还是在按照路标的指示在行进。那么，我如何与规则保持一致呢？或者，规则表达了什么意思——如路标——与我的行动有什么关系呢？

维特根斯坦认为：“唔，我们被训练成以一种特定的方式对这个路标做出反应，我现在就是如此反应的。”②但维特根斯坦也认为，如果没有不同的人群去实际应用，私人的遵守规则是没有任何意义的。“那么对于私

① 韩林合. 维特根斯坦《哲学研究》解读（上）. 北京：商务印书馆，2010：1183.
② Wittgenstein L. Philosophical Investigations. 4th ed. Trans. by Anscombe G E M, Hacker P M S, Joachim Schulte. Oxford: Basil Blackwell Publisher, 2009: 86^{e}（§198）.

人来说，是否无论怎么做都符合规则？”——让我提出这样一个问题：一条规则的表达——比方说一个路标——与我的行动有什么关系？这里有什么样的联系？——唔，也许有这种联系：我被训练为以一种特定的方式对这个符号做出反应，我现在就是这样做出反应的。遵守一条规则类似于听从一道命令。我们是被训练成这样行动的；我们以一种特别的方式对命令做出反应。但是，对于命令和训练，如果一个人以这种方式做出反应，另一个人以另一种方式做出反应那怎么办？哪一个人做得对？设想你作为一个探险家来到一个陌生的国家，完全不懂它的语言。在什么情况下，你会说那里的人在下命令、理解命令、服从命令、抗拒命令等？人类共同的行为方式是我们借以解释陌生语言的一个参照系。当我遵守规则时，我不作选择，我盲目地在遵守规则。”[①]

关于遵守规则这个概念存在一个问题：一方面感觉受到规则的指导并不保证规则受到遵守，因为某人可能认为自己在遵守规则而实际上却在错误地使用规则；另一方面某人的行为符合规则可能只是由于偶然——这个人也许根本不是在遵守规则，他也许甚至不知道规则的存在。然而规则的指导作用，以及不管在任何有关活动中遵守规则就等于做得正确，这两点对规则和遵守规则的概念来说都是至关重要的。维特根斯坦说，赞成演算观点的人因此力图找寻一种关于遵守规则深层基础的统一描述（典型的做法是将遵守规则视为一种内心活动的过程），以此来说明这些特征并克服与之相关联的一些问题，并进一步通过提出这种以某种心理机制为根据的描述（多半是一种因果性的说法）来达到上述目的。维特根斯坦认为，所有这一切都是错误的。他的理由仍然是那些他用来反对试图为任何涉及意义和理解的问题提出单一性说法的理由[②]。

当我遵守一个熟悉的规则时，我的确是在盲目地遵守规则，而不需要任何理由。但是现在我面临一个新问题，那就是什么东西使得我的行动成为遵守规则的一个案例呢？为什么那些我盲目地遵守并且不需要理由去做的事情可以被看成关于一个规则的正确或不正确的运用，而并不是纯粹的

---

① 维特根斯坦. 维特根斯坦全集（第 8 卷）：哲学研究. 涂纪亮译. 石家庄：河北教育出版社，2003：111（§198），114（§206），119（§219）.

② 格雷林. 维特根斯坦与哲学（英汉对照）. 张金言译. 南京：译林出版社，2008：90.

本能反应呢？某些东西我也是顺其自然去做的，但是它们不能被评定为我在正确地或不正确地遵守规则。维特根斯坦问道："当一只画眉在它的歌唱中总是不断地重复同样的几个曲调时，我们会说它那么做是因为它每次都给了自己一个规则，然后遵守这些规则吗？在画眉的行为里存在某种规则性的东西：它唱出某种曲调，然后不断地重复它。但显然它这样做并不是给自己定下了一个规则然后去遵守它。它只不过是一种规则性的方式去行为而已。因此，当我遵守一个规则时所做的事情与一只画眉唱歌时所做的事情之间存在什么样的区别呢？又是什么东西使得当我写下 2，4，6，8…这个数列时，我只不过是盲目地在行动，就像是一件不言自明的事情那样去遵守'+2'的规则，而不是像一只画眉那样仅仅是以一种规则性的方式行事呢？"①

维特根斯坦写道："在一个复杂的周边环境里，我们称之为'遵守一种规则'的东西，如果将之放到一个孤立的环境下，我们确定不会这么称呼它。"因此，在某种特定生活形式中，判定某个人的行动是否遵守了规则，在通常情况下是可以进行判定的。但是，如果要从我们的生活形式来判定另一个生活形式之中的特定行动，特别是我们所陌生的生活形式，这种行动或生活形式是否遵守规则时，这通常是很难的事情。不过，这种判定虽然很困难但并非不可能。因此，人类相似的或共同的行动方式或生活形式是我们借以理解和解释陌生语言的参照系。

综上所述，维特根斯坦数学哲学思想的合理之处在于，他坚持数学证明和发明的创造性，认为数学证明是一种遵循规则的实践活动。数学证明过程需要诸多方面的参与，既要讲解证明的过程，又得理解证明的过程等。所以从通常意义上来说，数学证明本质上就是一种社会活动（生活形式），它不可能是私人语言的，因为数学证明的过程需要参与者及共同体的认可和接受。

针对数学的基础问题，早、中、晚期的维特根斯坦都进行了认真细致的研究工作，并写下了笔记。在早期，维特根斯坦遵循数学哲学的逻辑原子主义，提倡用逻辑的方法来形式化数学命题，即用一种人工语言来分析数学命题。在中期，他强调数学哲学的强证实主义，认为不可观察和不可

① 恰尔德. 维特根斯坦. 陈常燊译. 北京：华夏出版社，2012：167.

证实的数学命题是无意义的，因此他主张潜无限而反对实无限。在后期，他主张数学是一种人类学现象，数学命题是基于人们生活形式的一种实践活动，这种实践活动离不开人们的习俗、惯例及训练等。

通过文本分析，从维特根斯坦数学哲学的理论内容看，主要有如下几个方面的影响。

（1）反逻辑主义。后期维特根斯坦主张，逻辑不是数学的基础，而只是数学的一部分。"（数学）为什么要追求逻辑？逻辑仅是辅助数学的一种工具，或者说逻辑是与数学相关的一种语言游戏。当把逻辑作为数学的基础时，就像将把刷乳胶漆当作制造家具的主体方法一样，是不可取的。"[①] 因此，后期维特根斯坦不仅反对将数学化归为逻辑的一部分，而且他还要求放弃那种将数学当作一劳永逸的、绝对基础的思维方式。

（2）反柏拉图主义。当然，在早期和后期维特根斯坦的观点之间有一种转向。早期维特根斯坦主张所谓的"逻辑原子论"或"语言图像论"，认为语言是世界的图像，图像所表达的就是一种客观事实，并且命题的意义是与世界的客观存在物相对应的。这一看法极具柏拉图主义色彩。后期维特根斯坦则反对"语言图像论"，转而支持"语言游戏说"和"意义在于使用"观点。在维特根斯坦看来，语言只不过是人们所发明的一种游戏，数学家就是这种语言游戏的发明者，而不是发现者。

（3）主张潜无穷。在数学基础研究中存在着潜无穷和实无穷两种不同的观点。潜无穷论者把数论或自然序列的无限性当作一种不断推进的过程，而实无穷论者则将数学或自然序列的无限性看成早已先验存在的。维特根斯坦在中后期哲学中明确否认实无穷，认为实无穷是没有意义的，一个命题的意义在于其可证明性和可判定性。

（4）引入了实践的考量。数学并不是一种"标准"意义上的社会规则，而是一种"理想"意义下的社会规范。因此，一种法则只有在人类实践中才存在。维特根斯坦把必然性与社会习俗及社会行动等联系起来，指出数学公式和定理的意义在于"我们使用它的方式"[②]。

---

① Wittgenstein L. The Blue and Brown Books. Oxford：Oxford University Press，1969：146.

② Restivo S P. The Social Relations of Physics，Mysticism and Mathematics. Holland：D. Reidal Publishing Company，1985：161-163.

（5）一种人类学现象。在后期，维特根斯坦认为，数学毕竟是一种人类学的现象，我们可以用数学著作来进行一种人类学研究。“遵守一条规则是一种人类活动”[①]。当然，这不是说像自然数的序列只是一个经验性描述，而是说自然数位于人类计算的时间之内而不是之外。此外，维特根斯坦把数学完全看作关于符号求解的语言游戏。根据欧内斯特的说法，后期维特根斯坦提出了一种对数学哲学具有革命性意义的社会建构方法，这对数学哲学的贡献意义更为深远。

哲学家们习惯于认为数学知识是先天的、必然的或者分析的。一般来说，我们熟悉简单的数学命题，无论是在它们的可知性（先验）还是适用性（必然）上，都独立于经验。此外，数学知识不可能出错，只有在我们自己的失误或不适用的情况中才会出错，因为它们是分析的。柏拉图的实在论立场（强形式）和口头立场（逻辑实证主义）之间是相关的。柏拉图主义被认为缺乏透明度，而口头立场又不能令人信服地表明数学确实是分析。尤其是像“概念”和“分析”意味着两种极端的立场。

维特根斯坦不接受弗雷格式的数学观。他认为，并不存在弗雷格所说的那种客观的、有所指的数学对象，数学符号也不指称这种对象。因而，数学命题也不是处理这种意义上的对象的，或者说也并非是表达弗雷格意义上可以独立于任何表达手段而存在的数学对象。维特根斯坦认为，数学有语境性。因此，当我们说某事是“可证实的”，那么它是真的。而我们必须问在什么系统中是可证明的，真又是什么系统。维特根斯坦明确地把数学引入了社会学的关注，他说，但确实有一门关于计算条件反射的科学——这就是数学。那门科学将依赖实验：这些实验将是计算。但是，万一这门科学变得十分精确，到头来甚至成了“数学”科学，那又怎么办呢？现在，这些实验的结果是人类在其计算上一致，抑或他们在其所谓的“取得一致”方面一致？如此等等。可能有人会说：如果对一致的观念我们未能一致，那么科学就不起作用了。显而易见，我们可以用数学著作来做人类学研究。但有一件事是不清楚的——我们是否应该说：“这些作品

① 韩林合. 数学基础研究. 北京：商务印书馆，2013：343（§150）.

为我们说明了这些人掌握了数学中的哪些部分。”[①]更具体地说，数学并非在“标准”意义上是规范的，而是在“理想的”意义上才是规范的。他把“必然性”与社会化及社会行动联系起来。公式的意义在于“我们使用它的方式，我们被教导去使用它的方式”。如 1 后面是 2，2 后面是 3 的必然性，必须根据基数系列来理解[②]。

是什么使得“＋2”这个加法系列正确地继续的情形，符合规则“＋2”的加法继续成为“1000，1002，1004，1006…”，而不是“1000，1004，1008，1012…”呢？传统上哲学家们会以两种不同的方式来回答这样的问题。第一种回答来自数学柏拉图主义。数学柏拉图主义主张，从一个数列中的一个初始步骤继续进行是正确地继续一个绝对的事实，也存在一个继续用之前的方式来描述给定词语的绝对客观标准。在柏拉图主义者看来，那些标准是由实在的本性所规定的。第二种回答来自规则的建构主义或者反实在论的回答。在建构主义者看来，并不存在什么可算作正确地继续一个系列的绝对客观标准，因此存在无限多样不同的可能性来继续一个系列的方式，这些方式中没有任何一种会绝对地优于其他方式，可算作继续一个系列的正确方式取决于我们自己。正确地继续一个系列的标准是由我们在继续它时实际上采取的步骤所建构的。在运用一个描述性语词时的情况也是一样的，可算作对一个描述性语词的正确运用是由我们在运用这个语词时的实际运用所建构起来的[③]。

值得注意的是：①无论是在相同社会还是在不同文化中，简单数学可以通过不同方式来学习；②在一定意义上，计算的结果不仅可以相同，而且在理论上可以进行扩展。我们可以把数学当作先验的，或者当作初始数据而建立一个更强的先验数学。同样，我们倾向于把数学命题当作绝对必然的，因为它们无论在什么情况下都是真实的。但是，哥德尔和后期维特根斯坦更加重视这些概念的不同意见。

当前有不少研究维特根斯坦的学者从各种角度来评述维特根斯坦的数

① 维特根斯坦. 维特根斯坦全集（第 7 卷）：论数学的基础. 徐友渔，涂纪亮译. 石家庄：河北教育出版社，2003.：141（§72）.

② Restivo S P. The Social Relations of Physics，Mysticism and Mathematics. Holland：D. Reidal Publishing Company，1985：161-163.

③ 恰尔德. 维特根斯坦. 陈常燊译. 北京：华夏出版社，2012：150-151.

学哲学观。一种较为普遍的看法是认为维特根斯坦的数学哲学并没有包含什么思想。例如，贝尔纳斯曾指出，“由于维特根斯坦所倡导的观点与数学哲学中所谓的‘严格的有限主义’基本上是一致的，因此，他在这方面未能提供什么新思想”[①]。此外，安德逊也表达了类似的主张，认为维特根斯坦所表达的数学思想实质上没有什么新东西。上述论断无疑都表明了维特根斯坦的数学哲学没有达至学者的期望，尤其是对维特根斯坦这样一生中曾创建了两种不同哲学体系，并且两种哲学体系对 20 世纪的哲学转向都产生过重大影响的伟大哲学家来说，人们自然会期望他在数学哲学领域内能有开创性的工作。正如安德逊所说：“维特根斯坦对 20 世纪的哲学有着显著的影响……然而，颇值怀疑的是他的方法在数学基础问题上的这种应用是否会给他作为一个哲学家的声誉增添任何光彩。”[②]

但是，如果我们因此而完全否认了维特根斯坦数学哲学研究的意义，那也是不恰当的。事实上，维特根斯坦把一般哲学思想与数学领域相结合，这种运用本身就是一种创新的工作。更何况维特根斯坦的数学哲学思想中也包含了一些深刻的内容。第一，维特根斯坦如直觉主义者一般，首先肯定了创造性思维的作用。现代数学的发展已经清楚地表明了数学对于创造性思维的依赖。维特根斯坦还指出，即使如 1，2，3…这样简单的数学对象也都是数学家创造的抽象思维的产物，即在数学证明和计算的实践过程中，数学家将什么看成是相应的数学对象的本质。数学对象并非是独立存在的实体，而只是数学家创造性思维的产物。第二，由于数学对象本质上是思维创造的产物，因此，数学只不过是人类习俗和惯例的组成部分。因此，数学的发展并非静止和一成不变的，我们应当用动态的、发展的眼光去看待数学研究。正如维特根斯坦所指出的，数学是一种实践活动，只有在不断的使用中，数学概念才能获得新的意义。从维特根斯坦对哥德尔不完备性定理的评述中，也可以看出维特根斯坦对这一观点的阐明。

在看到维特根斯坦数学哲学思想所做出的贡献的同时，也应指出其理

---

① Bernays P. Comments on Ludwig Wittgenstein's remarks on the foundations of mathematics. //Benacerraf P，Putnam H. Philosophy of Mathematic. 1964：510-536.

② Anderson A. Mathematics and the “language game”. Review of Metaphysics，1958，11（3）：446-458.

论中的局限性：首先，维特根斯坦否认数学证明和真理的客观性和强制性。不可否认，如1，2，3…这样简单的数学概念在创立之处，它们确实是数学家思维创造的产物。但是，是否就可以否认由这些抽象概念构成的数学命题或形式公理的客观性呢？对此，维特根斯坦拒斥数学证明和真理的客观性和强制性。其次，维特根斯坦否定数学对象是客观存在于我们这个世界之中的。由于他主张数学对象是数学家思维创造的产物，共同体决定了数学概念在不同场合下用法的一致性。因此，维特根斯坦把数学对象看成是主观产物，而非客观存在。但是如果完全否认数学对象的客观性，也就必然会不认同数学发展中的稳定性和连续性。但这似乎与数学本身的发展史是背道而驰的。

综上所述，可以说维特根斯坦的数学哲学思想对传统的数学哲学思想既有批判，又有承继和创新。他的数学哲学思想看似无用，实际上却极富启发意义，让我们重新思考数学命题的本质和价值。维特根斯坦的数学哲学思想既有合理性，也有片面性和局限性。一般而言，当前的数学哲学仍是在柏拉图主义的范式下进行研究，主张数学对象是抽象性和客观性的统一。但就数学对象本身而言，它们又不在时空之中，只能是抽象思维的产物。就命题或形式公理来说，它们确实具有客观意义。因为，一旦数学对象得以构造，那么在此范围内就不能随意地更改，而只能客观地去进行研究。从根本上说，数学对象的客观性与主观性只能统一于实践中，只有通过反复实践，数学才能得以健康地发展，这已经为数学的历史发展所证实。由于维特根斯坦强调数学使用的实践性而否认数学真理的客观性，这是人们质疑维特根斯坦观点的原因之所在。